高等学校规划教材·机械工程

机械加工工艺基础

（第2版）

杨 方 罗 俊 主编

西北工業大學出版社
西 安

【内容简介】 本书除绪论外，共有 6 章，内容包括金属切削加工的基础知识、金属切削机床的基础知识、零件表面的加工方法、机械零件的结构工艺性、机械加工工艺过程的基础知识及新工艺、新技术简介。

本书与国家工科机械基础课程教学基地系列教材《工程材料及成形工艺基础》(第 2 版，齐乐华主编，西北工业大学出版社，2020 年)有机结合，形成了工程材料基础、材料成形工艺与机械加工工艺的整体概念。本套书配有《工程材料与机械制造基础习题集》(第 2 版，罗俊、杨方主编，西北工业大学出版社，2020 年)，便于读者理解和巩固所学知识。

本书可作为高等工科院校机械类及机电类专业本科教材，也可供有关工程技术人员参考。

图书在版编目（CIP）数据

机械加工工艺基础/杨方，罗俊主编. —2 版. —西安：西北工业大学出版社，2020.8

高等学校规划教材. 机械工程

ISBN 978-7-5612-7160-5

Ⅰ.①机… Ⅱ.①杨… ②罗… Ⅲ.①金属切削-工艺学-高等学校-教材 Ⅳ.①TG5

中国版本图书馆 CIP 数据核字(2020)第 145914 号

JIXIE JIAGONG GONGYI JICHU

机械加工工艺基础

责任编辑：何格夫　　**策划编辑**：何格夫

责任校对：胡莉巾　　**装帧设计**：李　飞

出版发行：西北工业大学出版社

通信地址：西安市友谊西路 127 号　　邮编：710072

电　　话：(029)88491757，88493844

网　　址：www.nwpup.com

印 刷 者：兴平市博闻印务有限公司

开　　本：787 mm×1 092 mm　　1/16

印　　张：11.25

字　　数：295 千字

版　　次：2002 年 3 月第 1 版　2020 年 8 月第 2 版　2020 年 8 月第 1 次印刷

定　　价：45.00 元

第 2 版前言

本书是依据教育部高等学校机械基础课程教学指导委员会制定的《工程材料与机械制造基础课程教学基本要求》，并结合西北工业大学多年来的教学改革实践经验和本书使用过程中发现的问题修订而成的。

本次修订工作的要点如下：

(1)将全书所涉及的旧国家标准更新为最新国家标准，特别是几何公差标准等术语和符号的更新。

(2)修订了绪论和第 1、2、5、6 章内容，并修正了原书中的不规范用语。

(3)更新了 2.4 节“机床的自动化”、6.1 节“数控技术及其发展”中较为陈旧的内容。

(4)增加了 5.5 节“综合工程案例分析”，详细介绍某飞机轴承套加工工艺过程，将理论与工程实践相结合，以拓展学生对所学知识的综合应用能力。

(5)增加了 6.5 节“先进金属零件 3D 打印技术”、6.6 节“工业 4.0”、6.7 节“机械制造加工工艺发展趋势”等新技术简介。

本书由西北工业大学杨方副教授、罗俊副教授担任主编。编写分工如下：杨方编写绪论、第 1 章、第 2 章第 2.1～2.3 节、第 3 章第 3.1～3.4 节，罗俊编写第 2 章第 2.4 节、第 3 章第 3.5～3.8 节、第 5 章第 5.5 节、第 6 章，齐乐华编写第 4 章，付佳伟编写第 5 章第 5.1～5.4 节。

本书由西安交通大学范群成教授担任主审，在此表示衷心的感谢。

在本书的修订过程中得到西北工业大学机电学院“工程材料及机械制造基础”课程团队教师和研究生的大力帮助，在此一并表示衷心的感谢。

限于水平与经验，书中难免存在不妥之处，敬请读者指正。

编　者

2020 年 5 月

第 1 版前言

本书是为适应 21 世纪人才培养要求及遵循机械基础课程体系改革精神,在总结近年来的探索、改革和实践经验的基础上编写而成的。

本书对传统金属工艺学内容进行了精选,尽量避免与相关教材的重复,重点突出;注意与实习教材的分工与配合,在实习教材的基础上着重介绍了主要加工方法的特点及应用,加强了机械加工过程的工艺分析;大篇幅增加了机械制造业中新工艺、新技术的内容及其发展趋势,如数控技术、计算机辅助制造、柔性制造系统、先进制造系统、纳米技术和微机械等基本知识。

本书除绪论外,共有 6 章,内容包括金属切削加工的基础知识、金属切削机床的基础知识、零件表面的加工方法、机械零件的结构工艺性、机械加工工艺过程的基础知识及新工艺、新技术简介。

本书可作为高等工科院校机械类及机电类本科教材,也可供有关工程技术人员参考。使用本书时,可结合各专业的具体情况进行调整,有些内容可供学生自学。

本书由西北工业大学杨方任主编,杨茂奎任副主编。本书编写的分工是:杨方编写绪论、第 1 章、第 2 章、第 3 章第 3.1～3.4 节,杨茂奎编写第 3 章第 3.5～3.8 节、第 5 章、第 6 章,任海果编写第 4 章。

本书承蒙西安交通大学王裕文教授主审,西北工业大学陈国定教授、葛文杰教授、孙根正教授、高满屯教授、吴立言副教授、李建华副教授等为本书的编写提供了许多宝贵意见,在此一并表示衷心感谢。

本书在编写过程中力求适应高等教育的改革与发展,但由于水平有限,书中难免出现不妥之处,敬请读者指正。

编　者

2001 年 12 月

目 录

绪　论

机械制造业在国民经济中起着举足轻重的作用，为国民经济的各部门提供机器、机械装置和设备。可以说，机械制造业的技术水平和现代化程度，决定了整个国民经济的技术水平和现代化程度。

任何设备都是由许多零件组成的。要使设备的设计由图纸变为现实，需经过零件制造、设备装配和调试过程。零件的一般制造过程包括选材、毛坯成形、热处理、切削加工、检验和装配等生产阶段。因而设备每一个零件的获得都离不开材料和制造工艺。上述零件的选材及其制造的工艺过程等正是“工程材料及机械制造基础”课程所涵盖的内容。“工程材料及机械制造基础”包括“工程材料及成形工艺基础”和“机械加工工艺基础”两部分。其中，“机械加工工艺基础”主要阐述零件的各种切削加工方法的基础理论、基本工艺、结构工艺性及工艺过程，以及各种加工方法之间的联系和应用范围。

在传统机械制造业中，切削加工是将金属毛坯加工成具有一定尺寸、形状和精度的零件的主要加工方法。切削加工按所用切削工具的类型可分为两类：一类是利用刀具进行加工，如车削、钻削、镗削、刨削等；另一类是用磨料进行加工，如磨削、珩削、研磨，超精加工等。目前，大多数零件，尤其是精密零件，依旧主要是依靠切削加工来达到所需的加工精度和表面粗糙度。因此，切削加工是近代加工技术中最重要的加工方法之一，在机械制造业中占有十分重要的地位。

数控机床的出现，提高了小批量零件和形状复杂的零件加工的生产率及加工精度。特别是计算机技术的迅速发展，大大推进了机械加工工艺的进步，使工艺过程的自动化达到了一个新阶段。目前，数控机床的功能已由加工循环控制、加工中心发展到自适应控制。加工循环控制虽可实现每个加工工序的自动化，但仍须人工来完成不同工序中刀具的更换及工件重新装夹等工作。加工中心是一种高度自动化的多工序机床，又称为自动换刀数控机床，能自动完成刀具的更换、工件转位和定位、主轴转速和进给量的变换等，使工件在机床上只装夹一次就能完成全部加工，可显著缩短辅助时间，提高生产率，改善劳动条件。自适应控制数控机床是一种具有“随机应变”功能的机床，其能在加工过程中，根据切削条件（如切削力、切削功率、切削温度、刀具磨损及表面质量等）的变化，自动调整切削条件，使机床保持在最佳的状态下进行加工，而不受其他参数非预料性波动的影响，能有效地提高加工效率、扩大生产品种、更好地保证加工质量，并达到最大的经济效益。

近年发展起来的中央计算机控制机床和传输系统组成的柔性制造系统，可实现加工、装卸、运输、管理等功能，能监视、诊断、修复、自动转位加工产品，实现多品种、中小批量生产的自动化，大大促进了自动化的进程。尤其是将计算机辅助设计与制造结合起来而形成的计算机集成制造系统，是加工自动化向智能化方向发展的又一关键性技术，并进一步朝着网络化、集成化和智能化的方向发展。

随着科学技术的发展，各种新材料、新工艺和新技术不断涌现，机械制造工艺正向着高质量、高生产率和低成本方向发展。电火花、电解、超声波、激光、电子束和离子束加工等特殊加工工艺的发展，已突破了传统依靠机械能、切削力进行切削加工的范畴，可以加工各种难加工材料、复杂的型面和某些具有特殊要求的零件；增材制造技术的出现，使得传统工艺无法加工复杂零件制造成为可能；工业 4.0 概念的提出，使得信息化技术、互联网技术、大数据管理与分析等技术共同用于提高制造业智能化水平，以在商业流程及价值流程中整合客户及商业伙伴，达到快速、有效、个性化产品供应之目的。

“工程材料及机械制造基础”是一门综合性的专业基础课。在教学计划中，它是机械类和近机类专业的必修课程之一。该课程旨在使学生掌握常用金属切削加工基础理论、基本加工工艺方法、零件的结构工艺性及机械加工工艺过程的基础知识，了解现代先进的制造技术和工艺知识，培养学生的机械工程的基本素质和零件结构工艺性设计的能力。机械加工工艺基础在培养高级工程技术人才的全局中，具有增强学生的工程实践能力，对机械技术工作的适应能力和机械结构创新设计能力的作用。

“工程材料及机械制造基础”又是一门实践性很强的课程。首先，在学习该课程时，应具备先修课程的知识和一定的工程实践经验。一方面要掌握“机械制图”“公差与技术测量”“工程材料及成形工艺基础”等先修课程的内容；另一方面要重视生产实践经验的积累。在教学安排上，一般将该课程教学安排在金工实习之后，所以要求学生具有对产品生产和零件加工过程的感性知识和一定的操作技能。其次，在学习该课程时，需善于联系实习中遇到的各种实际问题，深入领会课程的内容，以灵活运用和融会贯通，在扎实地掌握该课程的基本理论与知识时，形成分析和解决工程实际问题的能力。最后，在学习该课程时，还需注意了解本学科与相关学科的最新技术成果及发展动态，形成综合工程能力，以满足当今社会经济的多变性和技术飞速发展的需要。

第1章　金属切削加工的基础知识

金属切削加工是利用切削刀具从毛坯上切除多余金属，以获得符合要求的形状、尺寸和表面粗糙度的零件加工方法。铸造、锻压和焊接等方法(除特种铸造、精密锻造外)，通常只能用来制造毛坯或较粗糙的零件。凡精度要求较高的零件，一般都要进行切削加工，因此，切削加工在机械制造业中占有重要的地位。

切削加工可分为机械加工(简称“机工”) 和钳工两部分。

机械加工是将工件和刀具安装在机床上，通过工人操纵机床来完成切削加工的。其主要的加工方式有车、钻、刨、铣、磨及齿轮加工等，所用的机床有车床、钻床、刨床、铣床、磨床和齿轮加工机床等。

钳工一般是由工人手持工具对工件进行切削加工，其主要内容有划线、錾削、锯削、锉削、刮削、钻孔和铰孔、攻丝及套扣等，机械装配和维修也属钳工范围。随着加工技术的不断发展，钳工的一些工作已由机工所代替，机械装配也在一定范围内不同程度地实现了机械化、自动化。但在某些情况下，钳工不仅方便、经济，而且也易于保证加工质量，特别是在装配、维修以及模具制造中，仍然是不可缺少的加工方法，因此，钳工在机械制造业中仍占有独特的地位。

金属切削加工虽有各种不同的形式，但却存在着共同的现象和规律。研究这些现象和规律，以便正确地进行切削加工，对保证零件的加工质量，提高生产率和降低成本，都有着重要的意义。

1.1　切削运动与切削要素

1.1.1　切削运动

机械零件的形状很多，但分析起来，主要是由以下几种表面组成，即外圆面、内圆面(孔)、圆锥面、平面和成形面。由于这些表面的形成方法各不相同，因此，可以用不同的加工方法来获得所需形状。图1-1为常见的机床加工方法示意图。

由图1-1可以看出，切削加工时，刀具与工件之间必须有一定的相对运动，即切削运动。它包括主运动(图1-1中 Ⅰ 所示) 和进给运动(图1-1中 Ⅱ 所示)。

(1) 主运动是切下切屑所需的最基本的运动。在切削运动中，主运动的速度最高、消耗的功率最大。主运动只有一个，如车削时工件的旋转、牛头刨床刨削时刨刀的直线运动都是主运动。

(2) 进给运动是多余材料不断被投入切削，从而加工出完整表面所需的运动。进给运动可以有一个或几个，如车削时车刀的纵向或横向运动，磨削外圆时工件的旋转和工作台带动工件的纵向移动。

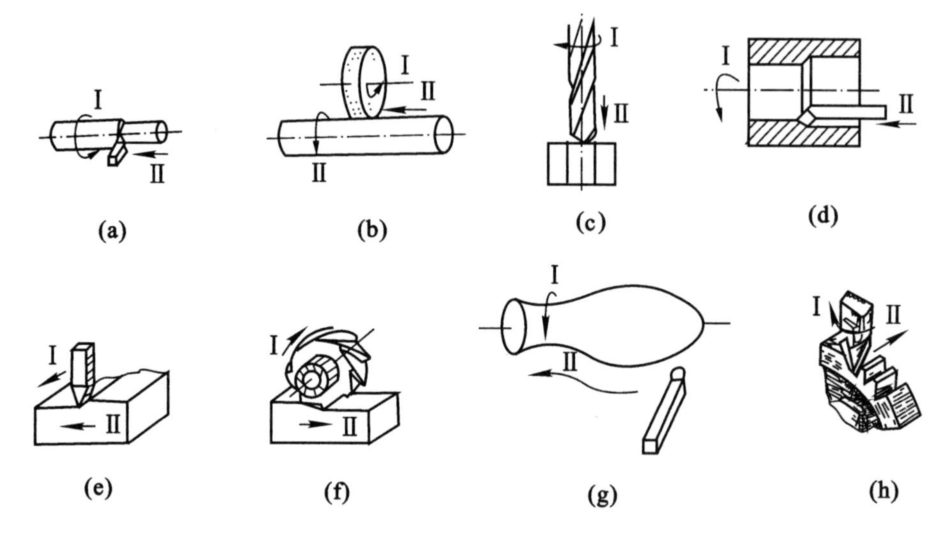

图 1-1　加工不同(零件)表面时的切削运动

1.1.2　切削要素

在切削过程中,工件上形成 3 个表面,如图 1-2 所示。

已加工表面:工件上已切去切屑的表面。

待加工表面:工件上即将被切去切屑的表面。

加工表面:工件上正在被切削的表面。

切削要素包括切削用量和切削层的几何参数。

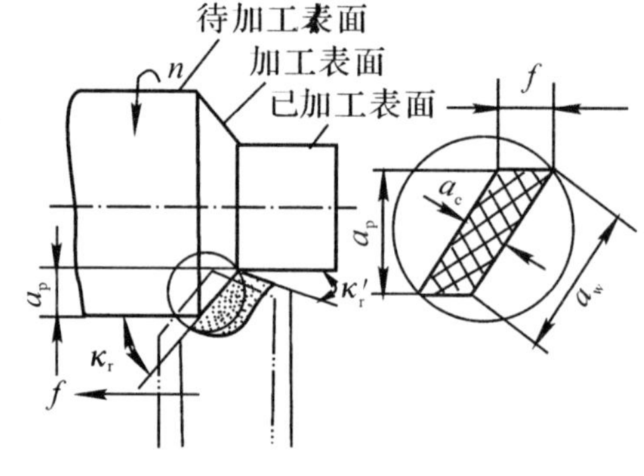

图 1-2　车削时的切削要素

1. 切削用量

切削用量表示切削时各运动参数的数量,包括切削速度、进给量和切削深度三要素,它们是调整机床运动的依据。

(1) 切削速度 v:在单位时间内,工件和刀具沿主运动方向的相对位移。若主运动为旋转运动,则计算公式为

$$v=\frac{\pi d_w n}{1\ 000\times 60}$$

式中　d_w —— 工件待加工表面或刀具的最大直径(mm);

n —— 工件或刀具每分钟转数(r/min)。

若主运动为往复直线运动(如刨削),则常用其平均速度 v 作为切削速度,即

$$v=\frac{2Ln_r}{1\ 000\times 60}$$

式中　L —— 往复直线运动的行程长度(mm);

n_r —— 主运动每分钟的往复次数(str/min)。

（2）进给量 f：在主运动的一个循环（或单位时间）内，刀具与工件之间沿进给运动方向的相对位移。车削时，进给量指工件每转一转，刀具所移动的距离（mm/r）；在牛头刨床上刨削时，进给量指刀具每往复运动一次，工件移动的距离（mm/s）。

（3）切削深度 a_p：待加工表面与已加工表面之间的垂直距离（mm）。车削外圆时为

$$a_p = \frac{d_w - d_m}{2}$$

式中　d_w, d_m—— 分别为工件待加工表面和已加工表面的直径（mm）。

2.切削层几何参数

切削层是指工件上正被切削刃切削着的一层金属，亦即相邻两个加工表面之间的一层金属。以车削外圆为例（见图1-2），切削层是指工件每转一转，刀具从工件上切下的那一层金属。切削层的大小反映了切削刃所受载荷的大小，直接影响到加工质量、生产率和刀具的磨损等。

（1）切削宽度 a_w：沿主切削刃方向度量的切削层尺寸（mm）。车外圆时

$$a_w = \frac{a_p}{\sin\kappa_r}$$

式中　κ_r—— 切削刃和工件轴线之间的夹角。

（2）切削厚度 a_c：两相邻加工表面间的垂直距离（mm）。车外圆时

$$a_c = f\sin\kappa_r$$

（3）切削面积 A_c：切削层垂直于切削速度截面内的面积（mm^2）。车外圆时

$$A_c = a_w a_c = a_p f$$

1.2　刀具材料与刀具构造

在金属切削过程中，刀具直接参与切削，在很大的切削力和很高的温度下工作，并且与切屑和工件都产生剧烈的摩擦，工作条件极为恶劣。为使刀具具有良好的切削能力，必须选用合适的材料、合理的角度及适当的结构。刀具材料是刀具切削能力的重要基础，它对加工质量、生产率和加工成本影响极大。

1.2.1　刀具材料

1.刀具材料应具备的性能

刀具要在强力、高温和剧烈的摩擦条件下工作，同时还要承受冲击和振动，因此刀具材料应满足以下基本要求。

（1）高硬度：刀具材料的硬度必须高于工件的硬度，以便切入工件。在常温下，刀具材料的硬度一般应在60 HRC以上。

（2）足够的强度和韧性：只有具备足够的强度和韧性，刀具才能承受切削力和切削时产生的振动，以防脆性断裂和崩刃。

（3）高耐磨性：抵抗磨损的能力。

（4）高耐热性：它指刀具在高温下仍能保持硬度、强度、韧性和耐磨等性能。

（5）一定的工艺性：为便于刀具本身的制造，刀具材料还应具有一定的工艺性能，如切削性能、磨削性能、焊接性能及热处理性能等。

2. 常用的刀具材料

目前在切削加工中常用的刀具材料有碳素工具钢、合金工具钢、高速钢及硬质合金等。各种刀具材料的特性见表 1 - 1。

表 1 - 1　常用刀具材料的特性

种类	牌号	硬度	维持切削性能的最高温度/℃	抗弯强度/GPa	工艺性能	用途
碳素工具钢	T8A T10A T12A	60 ~ 64 HRC (81 ~ 83 HRA)	~ 200	2.45 ~ 2.75 (250 ~ 280)	可冷热加工成形，工艺性能良好，磨削性好，须热处理	只用于手动刀具，如手动丝锥、板牙、铰刀、锯条、锉刀等
合金工具钢	9CrSi CrWMn 等	60 ~ 65 HRC (81 ~ 83 HRA)	250 ~ 300	2.45 ~ 2.75 (250 ~ 280)		只用于手动或低速机动刀具，如丝锥、板牙、拉刀等
高速钢	W18Cr4V W6Mo5Cr4V2Al W10Mo4Cr4V3Al	62 ~ 70 HRC (82 ~ 87 HRA)	540 ~ 600	2.45 ~ 4.41 (250 ~ 450)	可冷热加工成形，工艺性能好，须热处理，磨削性好，但高钒类较差	用于各种刀具，特别是形状较复杂的刀具，如钻头、铣刀、拉刀、齿轮刀具、丝锥、板牙、刨刀等
硬质合金	钨钴类： YG3，YG6，YG8 钨钴钛类： YT5，YT15，YT30	89 ~ 94 HRA	800 ~ 1 000	0.88 ~ 2.45 (90 ~ 250)	压制烧结后使用，不能冷热加工，多镶片使用，无须热处理	车刀刀头大部分采用硬质合金，铣刀、钻头、滚刀、丝锥等亦可镶刀片使用。钨钴类加工铸铁，有色金属；钨钴钛类加工碳素钢、合金钢、淬硬钢等
陶瓷材料	AM，AMT， SGA，AT6	91 ~ 94 HRA	> 1 200	0.441 ~ 0.833 (45 ~ 85)		多用于车刀，性脆，适于连续切削
立方氮化硼	FN，LBN - Y	7 300 ~ 9 000 HV			压制烧结而成，可用金刚石砂轮磨削	用于硬度、强度较高材料的精加工。在空气中达 1 300℃ 时仍保持稳定
金刚石		10 000 HV			用天然金刚石砂轮刃磨极困难	用于有色金属的高精度、低粗糙度切削，700 ~ 800℃ 时易碳化

(1) 碳素工具钢与合金工具钢：碳素工具钢是含碳量高的优质钢(含碳量为 0.7% ~ 1.2%)，如 T10A。碳素工具钢淬火后具有较高的硬度，而且价格低廉。但这种材料的耐热性较差，当温度达到 200℃ 时，即失去它原有的硬度，并且淬火时容易产生变形和裂纹。

合金工具钢是在碳素工具钢中加入少量的 Cr，W，Mn，Si 等合金元素形成的刀具材料，(如 9SiCr)。由于合金元素的加入，与碳素工具钢相比，其热处理变形有所减小，耐热性也有所提高。

以上两种刀具材料因其耐热性都比较差，所以常用于制造一些形状较简单的低速切削刀具，如锉刀、锯条、铰刀等。

(2) 高速钢：又称为锋钢或风钢，它是含有较多 W，Cr，V 合金元素的高合金工具钢，如 $W_{18}Cr_4V$。与碳素工具钢和合金工具钢相比，高速钢具有较高的耐热性，温度达 600℃ 时，仍能正常切削，其许用切削速度为 30 ~ 50 m/min，是碳素工具钢的 5 ~ 6 倍，而且它的强度、韧性和工艺性都较好，可广泛用于制造中速切削及形状复杂的刀具，如麻花钻、铣刀、拉刀和各种齿轮加工刀具。

(3) 硬质合金：它是以高硬度、高熔点的金属碳化物(WC，TiC)为基体，以金属 Co，Ni 等为黏结剂，用粉末冶金方法制成的一种合金。其硬度高，耐磨、耐热性好，许用切削速度是高速钢的 6 倍，但强度和韧性比高速钢低，工艺性差，因此硬质合金常用于制造形状简单的高速切削刀片，经焊接或机械夹固在车刀、刨刀、端铣刀、钻头等的刀体(刀杆)上使用。

国产的硬质合金一般分为两大类：一类是由 WC 和 Co 组成的钨钴类(YG 类)；另一类是 WC，TiC 和 Co 组成的钨钛钴类(YT 类)。

YG 类硬质合金的韧性较好，但切削韧性材料时，耐磨性较差。因此，它适用于加工铸铁、青铜等脆性材料。常用的牌号有 YG3，YG6，YG8 等，其中数字表示 Co 的质量分数。

YT 类硬质合金比 YG 类硬度高，耐热性好，在切削韧性材料时的耐磨性较好，但韧性较差，一般适用于加工钢件。常用的牌号有 YT5，YT15，YT30 等，其中数字表示 TiC 的质量分数。

3. 新型刀具材料简介

近年来，随着高硬度难加工材料的出现，对刀具材料提出了更高的要求，这就推动了新刀具材料的不断开发。

(1) 高速钢的改造：为了提高高速钢的硬度和耐磨性常采用如下措施。

1) 在高速钢中增添新的元素。如我国制成的铝高速钢，增添了铝元素，其硬度达 70 HRC，耐热性超过 600℃，被称为高性能高速钢或超高速钢。

2) 改进刀具制造的工艺方法。用粉末冶金法制造的高速钢称为粉末冶金高速钢，它可消除碳化物的偏析并细化晶粒，提高了材料的韧性、硬度，并减小了热处理变形，适用于制造各种高精度刀具。

(2) 硬质合金的改进：为了克服常用硬质合金强度和韧性低、脆性大、易崩刃的缺点，常采用如下措施。

1) 调整化学成分。增添少量的碳化钽(TaC)、碳化铌(NbC)，使硬质合金既有高的硬度，又有较好的韧性。

2) 细化合金的晶粒。如超细晶粒硬质合金，硬度可达 90 ~ 93 HRA，抗弯强度可达2.0 GPa。

3）采用涂层刀片。在韧性较好的硬质合金（如YG类）基体表面，涂敷一层5～10 μm厚的TiC或TiN，以提高其表层的耐磨性。

(3) 非金属刀具材料的采用：陶瓷、天然（人造）金钢石、立方氮化硼等的硬度和耐磨性比上述各种金属刀具材料高，可用于切削淬火钢、有色金属及硬质合金等材料。由于它们的脆性大，抗弯强度又极低，加之金刚石和立方氮化硼两种材料价格又昂贵，所以很少应用。

1.2.2 刀具构造

切削刀具的种类很多，如车刀、钻头、刨刀、铣刀等，它们的几何形状各异，复杂程度不同。其中，车刀是最常用、最简单而且是最基本的切削刀具，因而最具有代表性。尽管其他刀具种类繁多，但它们的切削部分总是近似地以外圆车刀的切削部分为基本形态。因此，研究金属切削刀具时，总是以车刀为基础。

1. 车刀的组成及结构形式

车刀是由刀头和刀体组成的。刀头用来切削，故称切削部分。刀体是用来将车刀夹固在刀架或刀座上的部分。车刀可用高速钢制成，也可在碳素结构钢的刀体上焊硬质合金刀片。其结构形式有：整体式——将刀头和刀体做成一体[见图1-3(a)]；焊接式——将刀片焊接在刀体上[见图1-3(b)]；机夹式——将车刀用机械夹固的方法紧固在刀体上[见图1-3(c)]和机夹可转位式[见图1-3(d)]。其中，机夹可转位式车刀所用的硬质合金刀片具有数个切削刃，在一个切削刃用钝后，只须松开夹紧元件，将刀片转换一个切削刃，重新夹紧，即能继续使用，可获得较大的经济效益。

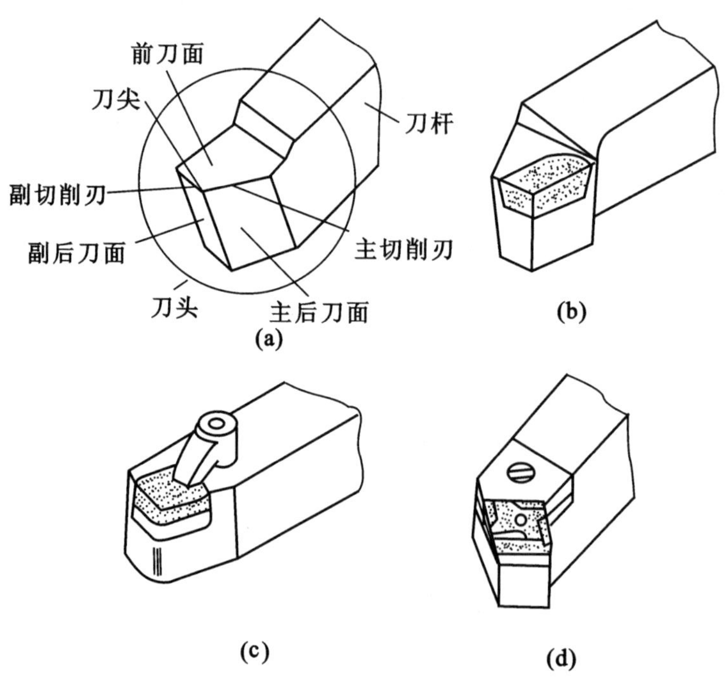

图1-3 车刀的结构形式

(a) 整体式 (b) 焊接式 (c) 机夹 (d) 机夹可转位

车刀切削部分是由三面、二刃、一尖组成的[见图1-3(a)]。

(1) 前刀面:切削时,切屑流出所经过的表面。

(2) 主后刀面:切削时,与工件加工表面相对的表面。

(3) 副后刀面:切削时,与工件已加工表面相对的表面。

(4) 主切削刃:前刀面与主后刀面的交线。它可以是直线或曲线,承担主要的切削工作。

(5) 副切削刃:前刀面与副后刀面的交线。一般情况下,它仅起微量的切削作用。

(6) 刀尖:主切削刃和副切削刃的交接处。为了强化刀尖,常将其磨成圆弧形。

以上各元素之间的关系可由图1-4来表示。

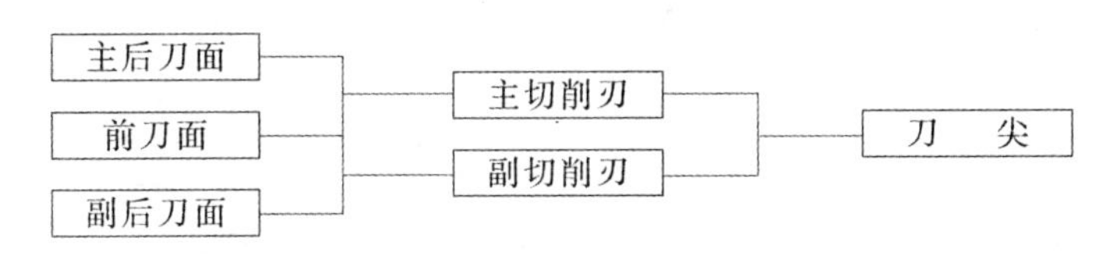

图1-4　三面、二刃、一尖

2. 车刀的标注角度及其作用

为了确定上述表面和刀刃的空间位置,首先介绍3个相互垂直的辅助平面,如图1-5所示。

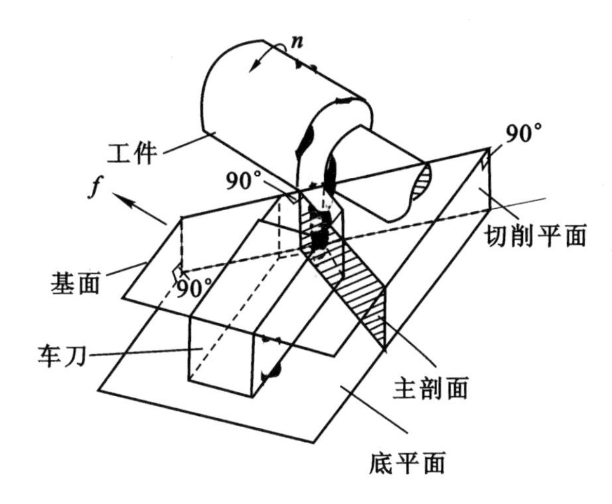

图1-5　确定刀具角度的辅助平面

(1) 切削平面:通过主切削刃上某一点并与工件加工表面相切的平面。

(2) 基面:通过主切削刃上某一点并与该点切削速度方向相垂直的平面。

(3) 主剖面:通过主切削刃上某一点并与主切削刃在基面上的投影相垂直的平面。

切削平面、基面和主剖面这3个辅助平面是互相垂直的。

车刀的标注角度是指在刀具图样上标注的角度,也称刃磨角度。车刀的5个主要角度是前角 γ_0、后角 α_0、主偏角 κ_r、副偏角 κ_r' 和刃倾角 λ_s,如图1-6(a)所示。

(1) 前角 γ_0:在主剖面中测量,是前刀面与基面之间的夹角。

前角对切削的难易程度有很大影响。增大前角能使车刀锋利,切削轻快,减小切削力和切削热。但前角过大,刀刃和刀尖的强度下降,刀具导热体积减小,影响刀具使用寿命。前角的大小对加工工件的表面粗糙度及排屑、断屑的情况都有一定的影响。

前角大小的选择与工件材料、刀具材料、加工要求等有关。工件材料的强度、硬度低，前角应选得大些，反之应选得小些；刀具材料韧性好（如高速钢），前角可选得大些，反之应选得小些（如硬质合金）；精加工时前角可选得大些，粗加工时应选得小些。通常硬质合金车刀的前角 γ_0 在 $-5° \sim +20°$ 的范围内选取。前角的正与负，如图 1-6(b) 所示。

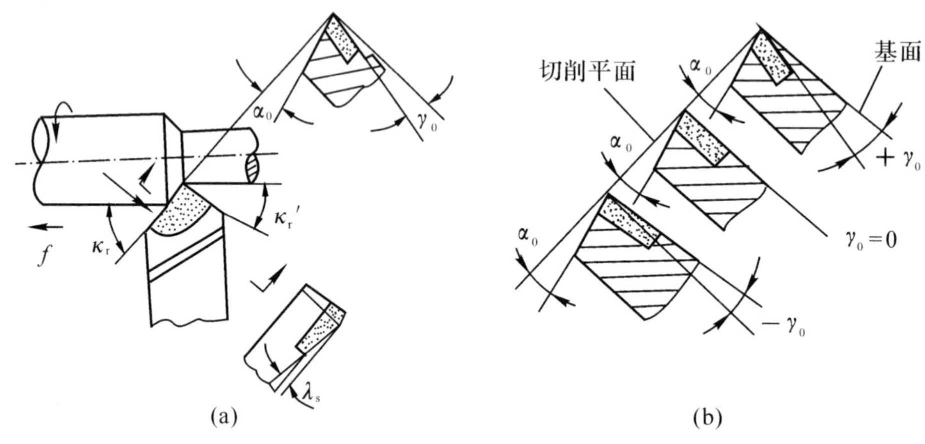

图 1-6　车刀的主要角度

(2) 后角 α_0：在主剖面中测量，是主后刀面与切削平面之间的夹角。

后角的作用是为了减小后刀面与工件之间的摩擦和减少后刀面的磨损。但后角不能过大，否则同样使切削刃的强度下降。

粗加工和承受冲击载荷的刀具，为了使刀刃有足够的强度，应取较小的后角，一般为 $5° \sim 7°$；精加工时，为保证加工工件的表面质量，应取较大的后角，一般为 $8° \sim 12°$；高速钢刀具的后角可比同类型的硬质合金刀具稍大一些。

(3) 主偏角 κ_r：在基面中测量，是主切削刃在基面上的投影与进给运动方向之间的夹角。

主偏角的大小影响切削条件和刀具寿命，如图 1-7 所示。在进给量和切削深度相同的情况下，减小主偏角可以使刀刃参与切削的长度增加，切屑变薄，因而使刀刃单位长度上的切削负荷减轻。同时加强了刀尖强度，增大了散热面积，从而使切削条件得到改善，刀具寿命提高。

主偏角的大小还影响切削分力的大小，如图 1-8 所示。在切削力同样大小的情况下，减小主偏角会使切深抗力 F_y 增大。当加工刚性较差的工件时，为避免工件变形和振动，应选用较大的主偏角。车刀常用的主偏角有 45°，60°，75°，90° 几种。

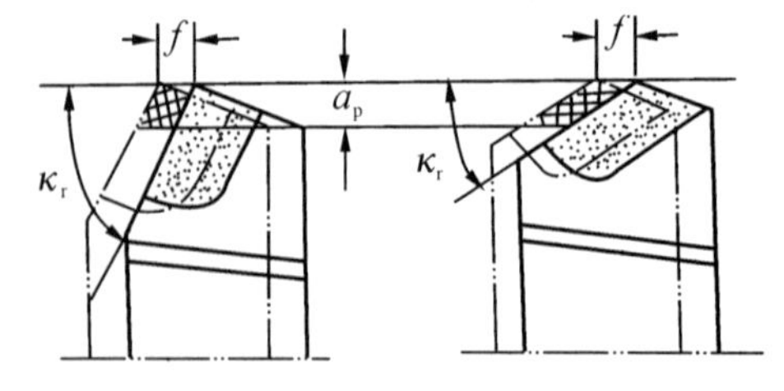

图 1-7　主偏角对切削宽度和厚度的影响

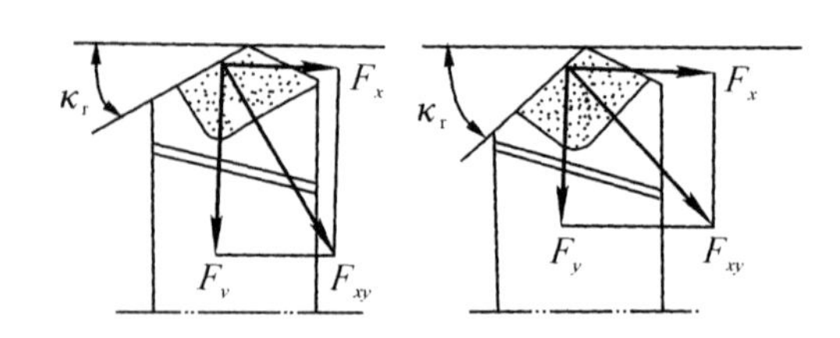

图 1-8　主偏角对切深抗力的影响

减小主偏角还可以减小已加工表面残留面积的高度，以减小工件的表面粗糙度，如图 1-9

所示。

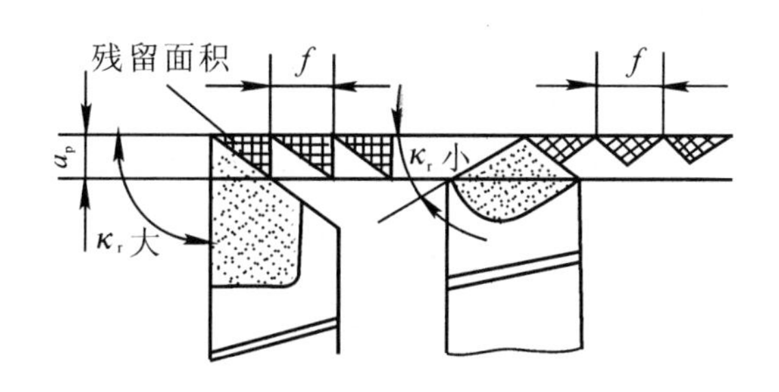

图1－9　主偏角对残留面积的影响

(4) 副偏角 κ_r'：在基面中测量，是副切削刃在基面上的投影与进给运动反方向之间的夹角。

副偏角的作用是减小副切削刃和副后刀面与工件已加工表面之间的摩擦，以防止切削时产生振动。副偏角的大小影响表面粗糙度。如图1－10所示，切削时由于副偏角 κ_r' 和进给量 f 的存在，切削层的面积 A_c 未能全部切去，总有一部分残留在已加工表面上，称之为残留面积。在切削深度、进给量和主偏角相同的情况下，减小副偏角可以使残留面积减小，使表面粗糙度值降低。

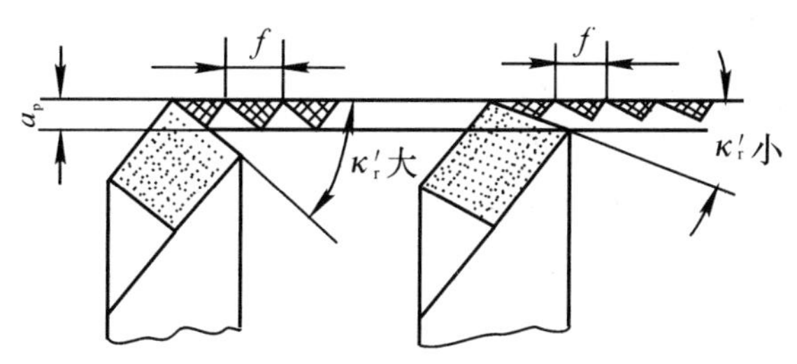

图1－10　副偏角对残留面积的影响

副偏角的大小主要根据表面粗糙度的要求来选取，一般为5°～15°。粗加工取较大值，精加工取较小值。至于切断刀，因要保证刀头强度和重磨后主刀刃的宽度，κ_r' 取1°～2°。

(5) 刃倾角 λ_s：在切削平面中测量，是主切削刃与基面之间的夹角。

刃倾角主要影响主切削刃的强度和切屑流出的方向。如图1－11所示，当主切削刃与基面重合时，λ_s 为零[见图1－11(a)]，切屑向着与主切削刃垂直的方向流出；当刀尖处于主切削刃最高点时，λ_s 为正值[见图1－11(b)]，主切削刃强度较差，切屑向待加工表面流出，不影响加工表面质量；当刀尖处于主切削刃最低点时，λ_s 为负值[见图1－11(c)]，主切削刃强度较好，切屑向已加工表面流出，可能擦伤加工表面。

一般刃倾角可在－4°～5°之间选取，粗加工时 λ_s 常取负值，精加工时为了防止切屑划伤已加工表面，λ_s 常取正值或0°。

3. 车刀的工作角度

上述车刀角度是在假定车刀刀尖和工件回转轴线等高、刀杆中心线垂直于进给方向，且不考虑进给运动对坐标平面空间位置的影响等条件下标注的角度。在实际切削过程中，这些条件往往会改变，致使刀具切削时的几何角度不等于上述标注的角度。刀具在切削过程中的实际切削角度，称为工作角度。

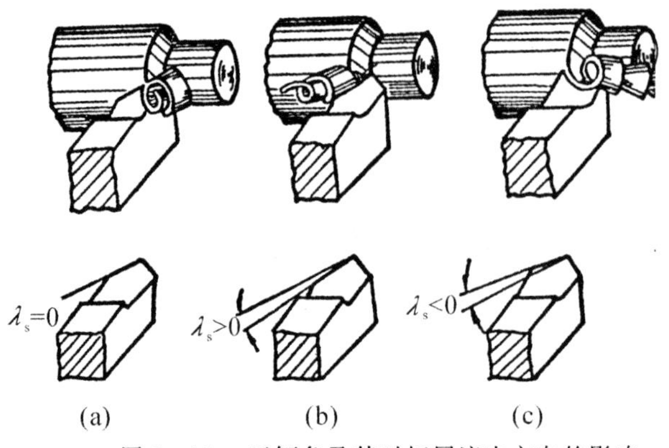

图 1-11　刃倾角及其对切屑流出方向的影响

(a) 刃倾角为零　(b) 刃倾角为正值　(c) 刃倾角为负值

(1) 车刀的安装对工作角度的影响：安装车刀时，刀尖如果高于或低于工件回转轴线，则切削平面和基面的位置将发生变化，如图 1-12 所示。当刀尖高于工件回转轴线时，前角增大，后角减小[见图 1-12(a)]；反之，前角减小，后角增大[见图 1-12(c)]。

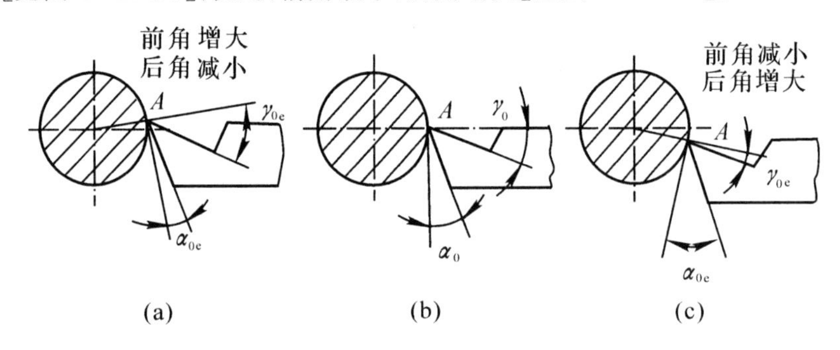

图 1-12　外圆车刀安装对前角和后角的影响

(a) 刀尖高于工件轴线　(b) 刀尖与工件轴线等高　(c) 刀尖低于工件轴线

如果车刀刀杆中心线安装的与进给方向不垂直，车刀的主、副偏角将发生变化，如图 1-13 所示。刀杆右偏，则主偏角增大，副偏角减小[见图 1-13(a)]；反之，主偏角减小，副偏角增大[见图1-13(c)]。

可见，刀具安装得正确与否，对切削是否顺利、工件加工表面是否光洁等都具有较大的影响。如果安装不当，就不能发挥它应有的作用。

(2) 进给运动对工作角度的影响：切削过程中由于进给运动的存在，加工表面实际上是一个螺旋面，如图 1-14(a) 所示。因此，实际的切削平面与确定标注角度的切削平面并不重合。实际的切削平面和基面都要偏转一个螺旋面的升角 ψ，从而引起工作前角 γ_{0e} 加大，工作后角 α_{0e} 减小，如图 1-14(b) 所示。

一般车削时，由于进给量比工件直径小得多，两者相差甚大，所以螺旋升角 ψ 很小，它对车刀工作前、后角的影响可忽略不计。但车削螺距较大的螺纹时，则必须要考虑螺旋升角 ψ 对工作角度的影响。

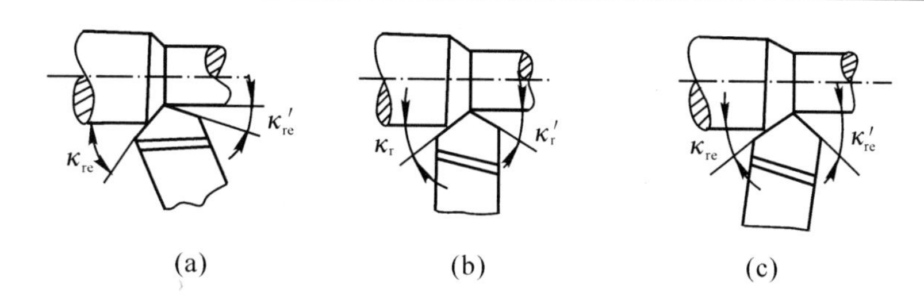

图 1－13　刀杆装偏对主、副偏角的影响

(a) 刀杆右偏　(b) 刀杆与进给方向垂直　(c) 刀杆左偏

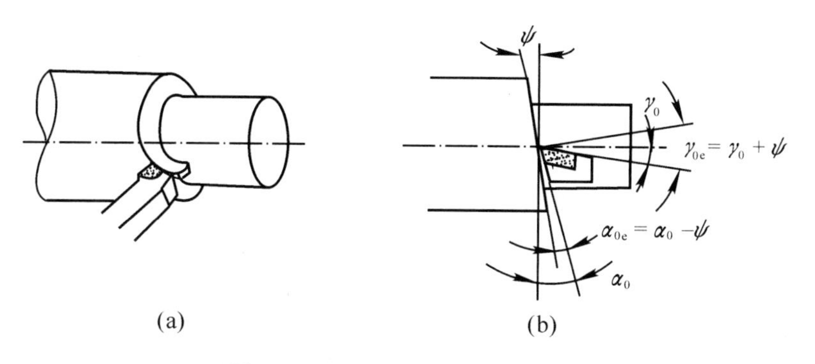

图 1－14　进给运动对 γ_{0e} 和 α_{0e} 的影响

1.3　金属切削过程及其物理现象

金属切削过程是指在刀具和切削力的作用下形成切屑的过程。在这一过程中会出现许多物理现象，如切削力、切削热、积屑瘤、刀具磨损和加工硬化等。因此，研究切削过程对切削加工的发展和进步，保证加工质量，降低生产成本，提高生产率等，都有着重要的意义。

1.3.1　切削过程及切屑种类

1. 切屑形成过程

对塑性金属以缓慢的速度进行切削时，切屑形成的过程如图 1－15(a) 所示。当工件受到刀具的挤压以后，切削层金属在始滑移面 *OA* 以左发生弹性变形，愈靠近 *OA* 面，弹性变形愈大。在 *OA* 面上，应力达到材料的屈服强度 σ_s，则发生塑性变形，产生滑移现象。随着刀具的连续移动，原来处于始滑移面上的金属不断向刀具靠拢，应力和变形也逐渐加大。在终滑移面 *OE* 上，应力和变形达到最大值。越过 *OE* 面，切削层金属将脱离工件母材，沿着前刀面流出而形成切屑，完成切离阶段。经过塑性变形的金属，其晶粒沿大致相同的方向伸长。可见，金属切削过程实质上是一种挤压过程，在这一过程中产生的许多物理现象，都是由切削过程中的变形和摩擦所引起的。

切削塑性金属材料时，在刀具与工件接触的区域产生 3 个变形区，如图 1－15(b) 所示。*OA* 与 *OE* 之间是切削层的塑性变形区，称为第一变形区，或称基本变形区。基本变形区的变形量最大，常用它来说明切削过程的变形情况。切屑与前刀面摩擦的区域 Ⅱ 称为第二变形区或称摩擦变形区。切屑形成后与前刀面之间存在很大的压力，沿前刀面流出时必然有很大的摩擦，因而使切削底层又一次产生塑性变形。工件已加工表面与后刀面接触的区域Ⅲ称为第三变形区或称加工表面变形区。

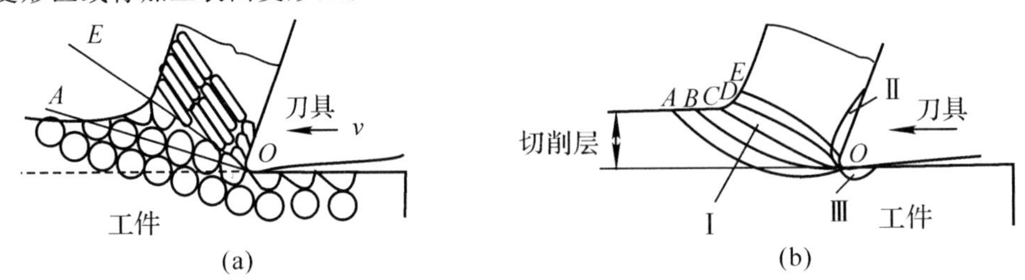

图 1-15　切屑的形成过程

(a) 切削过程晶粒变形情况　(b) 切削过程 3 个变形区

2. 切屑的种类

由于金属材料的性能不同，切屑形成过程也不相同。例如，切削铸铁等脆性金属时，因铸铁本身塑性很低，在弹性变形之后就很快切离本体而形成切屑。而切削塑性很好的低碳钢等材料时，挤裂前有明显的塑性变形。此外，不同的刀具角度和切削用量，对切屑形成过程的影响也不同，从而产生切屑的形状各不一样。切屑一般可分为以下三类。

（1）带状切屑：使用较大前角的刀具并选用较高的切削速度、较小的进给量和切削深度，切削硬度较低的塑性材料时，切削层金属经过终滑移面 *OE* 虽然产生了最大的塑性变形，但尚未达到破裂程度即被切离母体，从而形成连绵不断的带状切屑，如图 1-16(a) 所示。带状切屑的顶面呈毛茸状，底面光滑。形成带状切屑的切削过程比较平稳，切削力波动也较小，加工的表面较光洁。但它会缠绕在刀具或工件上，损坏刀刃，刮伤工件，且清除和运输也不方便，常成为影响正常切削的关键。为此，常在刀具前刀面上磨出各种不同的形状和尺寸的卷屑槽或断屑槽，以促使切屑成卷或折断。

（2）节状切屑：一般用较低的切削速度粗加工中等硬度的塑性材料时，容易得到这类切屑，如图 1-16(b) 所示。当切削金属到达 *OE* 面时，材料已达到破裂程度，被一层一层地挤裂而呈锯齿形，越过 *OE* 面被切离母体形成切屑。这是最典型的切削过程，经过弹性变形、塑性变形、挤压、切离等阶段。由于变形较大，切削力也较大，且有波动，工件表面较粗糙。

（3）崩碎切屑：在切削铸铁和黄铜等脆性材料时，切削层金属发生弹性变形以后，一般不经过塑性变形就突然崩碎，形成不规则的碎块状屑片，即为崩碎切屑，如图 1-16(c) 所示。工件愈是硬脆，愈容易产生这类切屑。产生崩碎切屑时，切削热和切削力都集中在主切削刃和刀尖附近，刀尖容易产生振动，影响工件表面粗糙度。

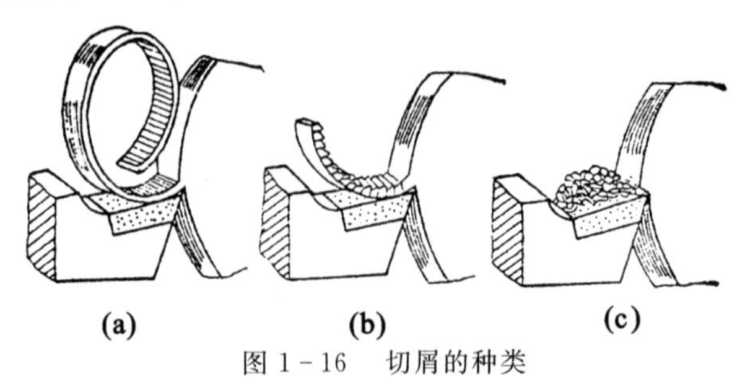

图 1-16　切屑的种类

(a) 带状切屑　(b) 节状切屑　(c) 崩碎切屑

切屑的形状可以随切削条件的不同而改变。在生产中,常根据具体情况采取不同的措施来得到需要的切屑,以保证切削加工的顺利进行。例如,加大前角、提高切削速度或减小切削厚度,可将节状切屑转变成带状切屑,使加工的表面较为光洁。

1.3.2　积屑瘤和已加工表面的加工硬化

1. 积屑瘤

在一定条件下切削塑性金属材料时,往往在前刀面上靠近切削刃处黏结着一小块很硬的金属,这块金属叫作积屑瘤或称刀瘤,如图 1-17 所示。

积屑瘤的产生是由于切屑与前刀面之间挤压和摩擦作用而引起的。当切屑沿刀具前刀面流出时,在高温和高压作用下,与前刀面接触的切屑底面层受到很大的摩擦阻力,使这层金属的流动速度降低。当这层金属与前刀面的摩擦力超过切屑本身分子间的结合力时,切屑和工件上局部的金属就黏附在前刀面上,形成积屑瘤。这一小块金属由于经过了强烈的变形,硬化效果明显,一般比工件本身的硬度提高 1.5 ~ 2.5 倍。因此能保护切削刃,增大刀具的实际工作前角,使切削变得轻快。

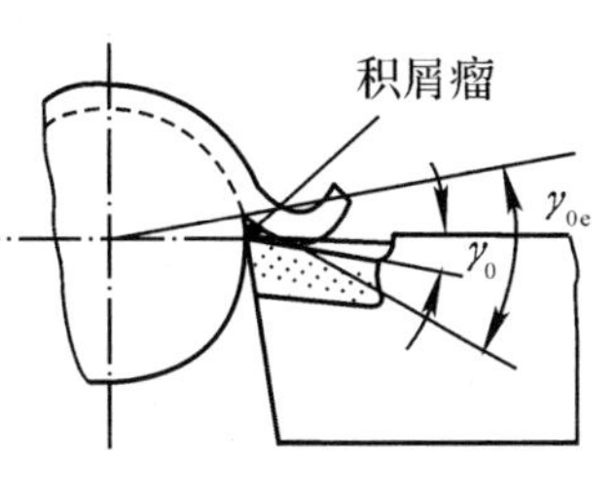

图 1-17　积屑瘤

随着切削继续进行,积屑瘤会逐渐增大。在增大到一定大小以后,由于切削过程中的冲击、振动等原因,积屑瘤会脱落而被工件或切屑带走。所以,积屑瘤时大时小,时现时消,极不稳定,容易引起振动,使已加工表面粗糙度值增大,因此精加工时应该避免积屑瘤的产生。

工件材料和切削速度是影响积屑瘤的主要因素。

塑性大的材料,切削时的塑性变形较大,容易产生积屑瘤。塑性小、硬度较高的材料,产生积屑瘤的可能性以及积屑瘤的高度相对小,切削脆性材料一般没有塑性变形,形成的崩碎切屑不流过前刀面,因此一般无积屑瘤产生。

切削速度很低($<$ 5 m/min) 时,切屑流动较慢,切屑底面的新鲜金属氧化充分,摩擦因数减小,又由于切削温度低,切屑分子的结合力大于切屑底面与前刀面之间的摩擦力,因而不会出现积屑瘤;切削速度在 5 ~ 50 m/min 范围内,切屑底面的新鲜金属与前刀面间的摩擦因数较大,同时切削温度升高,切屑分子的结合力降低,因而容易产生积屑瘤。一般钢料的切削速度在大约为 20 m/min、切削温度为 300℃ 左右时,摩擦因数最大,积屑瘤的高度也最大。当切削速度很高($>$ 100 m/min) 时,由于切削温度很高,切屑底面呈微熔状态,摩擦因数明显降低,积屑瘤亦不会产生。

因此,提高或降低切削速度是减小积屑瘤的措施之一。

此外,增大刀具前角、减小进给量、减小前刀面粗糙度值以及合理使用冷却润滑液,均可减小积屑瘤。

2. 已加工表面的加工硬化

切削塑性材料时,往往会发现工件已加工表面金属的硬度比未加工表面的硬度有明显提高,而塑性降低。这种现象称为加工硬化。

第三变形区所产生的摩擦变形,是已加工表面产生加工硬化和残余应力的主要原因,如图 1-18 所示。切削时,由于刀具的切削刃并非绝对锋利,而是一段具有半径为 r 的切削刃圆弧,当切削层被切离母体时，被切金属的分离点 F 不在刃口圆弧的最低点，所以会有厚度为 ΔA 的一薄层金属留下来，从刀刃圆弧部分下面挤压过去。由于刀具磨损，后刀面上会出现一段长度为 ΔL、后角为零度的棱面与已加工表面摩擦，弹性恢复使已加工表面与后刀面的接触长度加大，进而增加了已加工表面所受到的挤压和摩擦。这些原因将使已加工表面金属层在一定范围内产生了很大的塑性变形。结果使已加工表面的硬度提高 1.2 ～ 2 倍，硬化层的深度可达 0.02 ～ 0.03 mm。

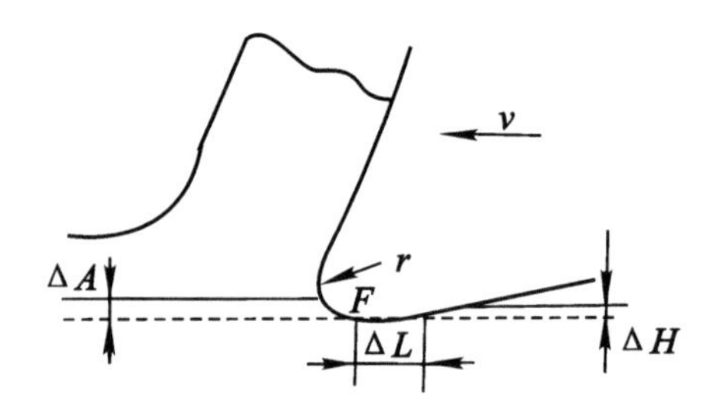

图 1－18　工件已加工表面的硬化

切削加工所造成的加工硬化层，还常伴随着残余应力和表面裂纹，使表面质量和疲劳强度下降，并增加了下一道工序加工的困难，还会引起零件的变形。

挤压和摩擦是引起工件表面加工硬化的根源。因此，凡能减小变形和摩擦的措施都能减轻加工硬化，如增大刀具前角、减小切削刃圆弧半径、限制后刀面的磨损、提高切削速度以及采用适宜的切削液等。

1.3.3　切削力和切削功率

1. 切削力

在切削过程中，刀具必须克服材料的变形阻力以及刀具与工件、切屑之间的摩擦阻力，才能切下切屑。这些阻力就构成了作用在刀具上的总切削力。

总切削力 F_r 是一个空间力。为了便于测量和计算，以适应机床、刀具设计和工艺分析的需要，常将 F_r 分解为 3 个互相垂直的切削分力。车削力的分解如图1－19 所示。

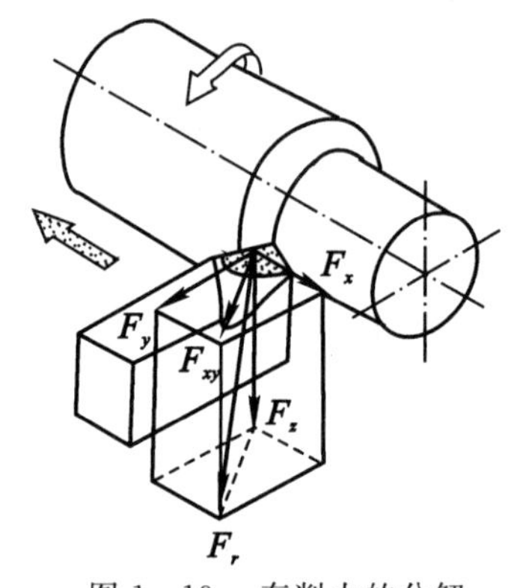

图 1－19　车削力的分解

(1) 主切削力 F_z（又称切向力）：F_z 是在主运动方向上的分力，与切削速度方向一致。它所消耗的功率最多，占机床总功率的 90% 以上，是计算机床动力及机床、夹具的强度和刚度的重要依据，也是选择刀具几何角度、切削用量等的依据。

(2) 走刀抗力 F_x（轴向力）：F_x 是在进给方向上的分力，作用在机床进给机构上，是设计和验算进给机构强度的依据。它所消耗的功率只占机床总功率的 1% 左右。

(3) 切深抗力 F_y（径向力）：F_y 是垂直于进给方向的分力。因为车削外圆时，这个方向的速度为零，所以 F_y 不做功。但其反作用力作用在工件的直径方向，容易使工件弯曲变形和引起振动，对加工精度和表面粗糙度影响较大，因此在车削细长工件或有振动时，应尽量减小 F_y。

这 3 个互相垂直的分力与总切削力有如下关系：

$$F_r = \sqrt{F_z^2 + F_y^2 + F_x^2}$$

一般情况下，主切削力 F_z 是 3 个分力中最大的一个，切深抗力 F_y 次之，走刀抗力 F_x 最小。因此，除特殊情况外，通常所说的切削力就是指主切削力。

切削力的大小一般用经验公式来计算。经验公式是通过大量的试验得来的，并根据影响主切削力的各个因素，总结出各种修正系数。如果已知单位切削力 p（单位切削面积上的主切削力，$\mathrm{N/mm^2}$），则可用下式估算主切削力 F_z 的大小：

$$F_z = pA_c = pa_p f$$

p 的数值可以从有关切削手册中查得。在不同的切削条件下，F_x，F_y 相对于 F_z 的比值可在很大的范围内变化，即

$$F_x = (0.1 \sim 0.6)F_z$$

$$F_y = (0.15 \sim 0.7)F_z$$

一般根据实际的切削条件，在资料中查出有关的修正系数和相应的比值大小，即可计算出 F_z，F_x，F_y 的数值。

影响切削力的因素很多，主要有以下几方面。

（1）工件材料：若工件材料的强度和硬度高，则切削时的变形抗力大，切削力就大；材料的塑性好，切削时的塑性变形大，切屑与前刀面的摩擦因数大，所以切削力也大。

（2）切削用量：在切削用量中，切削深度和进给量是影响切削力的主要因素。当 a_p 和 f 增大时，切削面积 A_c 增大，因而切削力会明显增大。试验表明，当切削深度增加1倍时，切削力也增加1倍；进给量增加1倍时，切削力增大75%左右。

（3）刀具角度：刀具的前角和主偏角对切削力的影响较大。前角愈大，切削变形愈小，切削力就愈小。主偏角主要影响 F_x 和 F_y 两个分力的大小，当增大主偏角时，F_x 增大而 F_y 减小。

（4）切削液：在切削过程中，合理地选用切削液可以减小摩擦阻力，减小切削力。

2. 切削功率

切削功率应是3个切削分力消耗功率的总和。但在车削外圆时，F_y 不做功，F_x 所消耗的功率也可忽略不计，因此切削功率 P_m（kW）可用下式计算：

$$P_m = F_z v \times 10^{-3}$$

机床电动机的功率 P_E 与切削功率 P_m 的关系为

$$P_E \geqslant \frac{P_m}{\eta_m}$$

式中　η_m——机床传动效率，一般取 0.75 ～ 0.85。

1.3.4　切削热和切削温度

1. 切削热

在切削过程中，由于绝大部分的切削功都转变成热能，所以有大量的热产生，称之为切削热。切削热来源于3个变形区，如图1-20所示。在第Ⅰ变形区内，由于切削层金属弹性变形和塑性变形而产生大量的热；在第Ⅱ变形区内，由于切屑与前刀面摩擦而生热；在第Ⅲ变形区内，由于工件与后刀面摩擦而生热。

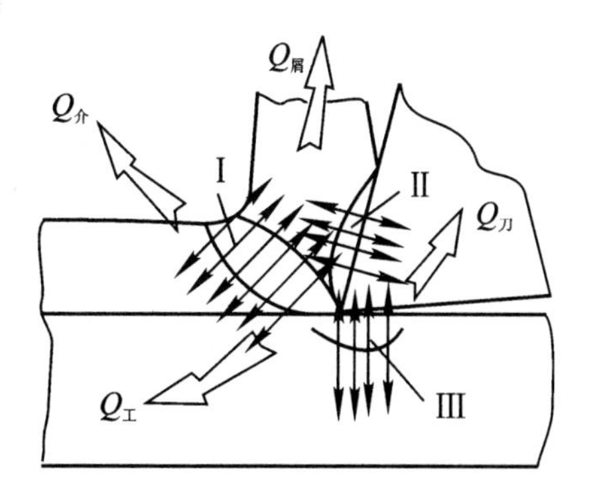

图1-20　切削热的来源与传散

切削热由切屑、工件、刀具以及周围的介

质传导出去。在第Ⅰ变形区内主要从切屑和工件传出；在第Ⅱ变形区内是从切屑和刀具传出；在第Ⅲ变形区内是从工件和刀具传出。不同的加工方式，切削热的传散情况是不同的。例如，不用冷却液，以中等切削速度车削钢件时，切削热的50%～86%由切屑带走，40%～10%传入工件，9%～3%传入车刀，1%左右传入空气；以相同条件钻削钢件时，切削热的28%由切屑带走，14.5%传入钻头，52.5%传入工件，5%传入周围介质。

传入刀具的热量虽不是很多，但由于刀具切削部分的体积很小，因此，引起刀具温度升高（高速切削时，刀头温度可达1 000℃以上），加速了刀具的磨损。

传入工件的热量，可使工件的温度升高，引起工件材料膨胀变形，从而产生形状和尺寸误差，降低加工精度。传入切屑和介质的热量越多，对加工越有利。

因此，在切削加工中，应设法减少切削热，改善散热条件，以减小高温对刀具和工件的不良影响。

2. 切削温度

切削温度一般是指切屑、工件与刀具接触区域的平均温度。切削温度的高低，除了用仪器测定外，还可以通过观察切屑的颜色大致估计出来。切削碳钢时，切屑呈银白色或淡黄色则表示切削温度较低，切屑呈紫色或深蓝色则说明切削温度很高。

切削温度的高低取决于切削热的产生与传散情况，它主要受工件材料、切削用量、刀具角度和冷却条件等因素的影响。

(1) 工件材料的影响：工件材料对切削温度的影响与材料的强度、硬度及导热性有关。材料的强度、硬度愈高，切削时消耗的功愈多，切削温度也就愈高。材料的导热性好，可以使切削温度降低。例如，合金结构钢的强度普遍高于45钢，而热导率又多低于45钢，故切削温度一般均高于切削45钢的切削温度。

(2) 切削用量的影响：增大切削用量，单位时间内的金属切除量增多，产生的切削热也相应增多，致使切削温度上升。但切削速度、进给量、切削深度对切削温度的影响程度是不同的。切削速度增大1倍时，切削温度大约增加20%～33%；进给量增大1倍时，切削温度大约升高10%；切削深度增大1倍时，切削温度大约只升高3%。因此，为了有效地控制切削温度，选用大的切削深度和进给量比选用大的切削速度有利。

(3) 刀具角度的影响：前角和主偏角对切削温度影响较大。前角加大，变形和摩擦减小，因而切削热少。但前角不能过大，否则刀头部分散热体积减小，不利于切削温度的降低。主偏角减小将使刀刃工作长度增加（参见图1-7），散热条件改善，因而使切削温度降低。

3. 切削液

为了降低刀具和工件的温度，不仅要减少切削热的产生，而且要改善散热条件。喷注足量的切削液可以有效地降低切削温度。使用切削液，除起冷却作用外，还可以起润滑、清洗和防锈的作用。生产中常用的切削液可以分为以下三类。

(1) 水溶液：它的主要成分是水，并在水中加入一定量的防锈剂，其冷却性能好，润滑性能差，呈透明状，常在磨削中使用。

(2) 乳化液：它是将乳化油用水稀释而成，呈乳白色。为使油和水混合均匀，常加入一定量的乳化剂（如油酸钠皂等）。乳化液具有良好的冷却和清洗性能，并具有一定的润滑性能，适用于粗加工及磨削。

(3) 切削油：它主要是矿物油，特殊情况下也采用动、植物油或复合油，其润滑性能好，但冷却性能差,常用于精加工工序。

切削液的品种很多,性能各异,通常应根据加工性质、工件材料和刀具材料等来选择合适的切削液,才能收到良好的效果。

粗加工时,主要要求冷却,也希望降低一些切削力及切削功率,一般应选用冷却作用较好的切削液,如低浓度的乳化液等。精加工时,主要希望提高工件的表面质量和减少刀具磨损,一般应选用润滑作用较好的切削液,如高浓度的乳化液或切削油等。

加工一般钢材时,通常选用乳化液或硫化切削油。加工铜合金和有色金属时,一般不宜采用含硫化油的切削液,以免腐蚀工件。加工铸铁、青铜、黄铜等脆性材料时,为避免崩碎切屑进入机床运动部件之间,一般不使用切削液。在低速精加工(如宽刀精刨、精铰、攻丝)时,为了提高工件的表面质量,可用煤油作为切削液。

高速钢刀具的耐热性较差,为了提高刀具的耐用度,一般要根据加工性质和工件材料选用合适的切削液。硬质合金刀具由于耐热性和耐磨性都较好,一般不用切削液。

1.3.5　刀具的磨损和刀具耐用度

1. 刀具的磨损

在切削过程中,刀刃由锋利逐渐变钝以至不能正常使用,这种现象称为刀具的磨损。

刀具磨损后,如继续使用,就会产生振动或噪声。此时,切削力和切削温度急剧上升,因此,刀具不宜继续使用,必须卸下重磨,否则,会影响加工质量并增加刀具材料的消耗以及磨刀时间。

刀具正常磨损时,按其发生的部位不同可分为三种形式:后刀面磨损、前刀面磨损、前刀面与后刀面同时磨损。

(1) 后刀面磨损[见图1-21(a)]:磨损后使刀刃附近形成后角接近0°的小棱面,它的大小用其高度VB表示。这种磨损一般发生在切削脆性材料或以较小的切削厚度($a_c < 0.1$ mm)切削塑性材料的条件下。

(2) 前刀面磨损[见图1-21(b)]:磨损后在切削刃口后方出现月牙洼,它的大小用月牙洼的深度KT表示。这种磨损一般发生在以较大的切削厚度($a_c > 0.5$ mm)切削塑性材料的条件下。

(3) 前、后刀面同时磨损[见图1-21(c)]:一般发生在以中等切削厚度($a_c = 0.1 \sim 0.5$ mm)切削塑性材料的情况下。

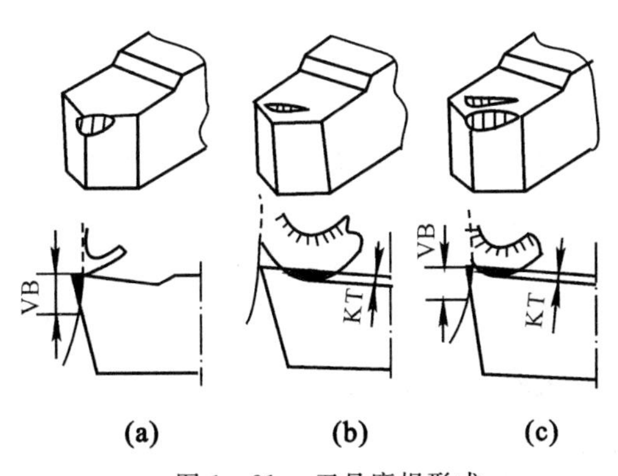

图1-21　刀具磨损形式

(a) 后刀耐磨损　(b) 前刀面磨损　(c) 前后刀面同时磨损

由于多数情况下后刀面都有磨损，它的磨损对加工质量的影响较大，而且测量方便，所以一般都用后刀面的磨损高度VB来表示刀具的磨损程度。

刀具磨损的过程如图1－22所示，可分为三个阶段：第Ⅰ阶段（*OA*段）称为初期磨损阶段；第Ⅱ阶段（*AB*段）称为正常磨损阶段；第Ⅲ阶段（*BC*段）称为急剧磨损阶段。

（1）初期磨损阶段：此阶段因刃磨刀具时温度较高，致使刀具表面一层金属产生退火组织。另外，刃磨后的刀具表面有微观的不平现象，导致刀具表面金属不耐磨，故磨损较快。

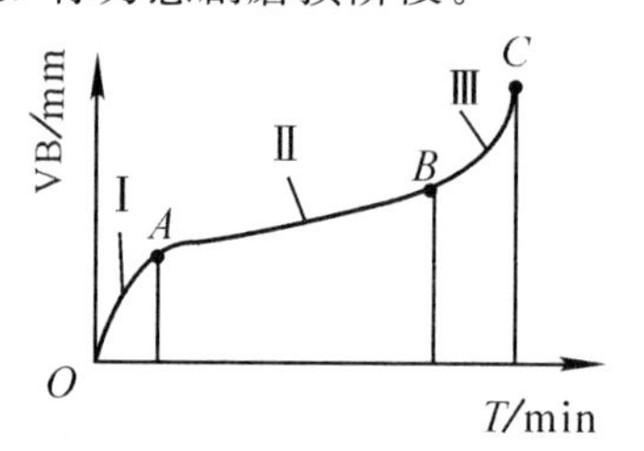

图1－22　刀具磨损过程

（2）正常磨损阶段：因刀具上高低不平及退火的不耐磨表面已被磨去，表面光洁平整，摩擦力小，故磨损较慢。

（3）急剧磨损阶段：刀具经过初期损磨阶段和正常磨损阶段的使用，切削刃逐渐变钝，到正常磨损阶段的后期，刀具与工件的接触情况显著恶化，摩擦和切削温度急剧上升，磨损速度加快，最后失去切削能力，甚至烧毁。

经验表明，在刀具正常磨损阶段的后期，急剧磨损阶段之前，刃磨刀具最为适宜。这样既可保证加工质量，又能提高刀具的使用寿命。

2．刀具耐用度

刀具磨损的程度，可以根据切削时的声音、切屑的颜色以及工件表面的粗糙度变化情况来粗略地判断。但是，一旦发现上述现象有明显的变化时，刀具已磨损得相当严重了。因此，通常以限定后刀面的磨损高度VB作为刀具磨钝的衡量标准。在实际生产中，由于不便于经常停车测量VB的高度，所以，用规定刀具的使用时间作为限定刀具磨损的衡量标准。于是提出了刀具耐用度的概念。

刀具耐用度是指两次刃磨之间实际进行切削的时间，以T(min)表示。刀具耐用度的数值应规定得合理。对于制造和刃磨比较简单、成本不高的刀具，耐用度可定得低些；对于制造和刃磨比较复杂、成本较高的刀具，耐用度应定得高些。例如，目前硬质合金焊接车刀的耐用度大致为60 min；高速钢钻头的耐用度为120～180 min；齿轮刀具的耐用度为200～300 min。对于装刀、调刀较为复杂的多刀机床和组合机床上使用的刀具，其耐用度应定得更高些。

影响刀具耐用度的因素很多，主要有工件材料、刀具材料及几何角度、切削用量以及是否使用切削液等因素。耐热性好的刀具材料，就不易磨损；适当加大刀具前角，由于减小了切削力，从而可减少刀具的磨损；增加切削用量时，切削温度随之增高，将加速刀具磨损。值得指出的是，在切削用量中，切削速度对刀具磨损的影响最大。

1.4　切削加工技术的经济性简介

金属切削加工的方法和制造过程是多种多样的。评价加工的可能性和合理性，应尽量做到既在技术上先进，又在经济上合理。因此，要利用一些技术经济指标去分析。

1.4.1　切削加工主要技术经济指标

切削加工的主要技术经济指标有加工质量、生产率和经济性等三个方面。

1. 加工质量

零件的加工质量直接影响着产品的使用性能和使用寿命，它主要包括加工精度和表面质量两个方面。

(1) 加工精度：加工精度是指零件经加工后的尺寸、形状及各表面的相互位置等参数的实际数值与设计时给定的公差数值相符合的程度。如给定的公差数值越小，表示加工精度越高，加工的难度也就越高。加工精度又分为尺寸精度、形状精度和位置精度。

1) 尺寸精度：尺寸精度是指尺寸精确的程度，它由尺寸公差控制。国家标准(GB/T 1800. 1—2009，GB/T 1804—2007) 规定尺寸精度分为 20 级，IT01，IT0，IT1，IT2，…，IT18。其中 IT01 精度最高，公差值最小，IT18 精度最低，公差值最大。

2) 几何精度：几何精度是指零件表面实际几何要素与理想几何公差接近的程度，由几何公差控制。国家标准(GB/T 1182—2008) 规定几何公差分为 19 项。几何公差的分类及符号见表 1-2。

表 1-2　几何公差分类及符号

公差类型	几何特征	符号	公差类型	几何特征	符号
形状公差	直线度	⏤	位置公差	位置公差	⌖
	平面度	⏥		同心度（用于中心线）	◎
	圆度	○		同轴度（用于轴线）	◎
	圆柱度	⌭		对称度	⌯
	线轮廓度	⌒		线轮廓度	⌒
	面轮廓度	⌓		面轮廓度	⌓
方向公差	平行度	∥	跳动公差	圆跳动	↗
	垂直度	⊥		全跳动	⌰
	倾斜度	∠			
	线轮廓度	⌒			
	面轮廓度	⌓			

应当指出，由于在加工过程中有各种因素影响加工精度，所以同一加工方法在不同的条件下，所能达到的精度是不同的，甚至在相同的条件下，采用同一种方法，如果多费一些工时，细心地完成每一项操作，也能提高它的加工精度。但这样做又降低了生产率，增加了生产成本，因而是不经济的。所以，通常所说的某加工方法所达到的精度，是指在正常操作情况下所达到的精度，称为经济精度。

设计零件时，首先应根据零件尺寸的重要性，来决定选用哪一级精度。其次还应考虑本厂的设备条件和加工费用。总之，选择精度的原则是在保证能达到技术要求的前提下，选用较低的精度等级。

(2) 表面质量：零件的表面质量包括表面粗糙度、表面层加工硬化的程度及表面残余应力的性质和大小。零件的表面质量对零件的耐磨、耐腐蚀、耐疲劳等性能，以及零件的使用寿命都有很大的影响，因此，对于高速、重载荷下工作的重要零件，除限制表面粗糙度外，还要控制其表层加工硬化的程度和深度，以及表层残余应力的性质(拉应力还是压应力) 和大小。而对于一般的零件，则主要规定其表面粗糙度的数值范围。

表面粗糙度是指已加工表面存在着的由较小间距和峰谷组成的微量高低不平度，它是由于切削过程中的振动、刀刃或磨粒摩擦留下的加工痕迹，它与零件的耐磨性、配合性质、抗腐蚀性等有密切关系，影响到机器的使用性能、寿命与制造成本。为了保证零件的使用性能，要限制表面粗糙度的范围。国标(GB 1031—2009) 规定了表面粗糙度的评定参数及其数值。表面粗糙度常用轮廓算术平均偏差 Ra 值来表示，单位为微米，Ra 值愈小，表面愈光滑。

在一般情况下，零件表面的尺寸精度要求愈高，其形状和位置精度也就要求愈高，表面粗糙度值愈小。但有些零件的表面，出于外观或清洁的考虑，要求光亮，而其精度不一定要求高，例如机床手柄、面板等。

2. 生产率

切削加工生产率 R_0(件/min)常用单位内生产零件的数量表示，即

$$R_0 = 1/t_w$$

式中　t_w—— 生产 1 个零件所需的总时间 (min/件)。

在机床上加工 1 个零件所用的时间包括 3 个部分，即

$$t_w = t_m + t_c + t_0$$

式中　t_m —— 基本工艺时间，即加工一个零件所需的总切削时间；

t_c —— 辅助时间，即为了维持切削加工所消耗到各种辅助操作上的时间，如调整机床、空移刀具、装卸或刃磨、安装工件、检验等的时间；

t_0 —— 其他时间，如清扫切屑、工间休息时间等。

生产率 R_0 应为

$$R_0 = \frac{1}{t_m + t_c + t_0}$$

由上式可知，提高切削加工的生产率，实际上就是设法减少零件加工的基本工艺时间、辅助时间及其他时间。

采用自动化生产过程以及使用先进的工具，如机夹可转位刀片式刀具、气动夹具等，可以大大减少辅助时间。改进管理，妥善安排和调度生产，可以减少其他时间的消耗。至于缩短零件基本工艺时间，则与切削用量的选择有着密切的关系。

3. 经济性

在加工过程中，首先应能保证产品质量，其次应力求提高劳动生产率。但质量和生产率经常是一对矛盾的两个方面，这就需要用经济性来统一这对矛盾。也就是要用最低的成本生产出更好的产品。工程技术人员必须在解决技术问题的过程中注意树立经济分析的观点。

产品的制造成本是指费用消耗的总和，它包括毛坯或原材料费用、生产工人工资、机床设备的折旧和调整费用、工夹量具的折旧和修理费用、车间经费和企业管理费用等。若将毛坯成

本除外，每个零件切削加工的费用可用下式计算：

$$C_w = t_w M + \frac{t_m}{T} C_t = (t_m + t_c + t_0) M + \frac{t_m}{T} C_t$$

式中　C_w —— 每个零件切削加工的费用；

M —— 单位时间分担的全厂开支，包括工人工资、设备和工具的折旧及管理费用等；

T —— 刀具耐用度；

C_t —— 刀具刃磨一次的费用。

由上式可知，零件切削加工的成本，包括工时成本和刀具成本两部分，并且受基本工艺时间、辅助时间、其他时间及刀具耐用度的影响。若要降低零件切削加工的成本，除节约全厂开支、降低刀具成本外，还要设法减少零件加工的基本工艺时间、辅助时间及其他时间，并保证一定的刀具耐用度。

许多加工因素的变化都会影响最终的加工成本。这些因素包括切削用量的合理选择，工件材料的可切削性，刀具材料和角度的合理选择，以及不同的加工条件。在刀具材料和角度以及加工条件一定的前提下，切削用量的选择和工件材料的可切削性将直接决定切削加工的经济性。

1.4.2　切削用量的选择

正确地选择切削用量，对提高切削效率，保证必要的刀具耐用度和经济性以及加工质量，都有重要的意义。为了确定切削用量的选择原则，首先要了解它们对切削加工的影响。

(1) 对加工质量的影响：切削用量三要素中，切削深度和进给量增大，都会使切削力增大，工件变形增大，并可能引起振动，从而降低加工精度和增大表面粗糙度 Ra 值。进给量增大还会使残留面积的高度显著增大(见图 1-23)，表面更加粗糙。切削速度增大时，切削力减小，并可减小或避免积屑瘤，有利于加工质量和表面质量的提高。

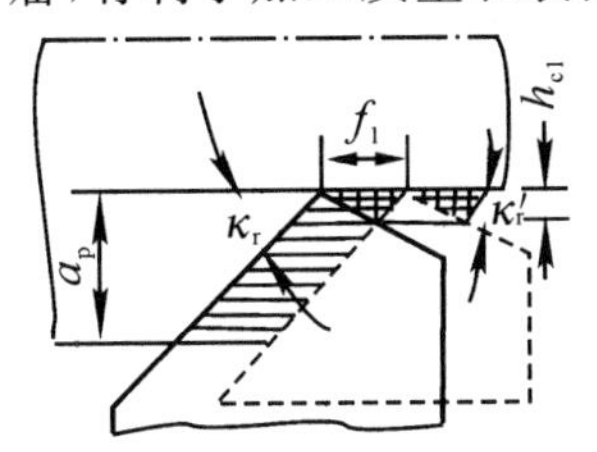

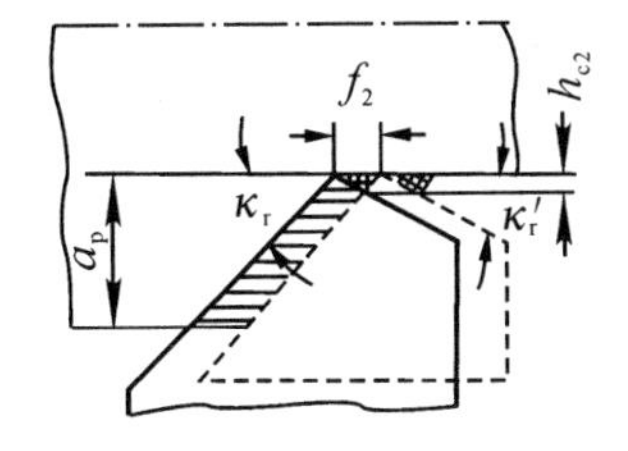

图 1-23　进给量对残留面积的影响

(2) 对基本工艺时间的影响：以图 1-24 中的车外圆为例，基本工艺时间可用

$$t_m = \frac{L}{nf} i$$

计算，因为

$$i = h/a_p, \quad n = \frac{1\,000v}{\pi d_w}$$

故

$$t_m = \frac{\pi d_w L h}{1\,000 v f a_p}$$

式中　d_w—— 毛坯直径(mm)；

L—— 车刀行程长度(mm)，它包括工件加工面长度 l，切入长度 l_1 和切出长度 l_2；

i—— 走刀次数；

h—— 毛坯的加工余量(mm)；

f—— 进给量(mm/r)。

为了便于分析，可将上式简化为

$$t_m = \frac{k}{vfa_p}$$

由此可知，切削用量三要素对基本工艺时间 t_m 的影响是相同的。

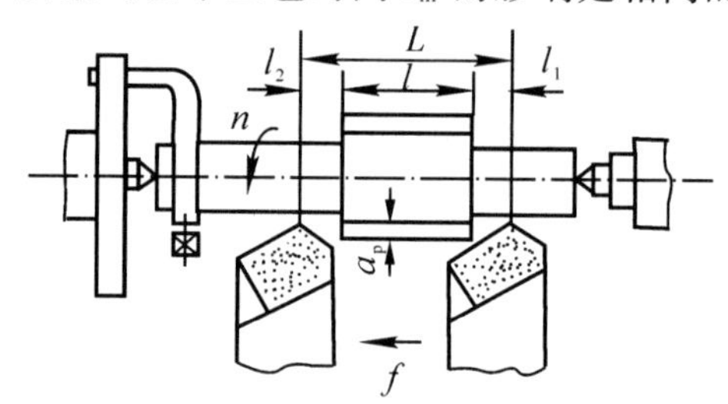

图 1-24　车外圆时基本工艺时间的计算

(3) 对刀具耐用度和辅助时间的影响：用试验的方法，可以求出耐用度与切削用量之间关系的经验公式。例如用硬质合金车刀车削中碳钢时

$$T = \frac{C_T}{v^5 f^{2.25} a_p^{0.75}} \qquad (f > 0.75\ \mathrm{mm/r})$$

式中　C_T—— 耐用度系数，与刀具、工件材料和切削条件有关。

由上式可知，在切削用量中，切削速度对刀具耐用度的影响最大，进给量的影响次之，切削深度的影响最小。也就是说，当提高切削速度时，刀具耐用度下降的速度，比增大同样倍数的进给量或切削深度时快得多。由于刀具耐用度迅速下降，势必增加换刀或磨刀的次数，这样增加了辅助时间，从而影响生产率的提高。

综合切削用量三要素对刀具耐用度、生产率和加工质量的影响，选择切削用量的顺序应为：首先选尽可能大的切削深度，其次选尽可能大的进给量，最后选尽可能大的切削速度。

粗加工时，应以提高生产率为主，同时还要保证规定的刀具耐用度。实践证明，首先，对刀具耐用度影响最大的是切削速度，其次是进给量，切削深度的影响最小。因此，粗加工时，一般选取较大的切削深度和进给量，切削速度不能很高。在机床功率足够时，应尽可能选取较大的切削深度，最好一次走刀将该工序的加工余量切完。只有在余量太大，机床功率不足，刀具强度不够时，才分两次或多次走刀将余量切完。切削表层有硬皮的铸、锻件或切削不锈钢等加工硬化较严重的材料时，首先，应尽量使切削深度越过硬皮或硬化层深度。其次，根据“机床-刀具-夹具-工件”工艺系统的刚度，尽可能选择大的进给量。最后，根据工件的材料和刀具的材料确定切削速度。粗加工的切削速度一般选用中等或更低的数值。

精加工时，应以保证零件的加工精度和表面质量为主，同时也要考虑刀具耐用度和获得较高的生产率。精加工往往采用逐渐减小切削深度的方法来逐步提高加工精度。进给量的大小主要依据表面粗糙度的要求来选取。选择切削速度要避开积屑瘤产生的切削速度区域，硬质合金刀具多采用较高的切削速度,高速钢刀具则采用较低的切削速度。一般情况下,精加工常选用较小的切削深度、进给量和较高的切削速度,这样既可保证加工质量,又可提高生产率。

切削用量的选取有计算法和查表法。但在大多数情况下,切削用量的选取是根据给定的条件按有关切削用量手册中推荐的数值选取。

1.4.3　工件材料的切削加工性

1. 工件材料切削加工性的概念

工件材料被切削加工的难易程度,称为材料的切削加工性。

衡量材料切削加工性的指标很多。一般地说,良好的切削加工性是指刀具耐用度较高或一定耐用度下的切削速度较高;在相同的切削条件下切削力较小,切削温度较低;容易获得好的表面质量;切屑形状容易控制或容易断屑。但衡量一种材料切削加工性的好坏,还要看具体的加工要求和切削条件。例如,纯铁切除余量很容易,但获得光洁的表面比较难,所以精加工时认为其切削加工性不好;不锈钢在普通机床上加工并不困难,但在自动机床上加工难以断屑,则认为其切削加工性较差。

在生产和试验中,往往只取某一项指标来反映材料切削加工性的某一侧面。最常用的指标是一定刀具耐用度下的切削速度 v_T 和相对加工性 K_r。

v_T 的含义是指当刀具耐用度为 T(min) 时,切削某种材料所允许的最大切削速度。v_T 越高,表示材料的切削加工性越好。通常取 $T = 60$ min,则 v_T 写作 v_{60}。

切削加工性的概念具有相对性。所谓某种材料切削加工性的好与坏,是相对于另一种材料而言的。在判别材料的切削加工性时,一般以切削正火状态 45 钢的 v_{60} 作为基准,写作 $(v_{60})_j$,而把其他各种材料的 v_{60} 同它相比,其比值 K_r 称为相对加工性,即

$$K_r = v_{60}/(v_{60})_j$$

常用材料的相对加工性 K_r 分为 8 级,见表 1-4。凡 $K_r > 1$ 的材料,其加工性比 45 钢好;凡 $K_r < 1$ 的材料,其加工性比 45 钢差。K_r 实际上也反映了不同材料对刀具磨损和刀具耐用度的影响。

表 1-3　材料切削加工性等级

<table>
<tr><th>加工性等级</th><th colspan="2">名称及种类</th><th>相对加工性 K_r</th><th>代表性材料</th></tr>
<tr><td>1</td><td>很容易切削材料</td><td>一般有色金属</td><td>>3.0</td><td>5-5-5 铜铅合金、9-4 铝铜合金、铝镁合金</td></tr>
<tr><td>2
3</td><td>容易切削材料</td><td>易切削钢
较易切削钢</td><td>2.5～3.0
1.6～2.5</td><td>15Cr 退火 $\sigma_b = 380 \sim 450$ MPa
自动机床加工用钢 $\sigma_b = 400 \sim 500$ MPa
30 钢正火 $\sigma_b = 450 \sim 560$ MPa</td></tr>
<tr><td>4
5</td><td>普通材料</td><td>一般钢与铸铁
稍难切削材料</td><td>1.0～1.6
0.65～1.0</td><td>45 钢、灰铸铁
2Cr13 调质 $\sigma_b = 850$ MPa
85 钢 $\sigma_b = 900$ MPa</td></tr>
<tr><td>6
7
8</td><td>难切削材料</td><td>较难切削材料
难切削材料
很难削材料</td><td>0.5～0.65
0.15～0.5
<0.15</td><td>45Cr 调质 $\sigma_b = 1\ 050$ MPa
65Mn 调质 $\sigma_b = 950 \sim 1\ 000$ MPa
50CrV 调质、1Cr18Ni9Ti、某些钛合金、铸造镍基高温合金</td></tr>
</table>

2.改善工件材料切削加工性的途径

材料的切削加工性对生产率和表面质量有很大影响，因此在满足零件使用要求的前提下，应尽量选用加工性较好的材料。

工件材料的物理性能（如热导率）和力学性能（如强度、塑性、韧性、硬度等）对切削加工性有着重大影响，但也不是一成不变的。在实际生产中，可采取一些措施来改善切削加工性。生产中常用的措施主要有以下两方面。

（1）调整材料的化学成分：因为材料的化学成分直接影响其机械性能，如碳钢中，随着含碳量的增加，其强度和硬度一般都提高，塑性和韧性降低，故高碳钢强度和硬度较高，切削加工性较差；低碳钢塑性和韧性较高，切削加工性也较差；中碳钢的强度、硬度、塑性和韧性都居于高碳钢和低碳钢之间，故切削加工性较好。

在钢中加入适量的硫、铅等元素，可有效地改善其切削加工性。这样的钢称为“易切削钢”，但只有在满足零件对材料性能要求的前提下才能这样做。

（2）采用热处理改善材料的切削加工性：化学成分相同的材料，当其金相组织不同时，机械性能就不一样，其切削加工性就不同。因此，可通过对不同材料进行不同的热处理来改善其切削加工性。例如，对高碳钢进行球化退火，可降低硬度；对低碳钢进行正火，可降低塑性，这些热处理措施都能改善切削加工性。白口铸铁可在 910 ～ 950℃ 经 10 ～ 20 h 的退火或正火，使其变为可锻铸铁，从而改善切削性能。

第2章　金属切削机床的基础知识

2.1　机床的分类和型号

机床的类型各异，规格繁多，以适应各种加工的需要。为便于区别、管理和选用机床，必须熟悉机床的分类、技术规格和型号。

2.1.1　机床的分类

机床的种类很多，若按其使用上的适应性来分类，则可分为通用机床、专门化机床和专用机床；若按其精度来分类，则可分为普通机床、精密机床和高精度机床；若按其自动化程度来分类，则可分为一般机床、半自动机床和自动机床；若按其重量来分类，则可分为一般机床、大型机床和重型机床。

按机床的加工性质和所用刀具进行分类是最基本的机床分类方法。按照《金属切削机床　型号编制方法》(GB/T 15375—2008) 规定，机床分为车床、钻床、镗床、磨床、齿轮加工机床、螺纹加工机床、铣床、刨插床、拉床、锯床和其他机床等共11类。

2.1.2　机床的型号

机床的型号是由汉语拼音字母及阿拉伯数字组成的，它简明地表示了机床的类别、性能、结构特征和主要技术规格，使人们看到型号就能对该机床有一个基本的了解。图2-1所示简要表达了机床型号的基本含义。详细内容可参阅有关资料。

示例：CM6140B的含义为车削工件最大直径为400 mm的经第二次重大设计改进的精密车床。

2.2　机床的机械传动

机床的传动方法可分为机械传动、液压传动、电气传动和气压传动等。机械传动方式因工作可靠、维修方便，目前在机床上应用最广。

2.2.1　机床上常用的传动副及传动关系

机械传动中，常用的传动元件有传动带与带轮、齿轮、蜗杆蜗轮、齿轮齿条和丝杠螺母等。每一对传动元件称为传动副，各种传动副具有不同的传动特点。常用的传动副及其传动特点见表2-1。

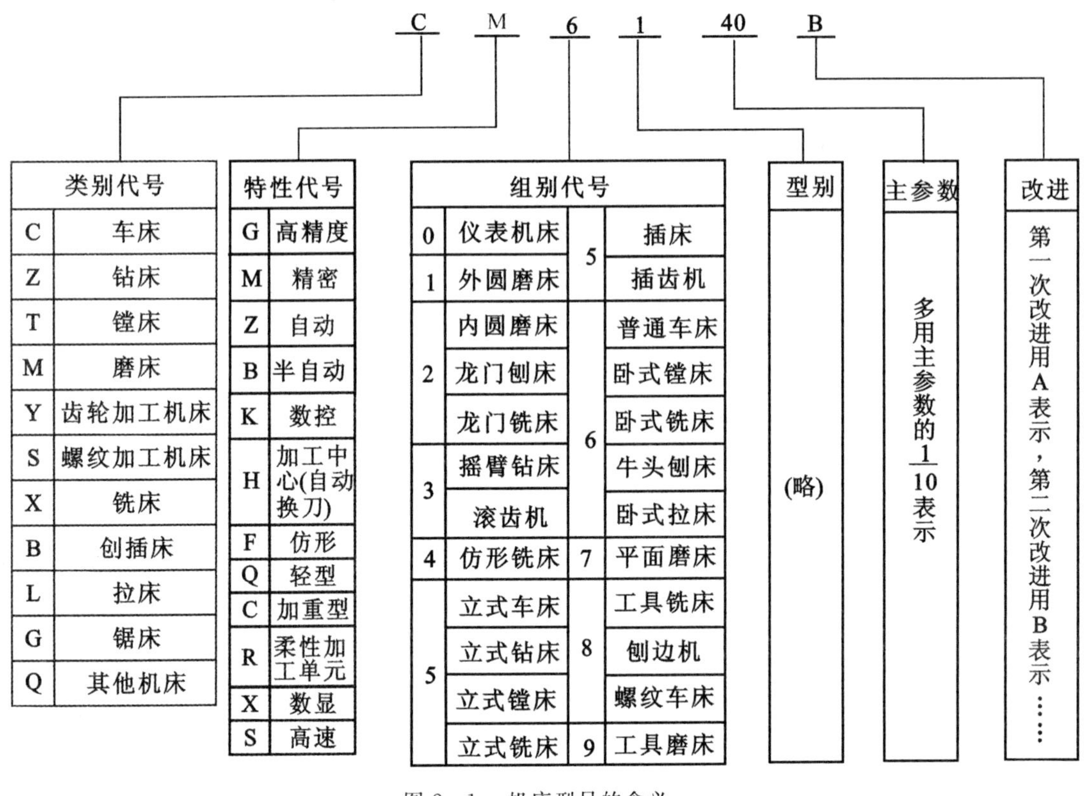

图 2-1　机床型号的含义

表 2-1　常用的传动副及其传动特点

传动形式	外形图	符号图	传动比	优缺点
皮带传动		被动轮2 v_2 D_2 皮带 v_1 D_1 主动轮1	$i_{\mathrm{I}-\mathrm{II}}=\frac{n_{\mathrm{II}}}{n_1}=\frac{D_1}{D_2}\varepsilon$ 式中，ε 为带的滑动系数，一般取 0.98	优点：传动平稳，中心距变化范围大；结构简单，制造、维修方便；过载时皮带打滑，起到安全装置作用。 缺点：外廓尺寸大；传动比不准确，摩擦损失大，传动效率低
齿轮传动		z_1 n_1 z_2 n_2	$i_{\mathrm{I}-\mathrm{II}}=\frac{n_{\mathrm{II}}}{n_{\mathrm{I}}}=\frac{z_1}{z_2}$	优点：传动比准确恒定；结构紧凑，工作可靠；可传递较大的扭矩且传动效率高，使用寿命长。 缺点：制造复杂，精度不高时传动不稳定，有噪声
蜗杆蜗轮传动		z_2 n_1 z_1	$i_{\mathrm{I}-\mathrm{II}}=\frac{n_{\mathrm{II}}}{n_{\mathrm{I}}}=\frac{z_1}{z_2}$	优点：可获得较大的传动比，传动准确；结构紧凑，承载能力大；传动平稳，无噪声。 缺点：传动效率低，摩擦产生的热量大，须良好的润滑条件

续　表

传动形式	外形图	符号图	传动比	优缺点
齿轮齿条传动			$S=n\pi d=n\pi mz$ (mm/min)	优点：传动效率较高，结构紧凑。 缺点：当制造精度不高时，传动不够平稳
丝杠螺母传动			$S=nP$ (mm/min)	优点：传动平稳，无噪声，可以达到高的传动精度。 缺点：传动效率较低

2.2.2　机床传动链及其传动比

如果将基本传动方法中某些传动副按传动轴依次组合起来，就构成一个传动系统，也称传动链。

如图2-2所示，运动从轴Ⅰ输入，转速为n_1，经皮带轮D_1，D_2传至轴Ⅱ，经圆柱齿轮z_1，z_2传至轴Ⅲ，经圆柱齿轮z_3，z_4传至轴Ⅳ，再经蜗杆z_5及蜗轮z_6传至轴Ⅴ，并把运动输出。此传动链的传动路线可用下面方法来表达：

$$\text{Ⅰ}\rightarrow\frac{D_1}{D_2}\varepsilon\rightarrow\text{Ⅱ}\rightarrow\frac{z_1}{z_2}\rightarrow\text{Ⅲ}\rightarrow\frac{z_3}{z_4}\rightarrow\text{Ⅳ}\rightarrow\frac{z_5}{z_6}\rightarrow\text{Ⅴ}$$

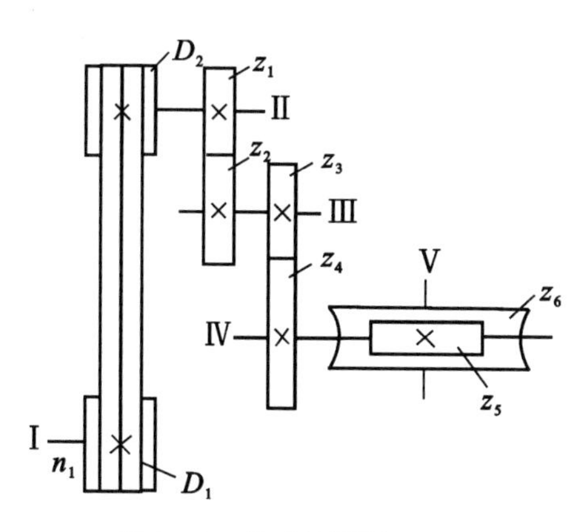

图2-2　传动链图例

传动链的总传动比等于传动链中的所有传动副传动比的乘积。所以传动链总传动比为

$$i_{\text{Ⅰ}-\text{Ⅴ}}=i_1 i_2 i_3 i_4=\frac{n_{\text{Ⅴ}}}{n_{\text{Ⅰ}}}=\frac{D_1}{D_2}\varepsilon\frac{z_1}{z_2}\frac{z_3}{z_4}\frac{z_5}{z_6}$$

归纳成一般情况，若某传动链，从输入轴Ⅰ到输出轴k间共由m个传动副组成，则其运动链的传动比计算式可写成

$$i_{\text{Ⅰ}-k}=\frac{n_k}{n_{\text{Ⅰ}}}=i_1 i_2 i_3\cdots i_m$$

若已知主动轴 Ⅰ 的转速 n_1，由上式可求出输出轴 k 的转速，即

$$n_k = n_1 i_{\text{Ⅰ}-k} = n_{\text{Ⅰ}} i_1 i_2 i_3 \cdots i_m$$

利用此式，可确定出传动系统中任意一轴的转速。如图 2-2 所示，轴 Ⅴ 的转速为

$$n_{\text{Ⅴ}} = n_{\text{Ⅰ}} i_{\text{Ⅰ}-\text{Ⅴ}} = n_{\text{Ⅰ}} \frac{D_1}{D_2} \varepsilon \frac{z_1}{z_2} \frac{z_3}{z_4} \frac{z_5}{z_6}$$

轴 Ⅲ 的转速为

$$n_{\text{Ⅲ}} = n_{\text{Ⅰ}} i_{\text{Ⅰ}-\text{Ⅲ}} = n_{\text{Ⅰ}} \frac{D_1}{D_2} \varepsilon \frac{z_1}{z_2}$$

2.2.3 机床上常见的传动机构

1. 变速机构

变速机构用来改变从动件的旋转速度或移动速度。机床中常用塔轮、滑移齿轮、摆动齿轮、离合器及交换齿轮等来实现变速。但无论是哪一种变速机构，都是通过改变传动比大小，在主动轴转速不变时，在从动轴得到各种不同的转速。表 2-2 列出了常用的四种变速机构。

表 2-2 常用变速机构

传动形式	外形图	符号图	传动比	特点
塔轮变速机构	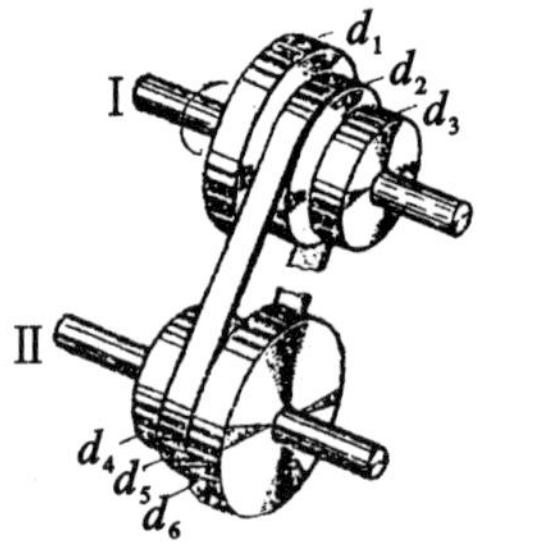	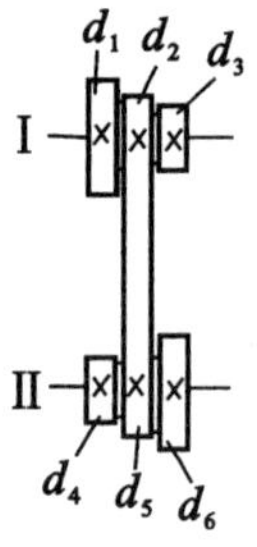	$i_{\text{Ⅰ}-\text{Ⅱ}} = \frac{n_{\text{Ⅱ}}}{n_{\text{Ⅰ}}}$ 所以 $i_1 = \frac{d_1}{d_4}$ $i_2 = \frac{d_2}{d_5}$ $i_3 = \frac{d_3}{d_6}$	运转平稳，结构简单，但在停止转动时需要用手推带换挡，使用不方便
滑移齿轮变速机构	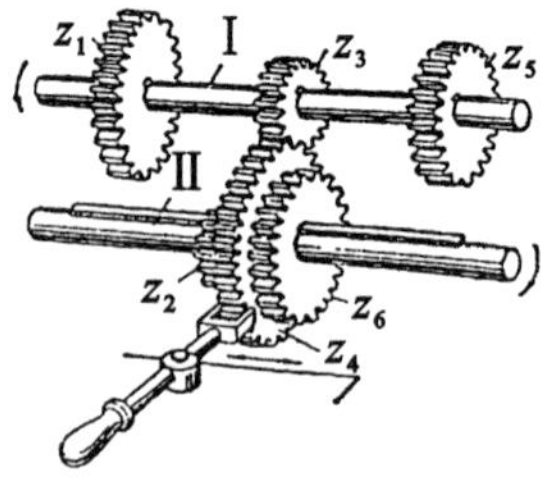	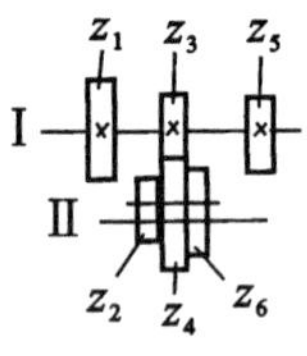	$i_{\text{Ⅰ}-\text{Ⅱ}} = \frac{z_{\text{Ⅰ}}}{z_{\text{Ⅱ}}}$ 所以 $i_1 = \frac{z_1}{z_2}$ $i_2 = \frac{z_3}{z_4}$ $i_3 = \frac{z_5}{z_6}$	结构紧凑，传动效率高，但不能在运转中变速
离合器变速机构	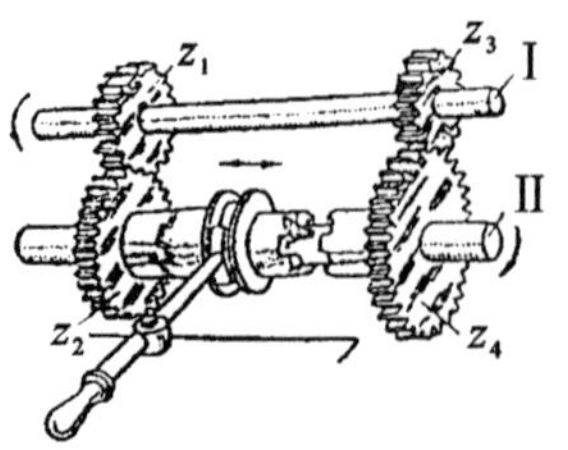	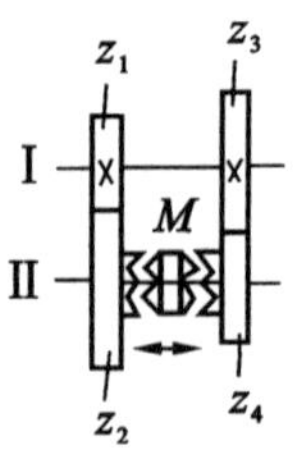	$i_{\text{Ⅰ}-\text{Ⅱ}} = \frac{z_{\text{Ⅰ}}}{z_{\text{Ⅱ}}}$ 所以 $i_1 = \frac{z_1}{z_2}$ （离合器左移） $i_2 = \frac{z_3}{z_4}$ （离合器右移）	变速时齿轮不须移动，因此可以采用斜齿轮，使传动平稳。如果采用摩擦离合器，便可在运转中变速

续　表

传动形式	外形图	符号图	传动比	特点
摆动齿轮变速机构		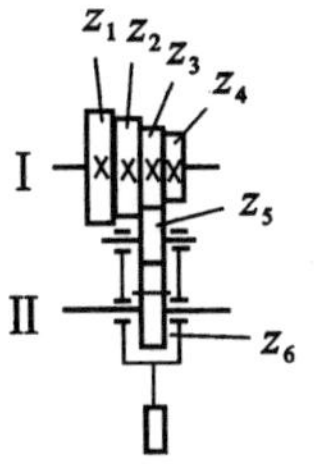	$i_{\mathrm{I-II}}=\frac{z_{\mathrm{I}}}{z_{\mathrm{II}}}$ 所以： $i_1=\frac{z_1}{z_6}$ $i_2=\frac{z_2}{z_6}$ $i_3=\frac{z_3}{z_6}$ $i_4=\frac{z_4}{z_6}$	外廓尺寸小，结构刚度低，传递力不宜大

2. 换向机构

换向机构用来改变机床运动部件的运动方向，机床上广泛采用由圆柱齿轮和圆锥齿轮组成的换向机构。表 2－3 列出了常用的 3 种换向机构。

表 2－3　常用换向机构

机构形式	符号图	传动路线	优缺点
三星齿轮	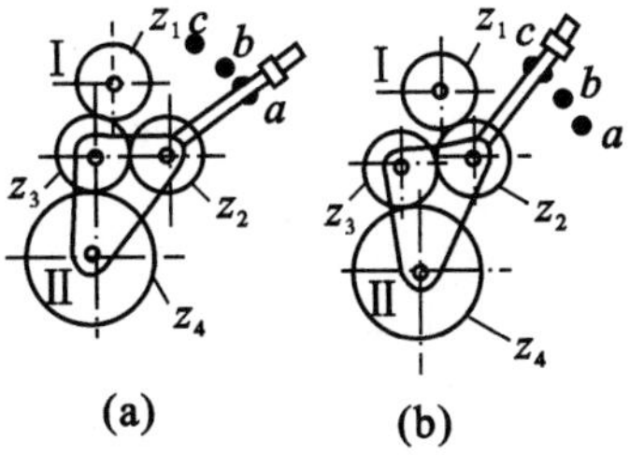 (a)　(b)	正转： $n_{\mathrm{I}}\ \frac{z_1}{z_3}\ \frac{z_3}{z_4}=n_{\mathrm{II}}$ 反转： $n_{\mathrm{I}}\ \frac{z_1}{z_2}\ \frac{z_2}{z_3}\ \frac{z_3}{z_4}=n_{\mathrm{II}}$	优点：结构简单、紧凑，制造方便。 缺点：结构刚性差，只能传递小功率
中间齿轮	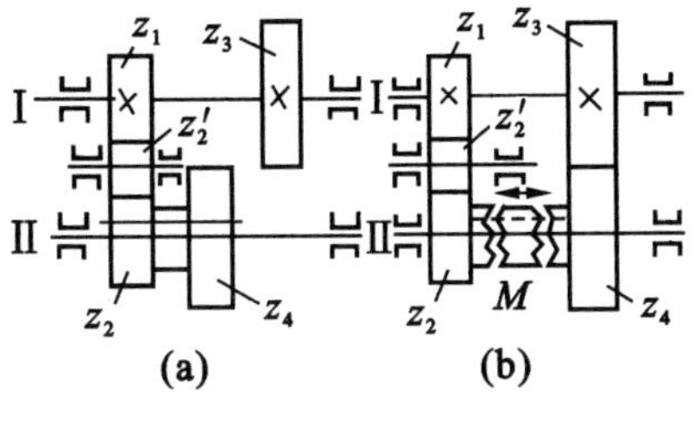 (a)　(b)	正转： (a)$n_{\mathrm{I}}\ \frac{z_1}{z_2'}\ \frac{z_2'}{z_2}=n_{\mathrm{II}}$ (b)$n_{\mathrm{I}}\ \frac{z_1}{z_2'}\ \frac{z_2'}{z_2}-\overleftarrow{M}=n_{\mathrm{II}}$ 反转： (a)$n_{\mathrm{I}}\ \frac{z_3}{z_4}=n_{\mathrm{II}}$ (b)$n_{\mathrm{I}}\ \frac{z_3}{z_4}-\overrightarrow{M}=n_{\mathrm{II}}$	优点：可传递较大的扭矩，结构稳固可靠，可以快速反转。 缺点：结构较大，制造成本较高
锥齿轮	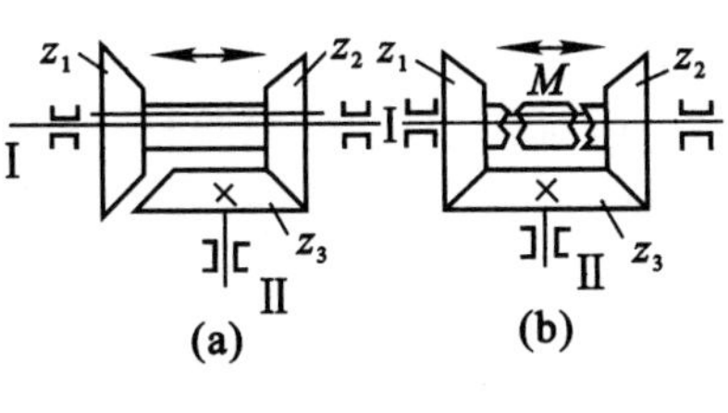 (a)　(b)	正转： (a)$n_{\mathrm{I}}\ \frac{z_1}{z_3}=n_{\mathrm{II}}$ (b)$n_{\mathrm{I}}-\overleftarrow{M}-\frac{z_1}{z_3}=n_{\mathrm{II}}$ 反转： (a)$n_{\mathrm{I}}\ \frac{z_2}{z_3}=n_{\mathrm{II}}$ (b)$n_{\mathrm{I}}-\overrightarrow{M}-\frac{z_2}{z_3}=n_{\mathrm{II}}$	优点：可以改变两垂直轴之间的旋转方向。 缺点：制造较难

在上述变速机构和换向机构中，常采用离合器来操纵机构进行变速或换向等动作。离合

器就是用来在机器运转过程中，使同轴线的两轴或轴与轴上空套的传动件（如齿轮、皮带轮等）随时接合和脱开的一种装置。离合器的种类很多，常用的有牙嵌式离合器和摩擦式离合器。

图 2－3 为双向牙嵌式离合器。它是由端面带有牙齿的零件 1 和 3 及具有双面牙齿的零件 2 组成，零件 1 和 3（可看做两个端面带有牙齿的齿轮）空套在轴上，带有双面牙齿的零件 2 用导向键与轴连接，当零件 2 处在图中位置时，零件 1 和轴结合转动；当零件 2 向右移，同零件 3 啮合时，零件 3 和轴结合转动；当零件 2 处于中间位置时，零件 1 和零件 3 都与轴脱开。

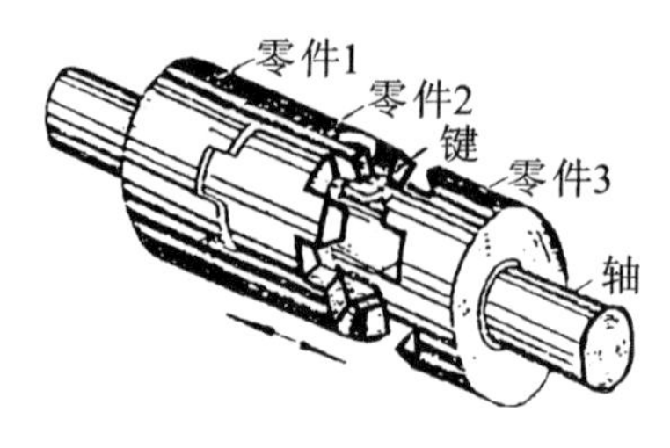

图 2－3　双向牙嵌式离合器

2.2.4　普通车床的传动系统

车床的种类很多，有普通车床、六角车床、立式车床、自动和半自动车床等，其中普通车床的通用性好，应用最为广泛。现以 C6132 型普通车床为例，介绍其传统系统。

图 2－4 为 C6132 车床的外形及主要组成部分。图 2－5 为 C6132 车床的传动系统。为了便于分析，该车床的传动路线可用示意框图表示，如图 2－6 所示。

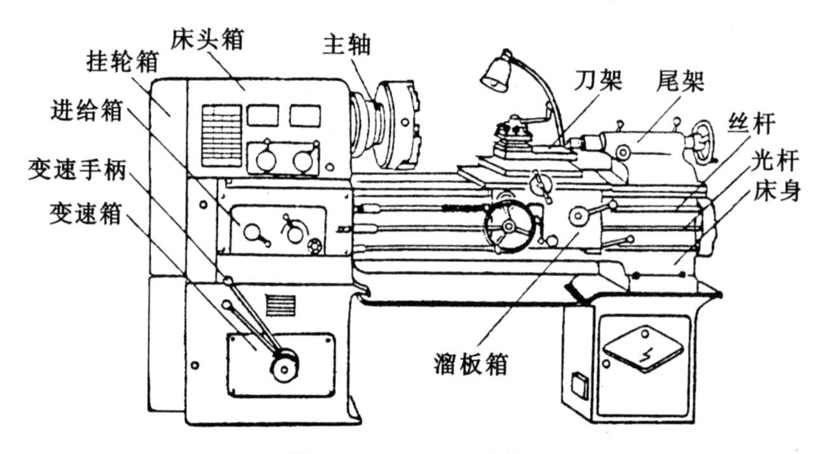

图 2－4　C6132 车床外形图

从图中可见，普通车床的传动由两条传动链组成。一条是由电动机经变速箱、皮带轮（带传动）、主轴箱到主轴，称为主运动链。其任务是将电动机的运动传到主轴，并使其获得各种不同的转速，以满足不同工件直径、工件和刀具材料以及进行不同加工工序的需要。另一条是由主轴经挂轮箱、进给箱、溜板箱到刀具，称为进给运动链，其任务是使刀架带着刀具实现机动的纵向进给、横向进给或车削螺纹，以满足不同车削加工的需要。

1. 主运动传动

（1）传动路线：如图 2－5 所示，电动机带动变速箱内的轴 Ⅰ 转动，移动轴 Ⅰ 上的双联齿轮（19，33），可使轴 Ⅱ 获得 2 种不同的转速。移动轴 Ⅲ 上的三联齿轮（32，45，39），可使变速箱的输出轴 Ⅲ 获得 6 种不同的转速。运动再经皮带轮 $\phi176$ 将轴 Ⅲ 的 6 种转速传给床头箱上的皮带轮 $\phi200$。皮带轮 $\phi200$ 和齿轮 27 固定在轴套 Ⅳ 上，并空套在主轴 Ⅵ 上。轴套 Ⅳ 的运动又

分成两路传给主轴 Ⅵ。一路是图示位置，运动经过齿轮$\frac{27}{63}$和$\frac{17}{58}$传给主轴，使主轴获得 6 种低速。另一路是经过将带有内齿轮的离合器 M_1 向左移动，与齿轮 27 相啮合，同时齿轮 63 和 17 向左脱开，使主轴直接获得较高的 6 种转速。主运动传动链的传动路线表达式如下：

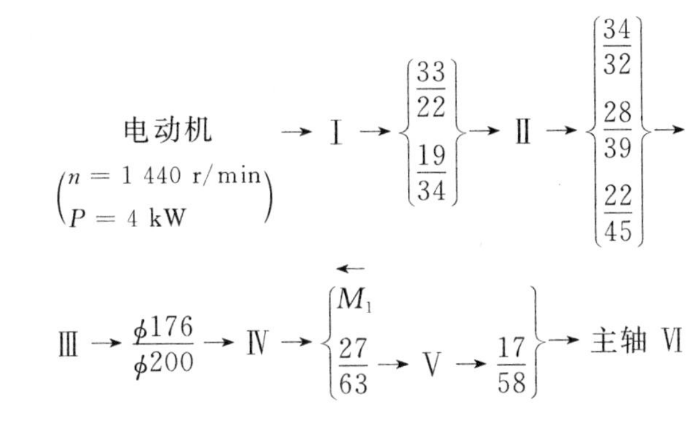

$$\underset{\begin{pmatrix}n=1\,440\text{ r/min}\\P=4\text{ kW}\end{pmatrix}}{\text{电动机}} \rightarrow \text{Ⅰ} \rightarrow \begin{Bmatrix}\frac{33}{22}\\\frac{19}{34}\end{Bmatrix} \rightarrow \text{Ⅱ} \rightarrow \begin{Bmatrix}\frac{34}{32}\\\frac{28}{39}\\\frac{22}{45}\end{Bmatrix} \rightarrow$$

$$\text{Ⅲ} \rightarrow \frac{\phi 176}{\phi 200} \rightarrow \text{Ⅳ} \rightarrow \begin{Bmatrix}\overleftarrow{M_1}\\\frac{27}{63} \rightarrow \text{Ⅴ} \rightarrow \frac{17}{58}\end{Bmatrix} \rightarrow \text{主轴 Ⅵ}$$

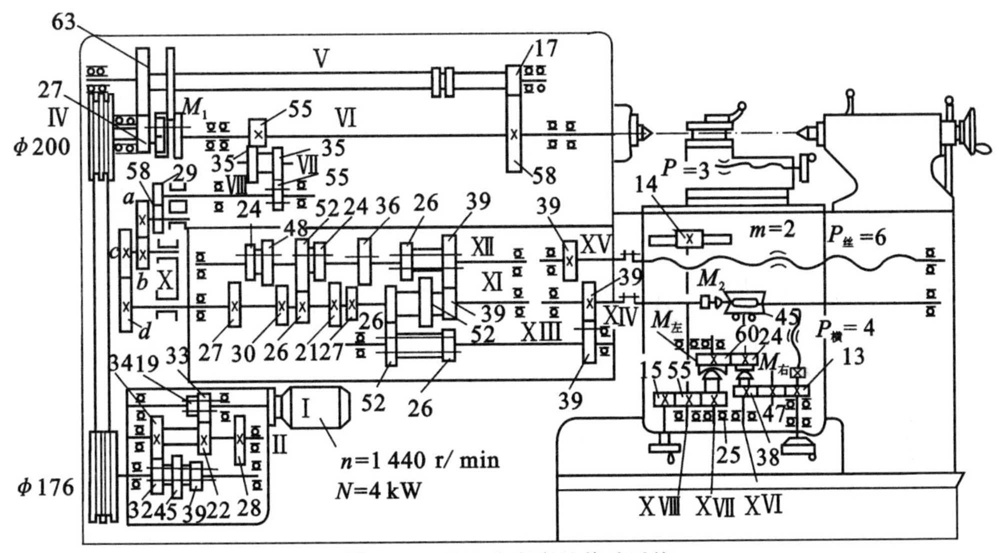

图 2-5　C6132 车床的传动系统

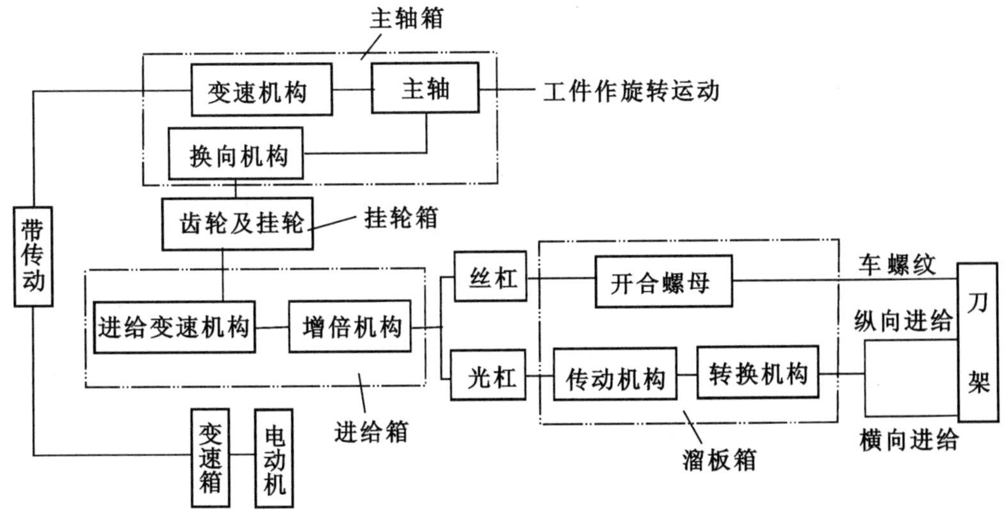

图 2-6　C6132 车床传动框图

(2) 传动计算:根据传动路线表达式,主轴可得到 2×3×2=12 种转速。

根据传动链传动比的计算方法,主轴工作转速计算式为

$$n_{\mathrm{VI}} = n_1 i_{\mathrm{I-VI}}$$

即

$$n_{主} = n_{电} i_{变} i_{带} i_{主}$$

式中 $n_{电}$ —— 电动机转速(r/min);

$i_{变}$ —— 变速箱总传动比;

$i_{带}$ —— 皮带传动比;

$i_{主}$ —— 主轴箱输入轴至主轴的传动比。

按图示齿轮的啮合位置,主轴的工作转速为

$$n_{主} = 1\,440\ \mathrm{r/min} \times \left(\frac{33}{22} \times \frac{34}{32}\right) \times \left(\frac{176}{200} \times 0.98\right) \times \left(\frac{27}{63} \times \frac{17}{58}\right) \approx 249\ \mathrm{r/min}$$

当改变变速箱中滑移齿轮位置及主轴箱中离合器 M_1 的位置时,用同样方法可求出其余 11 种转速。其中

$$n_{主最高} = 1\,980\ \mathrm{r/min}$$

$$n_{主最低} = 45\ \mathrm{r/min}$$

主轴的反转是靠电动机反转实现的。

2. 进给运动传动

(1) 传动路线:如图 2-5 所示,主轴的运动通过滑移齿轮变向机构(齿轮$\frac{55}{35} \times \frac{35}{55}$或$\frac{55}{55}$),再经挂轮箱内的齿轮$\frac{29}{58}$及挂轮(交换齿轮)$\frac{a}{b}\,\frac{c}{d}$将运动传入进给箱中的轴 Ⅺ,轴 Ⅺ 的运动又通过齿轮$\frac{27}{24}$,$\frac{30}{48}$,$\frac{26}{52}$,$\frac{21}{24}$,$\frac{27}{36}$中的任意一对将运动传到轴 Ⅻ,再通过增倍机构,将运动传到轴 ⅩⅢ 上。改变轴 ⅩⅢ 上的滑移齿轮 39 的位置,即可分别与丝杠上的齿轮 39 或光杠上的齿轮 39 相啮合,从而将运动传给丝杠或光杠。

运动经轴 ⅩⅤ 传出,则经丝杠($P_{丝}$=6 mm)与固定在溜板箱上的开合螺母配合,即可将丝杠的旋转运动变成溜板箱及刀架的移动,完成螺纹的加工。

运动从 ⅩⅣ 轴传出,则经光杠传给溜板箱内的蜗杆蜗轮并传至轴 ⅩⅥ。当合上离合器 $M_{左}$ 时,运动经齿轮$\frac{24}{60} \times \frac{25}{55}$传至轴 ⅩⅧ,并带动固定在该轴上的小齿轮 14 转动,与齿轮 14 相啮合的齿条就带动溜板箱及刀架作纵向进给。当合上离合器 $M_{右}$ 时,运动就经齿轮$\frac{38}{47} \times \frac{47}{13}$传至横向进给丝杠($t=4$),通过固定在横溜板上的螺母,使中拖板及刀架作横向进给。

综上所述,进给运动传动链的传动路线表达式为

$$\text{主轴 VI} \to \underset{\text{(变向机构)}}{\left\{\begin{matrix} \dfrac{55}{55} \\[2ex] \dfrac{55}{35}\times\dfrac{35}{55} \end{matrix}\right\}} \to \text{VIII} \to \frac{29}{58} \to \text{IX} \to \frac{a}{b}\,\frac{c}{d} \to \text{XI} \to \underset{\text{(滑动齿轮)}}{\left\{\begin{matrix} \dfrac{27}{24} \\[1ex] \dfrac{30}{48} \\[1ex] \dfrac{26}{52} \\[1ex] \dfrac{21}{24} \\[1ex] \dfrac{27}{36} \end{matrix}\right\}} \to \text{XII} \to \underset{\text{(增倍齿轮)}}{\left\{\begin{matrix} \dfrac{39}{39}\times\dfrac{52}{26} \\[1ex] \dfrac{26}{52}\times\dfrac{52}{26} \\[1ex] \dfrac{39}{39}\times\dfrac{26}{52} \\[1ex] \dfrac{26}{52}\times\dfrac{26}{52} \end{matrix}\right\}} \to$$

$$\text{XIII} \to \left\{\begin{matrix} \dfrac{39}{39} \to \text{丝杆} \to \text{纵向进给车螺纹} \\[3ex] \dfrac{39}{39} \to \text{光杠} \to \dfrac{2}{45} \to \text{XVI} \left\{\begin{matrix} \dfrac{24}{60} \to \text{XVII} \to M_{左}\uparrow \to \dfrac{25}{55} \to \text{XVIII} \to \text{齿轮齿条} \to \text{刀架纵向自动进给} \\[2ex] M_{右}\uparrow \to \dfrac{38}{47}\,\dfrac{47}{13} \to \text{横向进给丝杠} \to \text{刀架横向自动进给} \end{matrix}\right. \end{matrix}\right.$$

(2) 螺纹加工传动计算：从上述传动路线可知，通过进给箱中的滑动齿轮和增倍机构，可使进给箱本身的变速级数达到 $5\times4=20$ 种，加之有 7 组不同传动比的挂轮可根据需要任意配换，故可以车出各种不同螺距的螺纹。

在 C6132 车床上，可以车公制、英制和模数螺纹。车(公制) 螺纹时，要求工件(主轴) 每转一转，刀具应均匀地移动一个(被加工螺纹) 导程 P_{I} 的距离。根据丝杠螺母的传动计算，车螺纹时，螺纹导程 P_{I} 的计算式为

$$P_{\mathrm{I}} = \underbrace{1_{(n_{主}=1)} \times i_{换}\, i_{挂}\, i_{进}}_{n_{主}=1\text{时，传动丝杠的转速}} \times P_{丝}$$

式中　$i_{换}$ —— 换向机构传动比；

$i_{挂}$ —— 挂轮箱总传动比；

$i_{进}$ —— 进给箱总传动比；

$P_{丝}$ —— 车床丝杠的导程，$P_{丝}=6$ mm。

在图 2-5 中的啮合位置上，如挂轮 a,b,c,d 分别使用齿轮 60,65,65,45，则

$$P_{\mathrm{I}} = 1\times\left(\frac{55}{35}\times\frac{35}{55}\right)\times\left(\frac{29}{58}\times\frac{60}{65}\times\frac{65}{45}\right)\times\left(\frac{26}{52}\times\frac{39}{39}\times\frac{26}{52}\times\frac{36}{39}\right)\times 6\ \mathrm{mm} = 1\ \mathrm{mm}$$

即可加工出螺距为 1 mm 的螺纹。

实际上，车削各种螺纹并不需要进行计算，只要按工件导程 P_{I}，从车床铭牌上即可查出各手柄位置及配换挂轮齿数。但对于铭牌上没有的螺纹或非标准螺纹的加工，则需要重新计算配换挂轮，以实现机床的调整。

例如，如图 2-5 所示的啮合位置，挂轮的计算为

$$P_{\mathrm{I}} = 1\times\left(\frac{55}{35}\times\frac{35}{55}\right)\times\left(\frac{29}{28}\times\frac{a}{b}\times\frac{c}{d}\right)\times\left(\frac{26}{52}\times\frac{39}{39}\times\frac{26}{52}\times\frac{36}{39}\right)\times 6\ \mathrm{mm}$$

或

$$\frac{a}{b}\,\frac{c}{d} = \frac{56}{87}P_{\mathrm{I}}$$

若需要加工的螺纹导程 P_1 已知，则可根据上式求出所需挂轮 a,b,c,d 的齿数。

丝杠的转向，可通过床头箱中的变向机构控制，以车出右螺纹或左螺纹。

(3) 纵向和横向进给传动计算：由传动路线表达式可以看出，实现刀架机动的纵向和横向进给，是经主轴至进给箱中轴 XIII 的传动路线，与车公制螺纹时相同。因此，利用进给箱中传动链的不同传动路线，可获得加工时所需要的不同的纵向和横向进给量。

进给量的计算，可根据前述齿轮、齿条及丝杠螺母传动时齿条或螺母的移动距离计算式求得。当主轴转一转时，刀具纵向或横向移动的距离便为进给量。计算式为

$$f_{纵}=\underbrace{1_{(n_{主}=1)}\times i_{换}i_{挂}i_{进}i_{溜}}_{n_{主}=1时,小齿轮14的转速}\times\pi zm$$

$$f_{横}=\underbrace{1_{(n_{主}=1)}\times i_{换}i_{挂}i_{进}i_{溜}}_{n_{主}=1时,横进丝杠的转速}\times P_{横}$$

式中 $i_{溜}$—— 溜板箱总传动比；

z,m—— 分别为小齿轮的齿数($z=14$)及模数($m=2$)；

$P_{横}$—— 横向进给丝杠的导程($P_{横}=4$ mm)。

按图示啮合位置，如挂轮使用车公制螺纹的4个齿轮60,65,65,45，则当离合器 $M_{左}$ 及 $M_{右}$ 分别接合时，其纵向、横向进给量分别为

$$f_{纵}=1\ \mathrm{mm/r}\times\left(\frac{55}{35}\times\frac{35}{55}\right)\times\left(\frac{29}{58}\times\frac{60}{65}\times\frac{65}{45}\right)\times\left(\frac{26}{52}\times\frac{39}{39}\times\frac{26}{52}\times\frac{39}{39}\right)\times\left(\frac{2}{45}\times\frac{24}{60}\times\frac{25}{55}\right)\times\pi\times2\times14=0.118\ \mathrm{mm/r}$$

$$f_{横}=1\ \mathrm{mm/r}\times\left(\frac{55}{35}\times\frac{35}{55}\right)\times\left(\frac{29}{58}\times\frac{60}{65}\times\frac{65}{45}\right)\times\left(\frac{26}{52}\times\frac{39}{39}\times\frac{26}{52}\times\frac{39}{39}\right)\times\left(\frac{2}{45}\times\frac{38}{47}\times\frac{47}{13}\right)\times4=0.087\ \mathrm{mm/r}$$

2.3 机床的液压传动

液压传动是应用液体作为工作介质，通过液压元件来传递运动和动力的。这种传动形式具有许多突出的优点，因此，在机床上应用日益广泛。

2.3.1 液压传动的基本知识

机床上应用液压传动的地方很多，磨床的进给运动一般采用液压传动。下面介绍一个简化了的平面磨床工作台液压系统，以此说明机床液压传动的基本知识。

1. 液压传动系统的工作原理

图2-7(a)为平面磨床工作台往复运动的液压传动系统。液压泵3由电动机带动旋转，并从油箱1中吸油，油液经滤油器2进入液压泵，通过液压泵内部的密封腔容积的变化输出压力油。在图示状态下，压力油经油管16、节流阀5、油管17、电磁换向阀7、油管20，进入液压缸10左腔，由于液压缸固定在床身上，因此，在压力油推动下，液压缸左腔容积不断增大，结果使活塞连同工作台向右移动。与此同时，液压缸右腔的油，经油管21、电磁换向阀7、油管19排回油箱。

我们知道，磨床在磨削工件时，工作台必须连续往复运动。在液压系统中，工作台的运动方向是由电磁换向阀 7 来控制的。当工作台上的撞块 12 碰上行程开关 11 时，使电磁换向阀 7 左端的电磁铁断电而右端的电磁铁通电，将阀心推向左端。这时，管路中的压力油将从油管 17 经电磁换向阀 7、油管 21，进入液压缸 10 的右腔，使活塞连同工作台向左移动，同时液压缸左腔的油，经油管 20、电磁换向阀 7、油管 19 排回油箱 1。在行程开关 11 控制下，电磁换向阀 7 左、右端电磁铁交替通电，工作台便得到往复运动，磨削加工则可持续进行。当左、右两端电磁铁都断电时，其阀心处于中间位置，这时进油路及回油路之间均不相通，工作台便停止不动。

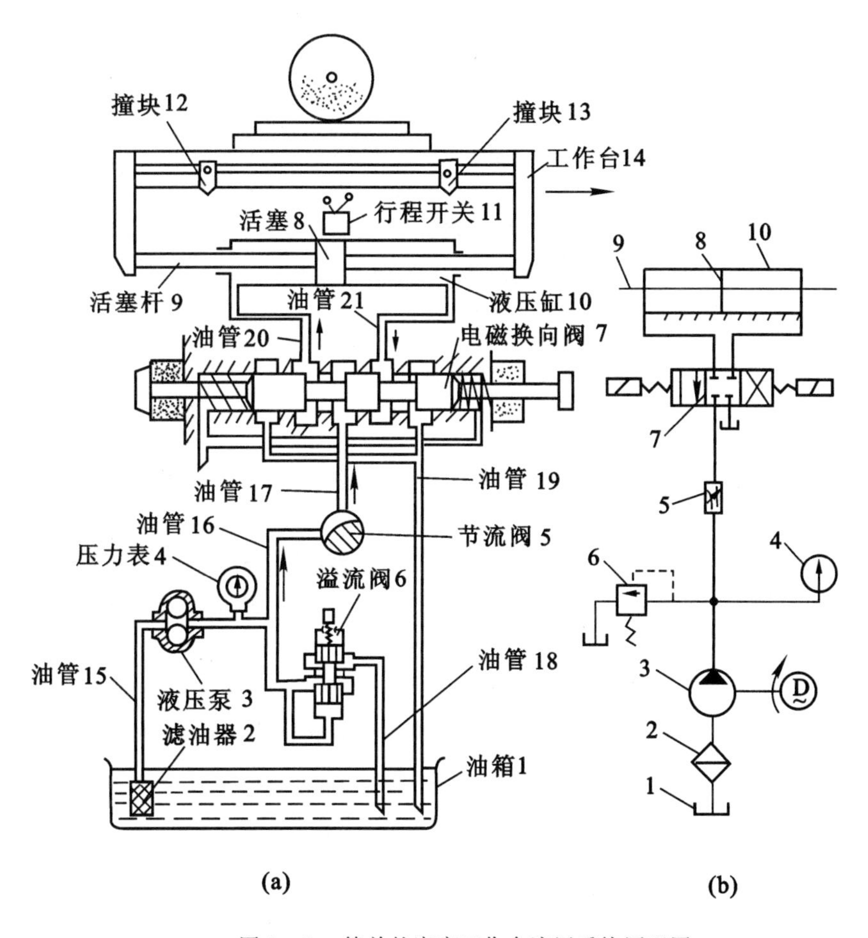

图 2-7　简单的磨床工作台液压系统原理图

磨床在磨削工件时，根据加工要求不同，工作台运动速度应能进行调整。在图示液压系统中，工作台的移动速度是通过节流阀 5 来调整的。当节流阀 5 开口开大时，进入液压缸的油液增多，工作台移动速度增大；当节流阀开口关小时，工作台移动速度减小。

磨床工作台在运动时要克服磨削力和相对运动件之间的摩擦力等阻力。如果要克服的阻力越大，则缸中的油液压力越高。反之，压力就越低。因此，液压系统中应有调节油液压力的元件。在图示液压系统中，液压泵出口处的油液压力是由溢流阀 6 决定的。当油液的压力升高到超过溢流阀的调定压力时，溢流阀 6 开启，油液经油管 18 排回油箱 1，油液的压力就不会继续升高，稳定在调定的压力范围内。可见，溢流阀能使液压系统过载时溢流，维持系统压力近于恒定，起到安全保护作用。

2. 液压传动系统的组成

一般液压传动系统主要由以下几部分组成。

(1) 动力元件——油泵：其作用是将机械能转换成油液液压能，给液压系统提供压力油。

(2) 执行元件——液压缸或液压马达：其作用是将液压能转换为机械能并分别输出直线运动或旋转运动。

(3) 控制元件——溢流阀、节流阀及换向阀等：其作用是分别控制液压系统油液的压力、流量和流动方向，以满足执行元件对力、速度和运动方向的要求。

(4) 辅助元件——油箱、油管、滤油器、密封件等：它们是起辅助作用的，以保证液压系统的正常工作。

3. 液压元件的图形符号

图 2-7(a) 为系统结构原理图，它直观性强，容易理解，但图形比较复杂。特别是当系统中元件较多时，绘制更不方便。所以，液压传动系统图一般以 GB/T 786.1—1993 规定的液压元件图形符号来绘制。图 2-7(b) 为同一液压系统采用液压元件的图形符号绘制成的工作原理图。

2.3.2 液压传动的特点及其在机床中的应用

1. 液压传动的特点

(1) 从结构上看：液压传动的控制、调节比较简单，操作方便，布局灵活。当与电气或气压传动相配合使用时，易于实现远距离操纵和自动控制。

(2) 从工作性能上看：液压装置能在大范围内实现无级调速，还可在液压装置运行的过程中进行调速，调速方便，动作快速性好。又因为工作介质为液体，故运动传递平稳、均匀。但由于存在泄漏，使液压传动不能实现严格的定传动比传动，且传动效率较低。

(3) 从维护使用上看：液压件能自行润滑。因此，其使用寿命较长，且能实现系统的过载保护；元件易实现系列化、标准化，使液压系统的设计、制造和使用都比较方便。

2. 液压传动在机床中的应用

由于上述液压传动的特点，液压传动常应用在机床上的一些装置中。

(1) 进给运动传动装置：此项应用在机床上最为广泛，如磨床的砂轮架，车床、六角车床、自动车床的刀架或转塔刀架，磨床、铣床、刨床、组合机床的工作台进给运动。这些进给运动一般要求有较大的调速范围，且在工作中能无级调速，因此，采用液压传动是最合适的。

(2) 往复主体运动传动装置：龙门刨床的工作台、牛头刨床或插床的滑枕，这些部件一般需要作高速往复运动，并要求换向冲击小，换向时间短，能量消耗低。因此，可采用液压传动来实现。

(3) 仿形装置：车床、铣床、刨床上的仿形加工，如仿形车床的仿形刀架。由于工作时要求灵敏性好，靠模接触力小，寿命长，故可采用液压伺服系统来实现。

(4) 辅助装置：机床上的夹紧装置、变速操纵装置、工件和刀具装卸装置、工件输送装置等，均可采用液压传动来实现。这样，有利于简化机床结构，提高机床自动化的程度。

此外，液压传动还应用在数控机床及静压支承等方面。

图 2-8 是车床液压仿形刀架原理图。工件由车床主轴带动旋转，靠模固定在床身上，触头

和阀心连成一体，称为控制滑阀。单杆活塞液压缸是随动液压缸，活塞杆固定在纵溜板上。滑阀体与缸体连成一体，车刀装于缸体上。从泵体来的压力油经过控制滑阀进入随动液压缸上腔，所以液压缸上腔的油液压力始终等于供油压力。当控制滑阀内部开口的大小（Δ_1 和 Δ_2）相等时，通过开口的流量也相等，设计保证了此时液压随动缸上、下两腔的液压推力刚好相等，因此缸体静止不动。

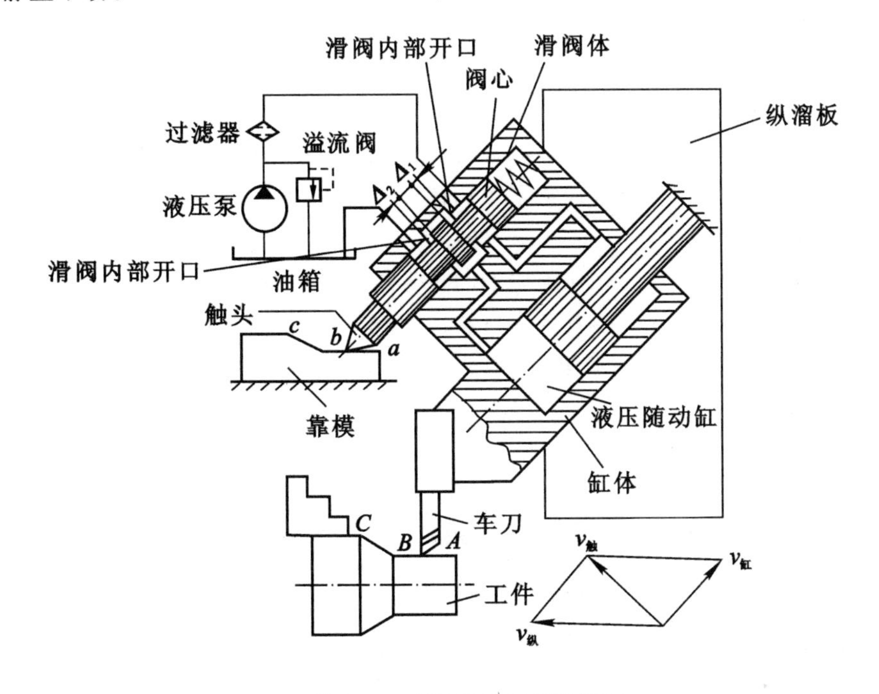

图 2-8　液压仿形刀架原理图

仿形刀架开始工作时，触头还未碰到靠模，阀心在弹簧作用下往外伸出，使 Δ_1 增大，Δ_2 减小，故流入液压缸下腔的油液增多，而流回油池的油液相应减少，从而使液压缸下腔的压力增大。在液压缸上、下腔推力差的作用下，缸体带动车刀向下移动。在触头碰上靠模后，阀心停止运动，而滑阀体在液压缸体带动下继续向下运动，直到 Δ_1 和 Δ_2 重新相等时，液压缸因受力平衡而使刀架停止运动。

当纵溜板以速度 $v_纵$ 作匀速纵向进给时，如果触头沿靠模 ab 段运动，则滑阀阀心和滑阀体没有相对运动，即 $\Delta_1=\Delta_2$，因此车刀仅随纵溜板运动，车削出工件的圆柱部分 AB。当触头沿靠模 bc 段爬坡时，触头除了以 $v_纵$ 作匀速纵向运动以外，还要在靠模作用下，沿自己的轴线方向向后运动（速度为 $v_缸$，图 2-8），从而使 $\Delta_2>\Delta_1$，于是液压随动缸下腔压力下降，上、下腔压力差使缸体与车刀以速度 $v_缸$ 后退，因此，$v_纵$ 和 $v_缸$ 的合成速度 $v_触$ 使车刀加工出圆锥面 BC。

2.4　机床的自动化

提高机床的生产率仅从提高材料的金属切除率、缩短基本工艺时间方面入手是远远不够的，还必须在保证加工精度、降低成本的前提下，有效地减少辅助时间，这就要求提高机床的自动化程度。

所谓自动化就是以机械的动作代替人力操作，自动地完成特定的作业。对于大批量生产用机床以及复杂形状工件高精度加工用机床，提高自动化程度是非常必要的。机床的自动化生产可减少生产所需面积，节省能源消耗、劳动力投入，降低产品成本；同时也可提高生产效率，降低工人的劳动强度，减少工人技术水平对加工质量的影响，实现稳定高效生产。

机床的自动化可以分为单一品种大批量生产自动化和多品种小批量生产自动化两大类。根据品种和批量不同，所采用的自动化手段也不同。

2.4.1 单一产品大批量生产的自动化

单一产品批量大时，可采用专用设备、专用流水线和自动线等刚性自动化措施来实现，一旦产品变化，则不能适应。下面介绍通常采用的几项自动化措施。

1. 自动机床和半自动机床

经调整以后，不须人工操作便能对随后的同种工件自动重复地进行加工的机床称为自动机床。除装卸工件是由人工操作外，其他都自动化了的机床，称为半自动机床。

常用的自动机床与半自动机床的加工程序一般是用凸轮、靠模及档块来控制的，图2-9为机械凸轮控制的单轴自动车床的工作原理图。

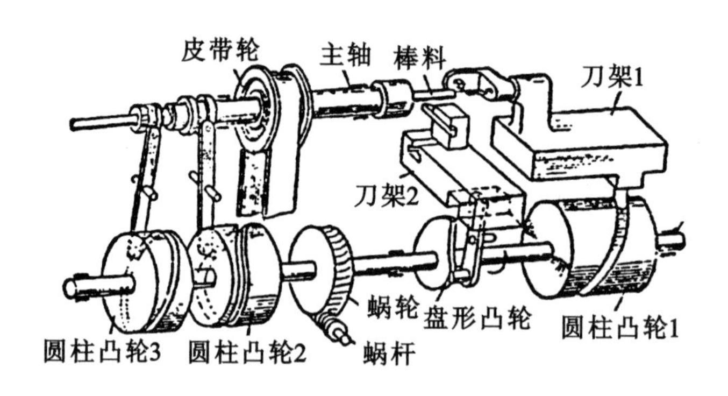

图2-9 单轴自动车床的工作原理

棒料穿过自动车床的空心主轴并夹紧在弹簧夹头中，刀具安装在刀架1和刀架2中。主轴由皮带轮带动作旋转运动，分配轴经蜗轮蜗杆传动得到缓慢的旋转运动。在分配轴上装有4个凸轮控制车床的各个动作：圆柱凸轮1及盘形凸轮，分别控制刀架1的纵向自动进给（钻孔）和刀架2的横向自动进给（切断）；圆柱凸轮2可通过其上拔杆控制弹簧卡头的轴向移动，以便按时松开或夹紧棒料；圆柱凸轮3可通过其上拔杆完成自动送料工作。当分配轴转一圈时，其轴上各凸轮的从动推杆便按所设计好的凸轮轮廓曲线运动，从而使自动车床按所要求的零件的加工尺寸、进给速度及动作顺序完成一个工作循环，即加工出一个完整的零件。

这种借助凸轮实现程序控制的自动机床，生产率高，但加工精度较低，且每调换一批工件，就需要重新制造专用凸轮并进行调整，应变能力差，故适用于生产大批量的且形状不太复杂的小型零件（如螺钉、螺母、轴套、齿轮坯等）。

2. 组合机床

当产品的批量比较小时，机械加工中往往采用通用机床作为加工设备。这时，通常用通用夹具安装工件，工人用手工操作单把刀具进行切削加工。因此，生产效率较低，劳动强度大，加工质量不易稳定。显然，对于那些大批、大量生产的机械产品，采用通用机床加工，已不能满足要求。这样，便出现了专用机床。

专用机床是针对某一（或某几个）零件的特定工序的加工要求而设计的。这类机床通常用多刀同时加工，而且实现了辅助动作的自动化，生产率高，能稳定地保证加工质量，减轻劳动强度。但专用机床设计和制造的周期长，造价昂贵，当产品更新时，加工对象稍有改变，原来的专用机床便不能使用，而且往往也难以改装。

为了解决上述问题，可以对一些能在各种专用机床上相互通用的工作部件进行标准化、系列化和通用化设计，并预先组织生产，以供选用。这种预先设计和制造的、能相互通用的工作部件，叫作通用部件。根据工件的加工要求，选用这些通用部件，再配上少量为适应特定加工对象而设计的专用部件，就可配置成各种不同结构形式的专用机床。这种组合成的专用机床，称为组合机床。图 2－10 是立、卧复合式三面钻孔组合机床。机床由侧底座、立柱底座、立柱、动力箱、滑台、中间底座等通用部件以及多轴箱、夹具等主要专用部件所组成。

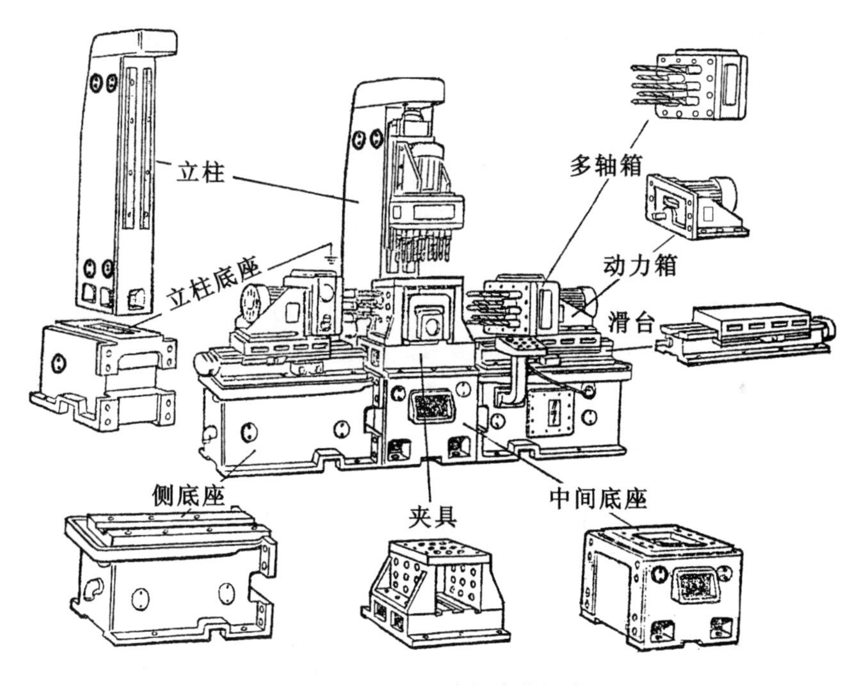

图 2－10　组合机床的组成

通常一台组合机床约有 70％～80％ 的零件是标准件和通用件。当加工对象改变时，可重新利用部分或全部通用部件改装成另一种形式的组合机床，配以少量专用部件，就能适应新的加工要求。

3. 自动生产线

在生产批量大的产品中，有些零件的结构复杂，加工工艺要求高，加工的部件较多，加工工序长，一般用一台组合机床很难完成全部加工。为了提高生产率，通常将工件的全部工序分散在几台机床上，按顺序进行加工。用组合机床组成一条生产流水线，将流水线上工件的输送，以及工件在夹具中的定位和夹紧都实现自动化，并用液压电气控制系统将流水线上所有机床的动作联系起来，使它们按照预定的动作、顺序和节奏自动地进行工作，完成规定的全部工作内容，便形成了自动线。

图 2－11 是由 3 台组合机床组成的自动线，加工箱体零件。自动线中有转台和鼓轮，使工件转位以便进行多面加工。

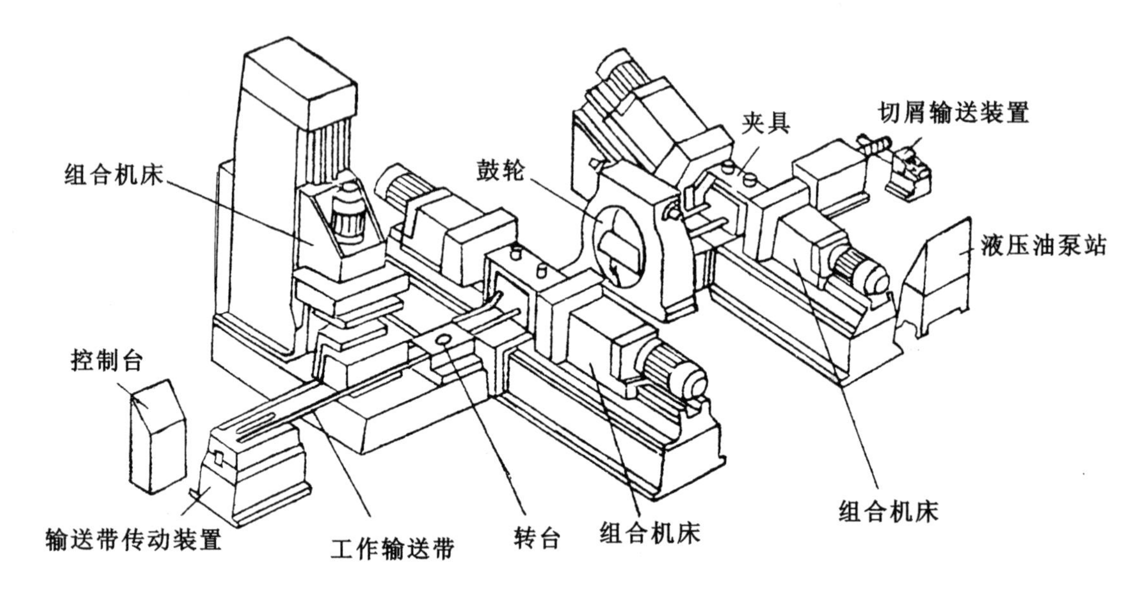

图 2－11　加工箱体零件的组合机床自动线

利用自动生产线，工人只须装上毛坯，取下成品，监视自动线的运行，检验成品和更换磨钝的刀具。显然，它可进一步提高生产率，降低成本，改善劳动条件，适用于大批量地生产需多工序加工的零件。但是，一旦加工对象改变，这种自动线将无法适应。

2.4.2　多品种小批量生产的自动化

在单一产品大批量的生产中，采用上述措施能够实现自动化生产。但要实现多品种小批量生产的自动化则不能用上述方法解决。数控机床的出现，解决了这一问题。

数控机床的通用性强，生产准备简单而且周期短。当加工对象改变时，除了更换刀具外，只须更换一个新的控制介质，便可自动加工出所要求的新零件，而不必对机床作任何调整。因此，数控机床适用于多品种、小批量生产中，加工复杂形状的零件。

目前，数控机床已由加工循环控制发展成更先进的“加工中心”“适应控制”及“计算机控制”。对于这方面的内容将在第 6 章中做进一步介绍。

第 3 章　零件表面的加工方法

3.1　车 削 加 工

车削加工是在车床上用车刀加工工件的工艺过程。车削加工时,工件的旋转是主运动,刀具作直线或曲线运动为进给运动,因此,车削加工适宜于加工各种回转体表面。

3.1.1　车削加工的应用

车削加工应用十分广泛。因机器零件以回转体表面居多,故车床一般占机械加工车间机床总数的 50% 以上。

车削加工可以在普通车床、立式车床、转塔车床、仿形车床、自动车床以及各种专用车床上进行。其中应用最为广泛的是普通车床,它适宜于各种轴、盘及套类零件的单件和小批量生产。在普通车床上可以完成的主要工作见表 3-1。由此可见,凡绕定轴心线旋转的内外回转体表面,均可用车削加工来完成。车削加工可以达到的尺寸精度为 IT13～IT17,表面粗糙度 Ra 值为 50 ～ 0.8 μm。工件在车床上的装夹方法见表 3-2。

表 3-1　车床的主要工作

钻中心孔	钻　孔	铰　孔	攻　丝
车外圆	镗　孔	车端面	切　断
车成形面	车锥面	滚　花	车螺纹

表 3－2　车床的装夹方法

装夹工具	简　　图	特点及应用
三爪卡盘	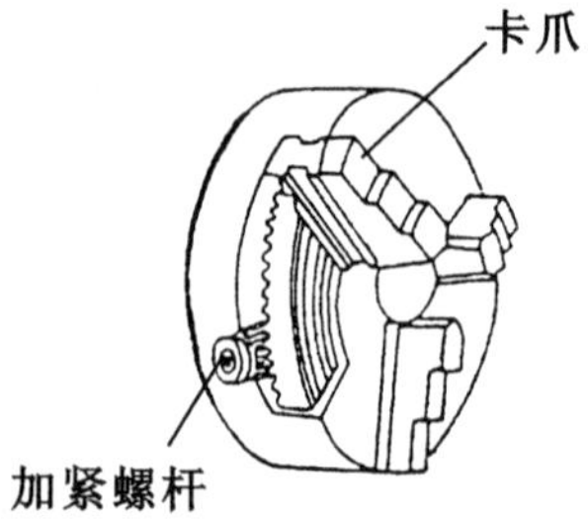	三爪同时移动，能自动定心，定位精度不高； 适合于安装较短($L/D<4$)的圆形或六方形截面的中小型工件
四爪卡盘		4个卡爪分别调整，安装时找正费时，但夹紧力较大； 适合于安装较短($L/D<4$)的截面为圆形、方形、长方形或其他不规则形状的工件及直径较大又较重的盘套类工件
花　　盘	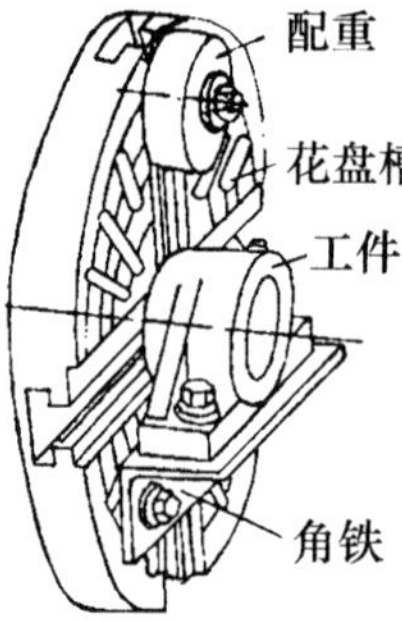	花盘上有若干条径向槽，可用螺钉压板或角铁装夹工件，但找正费时； 适合于安装形状不规则的工件及孔(或外圆)与定位基准面垂直或平行的工件。使用时应加配重平衡，防止转动时产生震动
双顶尖 (中心架) (跟刀架)	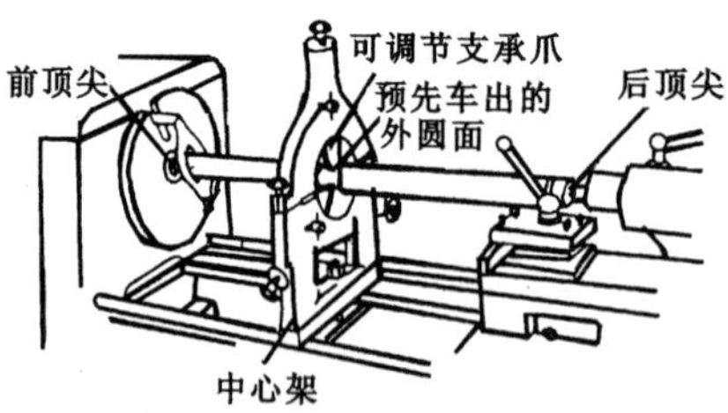 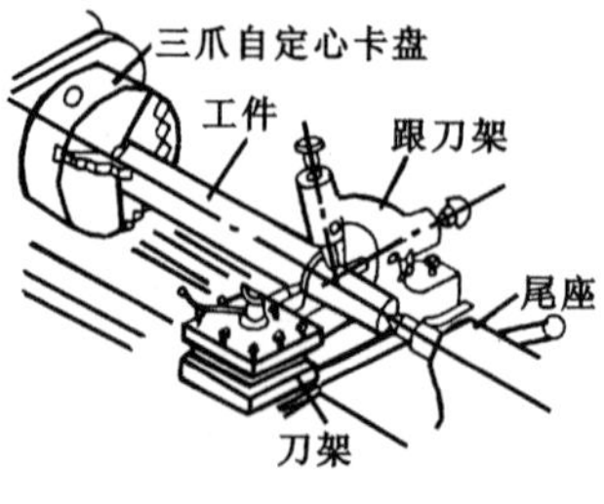	双顶尖适合于安装较长($4<L/D<20$)的轴类工件； 中心架和跟刀架是加工细长($L/D>20$)工件时，为减小工件在切削力作用下产生弯曲变形所使用的一种辅助支承 跟刀架用于车削细长的光轴

续　表

装夹工具	简　图	特点及应用
心　轴	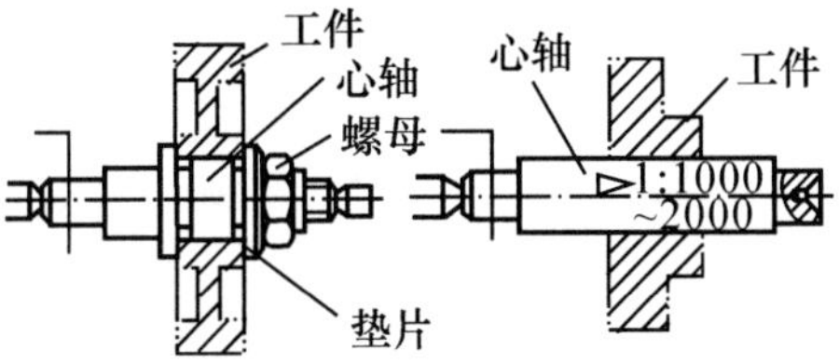	盘套类零件以孔为定位基准，安装在心轴上，一次安装，可加工出多个表面，保证外圆、端面对内孔的位置精度

注：L 为工件长度，D 为工件直径。

在表3-1所介绍的车床主要工作中，许多加工方法在金工实习教材中已详细介绍，并在实习中进行了实际操作。现仅对锥面、成形面、螺纹的加工方法进行讨论。

1.车圆锥面

锥面有外锥面和内锥面之分。锥面配合紧密，拆卸方便，多次拆卸后仍能保持精确的对中性。因此，锥面广泛用于要求定位准确和经常拆卸的配合件上，例如车床主轴和尾架套筒的锥孔与顶尖锥柄的配合，各种定位锥销与锥销孔的配合等。

采用车床加工锥面的方法通常有四种，见表3-3。无论用何种方法加工，都是使刀具刀刃运动轨迹与零件轴线成所需的锥面斜角 α，从而加工出圆锥面。

表3-3　圆锥面车削方法

方法	简　图	加工原理	特点及应用
宽刀法	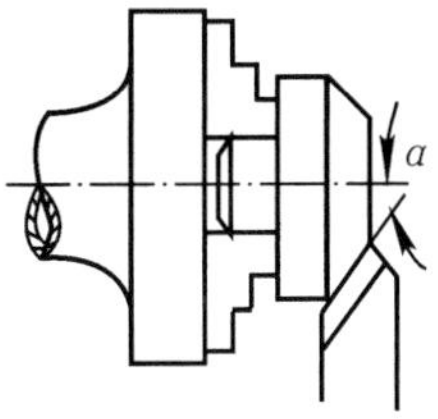	车刀主刀刃与工件轴线间的夹角等于工件锥面斜角 α	(1) 可以车削内、外锥面； (2) 只能加工短锥面
小刀架转位法	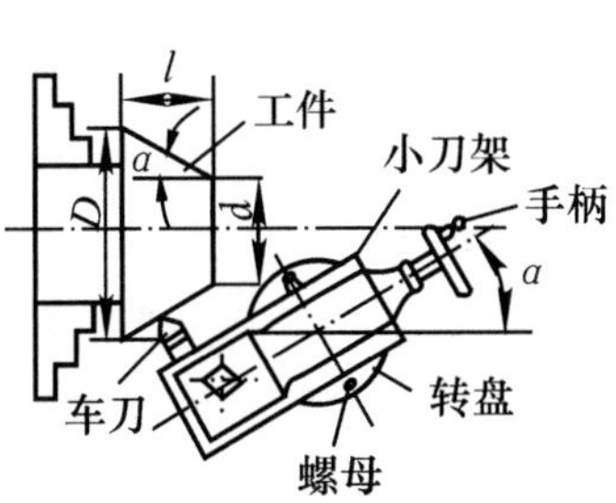 小刀架转角 $\tan\alpha=\dfrac{D-d}{2l}$	小刀架可绕转盘转一个被切锥面的斜角 α，转动小刀架手柄，车刀即沿工件母线移动，切出锥面	(1) 可车内、外锥面； (2) 锥面斜角大小不限； (3) 只能手动进给，加工短锥面； (4) 适用于单件、小批量生产

续　　表

方法	简　　图	加工原理	特点及应用
偏移尾架法	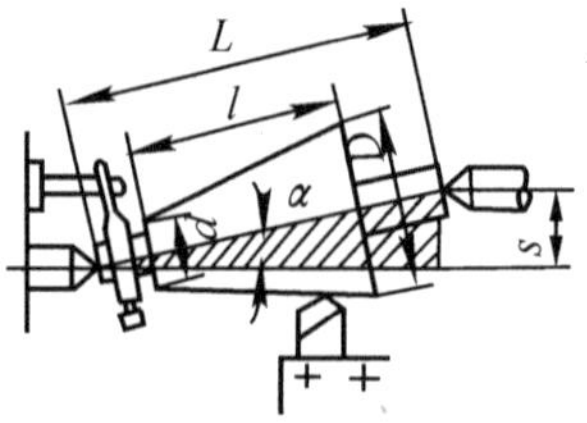 尾架偏移距离 $s=\dfrac{(D-d)L}{2l}$	尾架顶尖偏移一个距离 s，使工件锥面母线平行于车刀纵向进给方向	(1) 只能加工斜角很小($\alpha<8°$)的外锥面，否则会造成顶尖与工件中心孔的不良接触；(2) 可以加工长锥面；(3) 能采用自动进给
靠模法	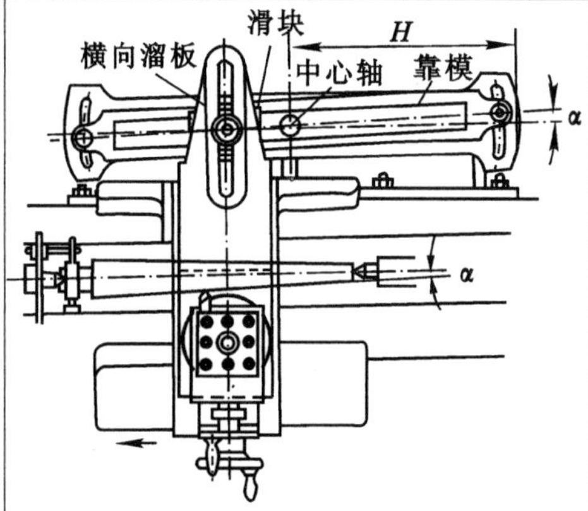 带动横向溜板移动的螺母与丝杆脱开，以使横向溜板能自由移动	靠模可绕中心轴转动，调整成所需的锥面斜角 α，能沿靠模移动的滑块与横向溜板连接。纵向进给时，车刀平行于靠模移动，加工出斜角 α 的圆锥面	(1) 可以车内、外锥面；(2) 能采用自动进给；(3) 可以加工长锥面；(4) 加工质量及生产率高；(5) 须有靠模装置

2. 车成形面

对于具有回转形面的零件，一般多用车削加工。根据零件的精度要求及生产批量的不同，可采用表 3-4 的车削方法。

3. 车螺纹

带螺纹的零件应用非常广，它可作为连接件、紧固件、传动件以及测量工具上的零件。

车削螺纹是螺纹加工的基本方法。其优点是设备和刀具的通用性大，并能获得精度高的螺纹，所以任何类型的螺纹都可以在车床上加工。其缺点是生产率低，要求工人技术水平高，只有在单件、小批量生产中用车削方法加工螺纹才是经济的。

车螺纹时，螺纹的截面形状由车刀保证。车刀的形状必须与螺纹截面相吻合。螺纹截面的精度取决于螺纹车刀的刃磨精度及其在车床上的正确安装。螺纹的螺距由车床传动系统保证。

为了得到准确的螺距，必须保证工件转一转，刀具准确地移动一个螺距。一定的螺纹螺距要求工件(主轴)转速与丝杠转速之间保持一定的传动比，这种传动比是通过进给箱内的变速齿轮或交换齿轮的搭配来实现的。图 3-1 是简化了的车床由主轴到丝杠的传动路线。加工标准普通螺纹，只要根据工件螺距按机床进给箱上操纵手柄位置标牌选择有关手柄位置即可。

对于非标准螺纹或在没有进给箱的车床上加工螺纹，则要通过计算交换齿轮的齿数，变更交换齿轮来改变丝杠的转速，从而车出所要求的螺距的螺纹。

表 3－4　成形表面的车削方法

车削方法	图　例	加工原理	特　点
双手同时操作		双手同时作纵向和横向进给运动，其合成运动使车刀的运动轨迹与工件母线相同	(1) 不需其他辅助工具； (2) 可以车内、外成形表面； (3) 需要熟练的操作技术； (4) 加工质量和生产率低； (5) 适用于单件、修配生产
用成形车刀		使用刀具刃口与工件表面母线形状相吻合的成形车刀；车削时刀具只作横向进给运动	(1) 适用于车削较短的成形表面； (2) 生产率较高，可自动进给； (3) 可车削内、外成形表面
靠模法	工件 连接横向溜板 靠模 车刀 滑块	与靠模法车圆锥面相同，靠模形状与工件表面母线相同	(1) 能加工长的成形表面； (2) 加工质量和生产率高； (3) 能自动进给； (4) 适用于成批、大量生产，须有靠模装置

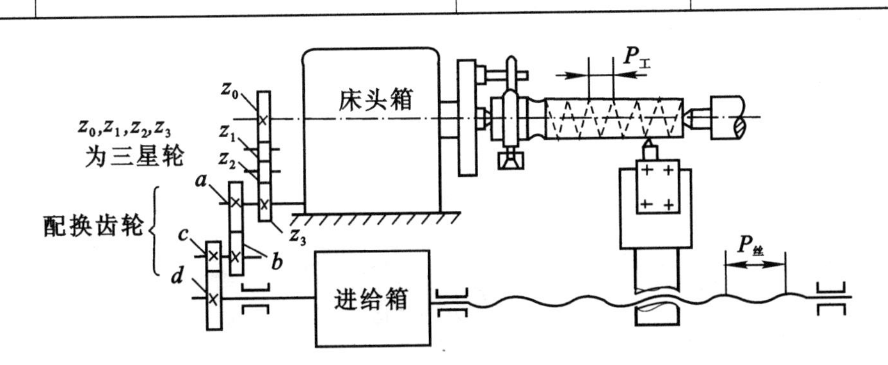

图 3－1　车螺纹时的传动路线

交换齿轮计算方法如下。

设工件螺距为 $P_工$(mm)，丝杠螺距为 $P_丝$(mm)，由传动关系知

$$1_{(工件转数)}\times\frac{z_0}{z_1}\frac{z_1}{z_2}\frac{z_2}{z_3}\frac{a}{b}\frac{c}{d}P_丝=P_工$$

因为$\frac{z_0}{z_1}\frac{z_1}{z_2}\frac{z_2}{z_3}=1$，故

$$\frac{P_{工}}{P_{丝}}=\frac{a}{b}\frac{c}{d}$$

上式为无进给箱车床车螺纹时计算配换齿轮齿数的基本公式。其中 $P_{工}$ 和 $P_{丝}$ 是已知的。只有当 $P_{工}$ 和 $P_{丝}$ 的单位相同时，才能应用上面的公式。如果在公制车床上车英制螺纹和模数螺纹时，要将 $P_{工}$ 的单位化为毫米(mm)。

英制螺纹

$$P_{工}=\frac{25.4}{每英寸牙数}\quad \text{mm}$$

模数螺数

$$P_{工}=\pi m\quad (\text{mm})$$

在计算交换齿轮齿数时，25.4 常用$\frac{127}{5}$代替，π 常用近似分数$\frac{19\times 21}{127}$或$\frac{8\times 97}{13\times 19}$，$\frac{5\times 71}{113}$等代替。

从$\frac{P_{工}}{P_{丝}}=\frac{a}{b}\frac{c}{d}$可以看出，$a,b,c,d$ 的解不是唯一的。要确定合适的齿数，还应注意两个问题：

(1) 应选用车床自备的交换齿轮的齿数。无进给箱车床一般备有 23 个配换齿轮，最小齿数为 20，以后每隔 5 个齿有一个齿轮，直到齿数为 120。还有两个特殊齿数的齿轮，齿数为 127 和 97(或 113 等)。

(2) 为了使所选配的 4 个交换齿轮装在齿轮架上不与支承轴相碰，其齿数必须满足下列两个不等式：

$$z_1+z_2>z_3+(15\sim 20)$$
$$z_3+z_4>z_2+(15\sim 20)$$

在大批量生产时，为了提高生产率，可用棱形或圆形梳刀(见图 3-2)代替车刀。但是梳刀只能加工低精度螺纹，或者作为加工精密螺纹时的粗加工工序。

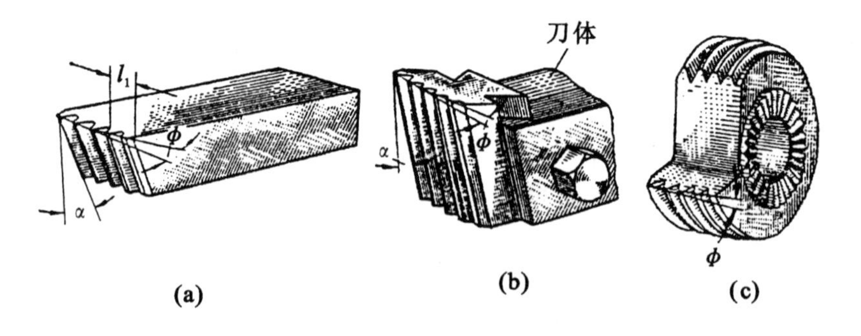

图 3-2 棱形和圆形梳刀

除了车螺纹外，常用的加工螺纹方法还有攻丝、套扣、铣、磨和滚压螺纹等，它们各有不同的特点，应根据零件的结构、技术要求、加工批量、尺寸等因素来选择其加工方法。

3.1.2　车削加工的工艺特点

(1) 适用范围广泛。车削是轴、盘、套等回转体零件不可缺少的加工工序。一般来说，车削加工可达到的精度为IT13 ～ IT7，表面粗糙度 Ra 值为 50 ～ 0.8 μm。

(2) 容易保证零件加工表面的位置精度。车削加工时，一般短轴类或盘类工件用卡盘装夹，长轴类工件用前后顶尖装夹，套类工件用心轴装夹，而形状不规则的零件用花盘装夹或花盘-弯板装夹，各种装夹方法见表3-2。在一次安装中，可依次加工工件各表面。由于车削各表面时均绕同一回转轴线旋转，故可较好地保证各加工表面间的同轴度、平行度和垂直度等位置精度要求。

(3) 适宜有色金属零件的精加工。当有色金属零件的精度较高、表面粗糙度 Ra 值较小时，若采用磨削，易堵塞砂轮，加工较为困难，故可由精车完成。若采用金刚石车刀，以很小的切削深度($a_p < 0.15$ mm)，进给量($f < 0.1$ mm/r) 以及很高的切削速度($v \approx 5$ m/s) 精车，可获得很高的尺寸精度(IT6 ～ IT5) 和很小的表面粗糙度 Ra 值(0.8 ～ 0.1 μm)。

(4) 生产效率较高。车削时切削过程大多数是连续的，切削面积不变，切削力变化很小，切削过程比刨削和铣削平稳。因此可采用高速切削和强力切削，使生产率大幅度提高。

(5) 生产成本较低。车刀是刀具中最简单的一种，制造、刃磨和安装均很方便。车床附件较多，可满足一般零件的装夹，生产准备时间较短。车削加工成本较低，既适宜单件小批量生产，也适宜大批大量生产。

3.1.3　其他车床

为了满足零件加工的需要以及提高切削加工的生产率，除用普通车床外，还有六角(转塔)车床、立式车床、多刀车床、自动和半自动车床及数控车床等各种类型的车床。下面仅介绍六角车床和立式车床的主要特点。

1. 六角车床(转塔车床)

六角车床(见图3-3)，适宜于外形复杂而且多半具有内孔的中小型零件的成批生产。六角车床与普通车床的不同之处是有一个可转动的六角刀架，代替了普通车床上的尾架。在六角刀架上可以装夹数量较多的刀具[见图3-3(b)]或刀排，如钻头、铰刀、板牙等。根据预先的工艺规程，调整刀具的位置和行程距离，依次进行加工。六角刀架每转60°便更换一组刀具，而且与横刀架的刀具可同时对工件进行加工。此外，机床上有定程装置，可控制尺寸，节省了很多度量工件的时间。

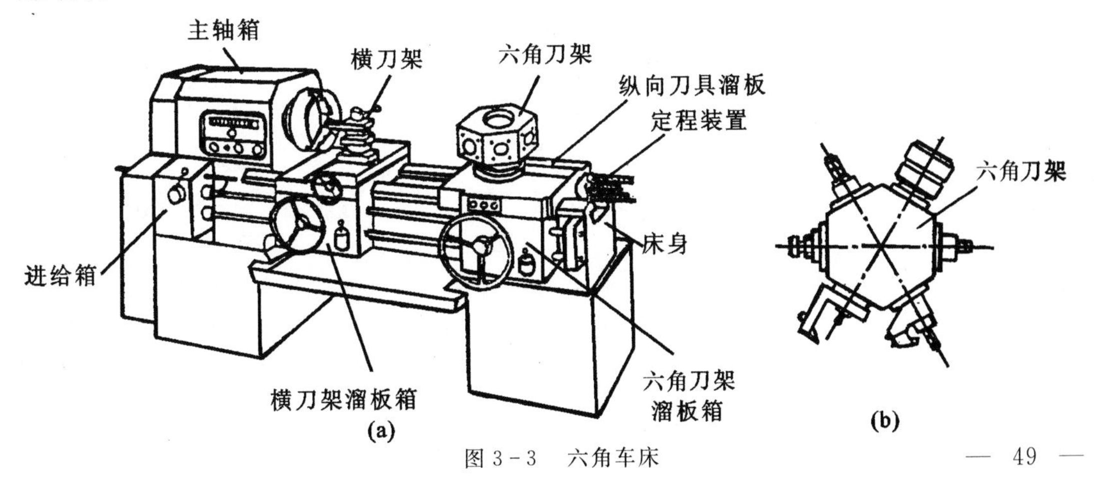

图3-3　六角车床

2. 立式车床

立式车床(见图 3－4)是用来加工大型盘类零件的。它的主轴处于垂直位置,安装工件用的花盘(式卡盘)处于水平位置。即使安装了大型零件,运转仍很平稳。立柱上装有横梁,可上下移动;立柱及横梁上都装有刀架,可上下、左右移动。

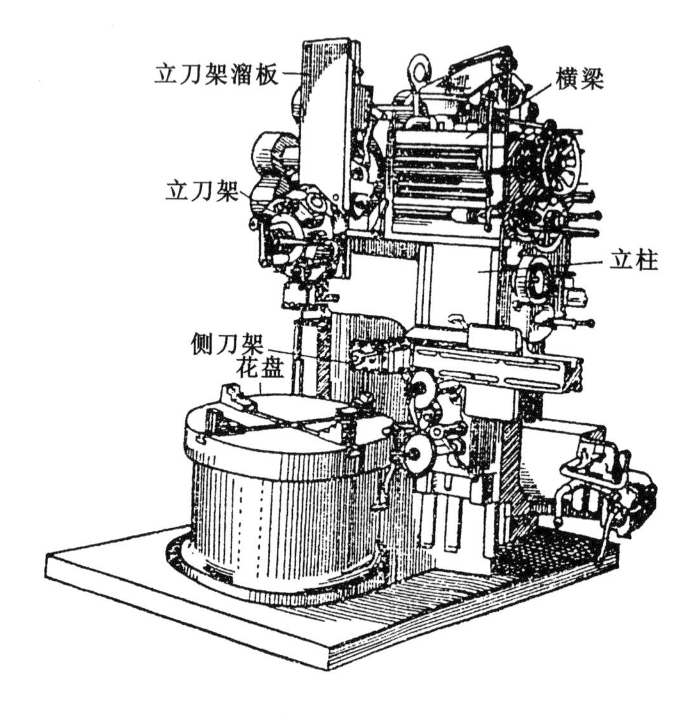

图 3－4　立式车床

3.2　钻削与镗削加工

内圆表面(即孔)不仅广泛用于各类零件上,而且孔径、深度、精度和表面粗糙度的要求差异很大。因此,除了车床可以加工孔外,还有两类主要用于孔加工的机床 —— 钻床和镗床。

3.2.1　钻削加工

钻削加工是在钻床上用钻头在实体材料上加工孔的工艺过程。钻削是孔加工的基本方法之一。

1. 钻床及钻削运动

常用的钻床有台式钻床、立式钻床及摇臂钻床(见图 3-5)。台式钻床是一种放在台桌上使用的小型钻床,它适用于单件、小批量生产以及对小型工件上直径较小的孔的加工(一般孔径小于 13 mm);立式钻床是钻床中最常见的一种,它常用于中、小型工件上较大直径孔的加工(一般孔径小于 50 mm);摇臂钻床主要用于大、中型工件上孔的加工(一般孔径小于 80 mm)。

在钻床上钻孔时,刀具(钻头)的旋转为主运动,同时钻头沿工件的轴向移动为进给运动。钻削时,钻削速度为

$$v=\frac{\pi Dn}{1\,000\times 60}$$

式中　D —— 钻头直径(mm)；

n —— 钻头或工件的转速(r/min)。

切削深度为

$$a_{p}=D/2$$

进给量为钻头(或工件)每旋转一周，钻头沿其轴向移动的距离。

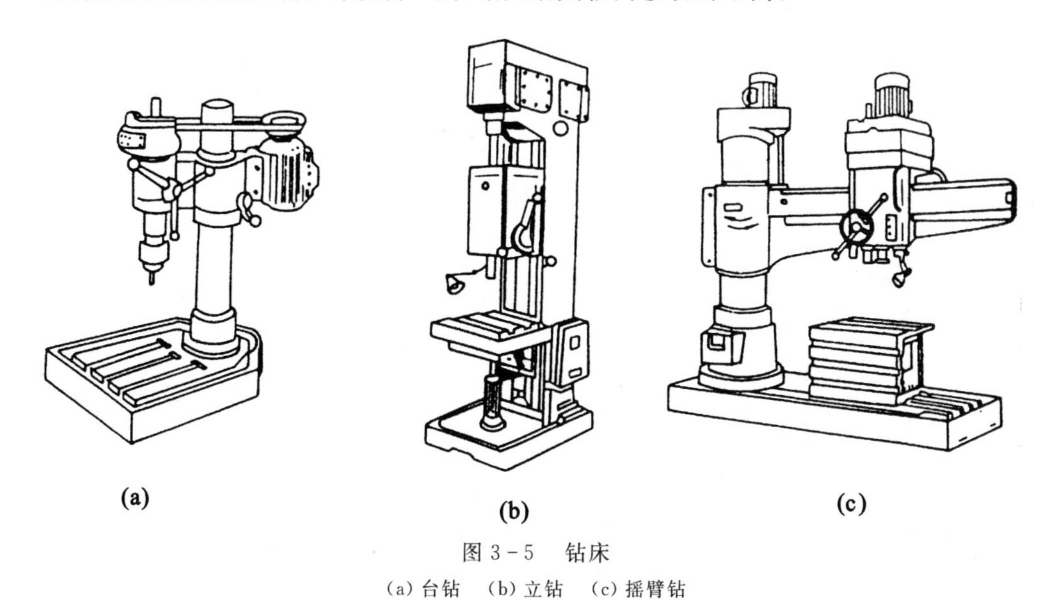

图3-5　钻床

(a) 台钻　(b) 立钻　(c) 摇臂钻

2. 钻削加工应用及其特点

在钻床上除钻孔外，还可进行扩孔、铰孔、锪孔和攻丝等工作，见表3-5。

表3-5　钻床的主要工作

钻　孔	扩　孔	铰　孔	攻　丝
锪锥孔	锪柱孔	反锪鱼眼坑	锪凸台

在台式钻床和立式钻床上，工件通常采用平口钳装夹[见图3-6(a)]，有时采用压板、螺栓装夹[见图3-6(b)]。对于圆柱形工件可采用V形铁装夹[见图3-6(c)]。在成批大量生产中，则采用专用钻模夹具来钻孔[见图3-6(d)]。大型工件在摇臂钻床上一般不需要装夹，靠工件自重即可进行加工。

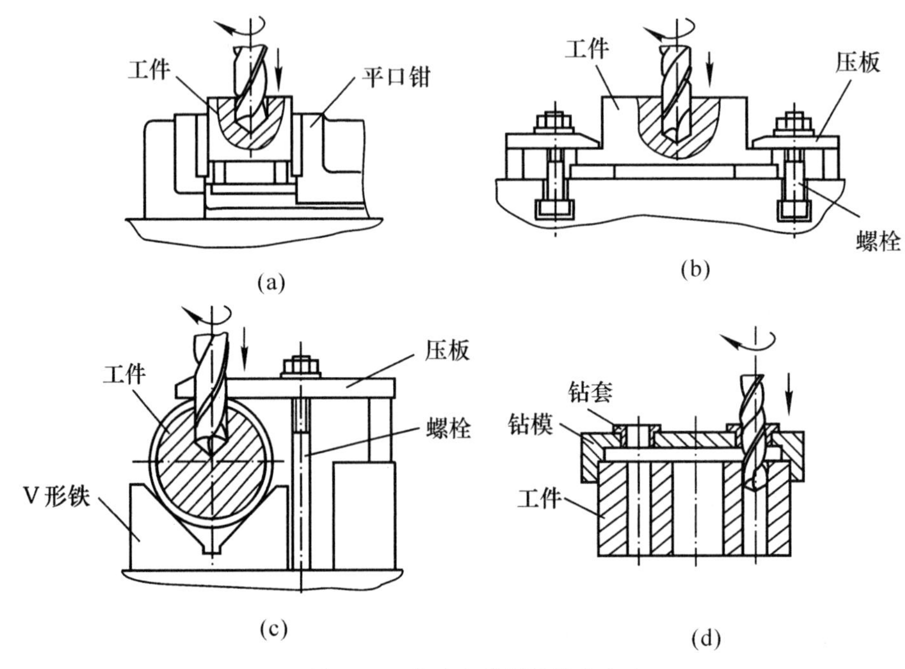

图3-6　钻床上常用的装夹方法

(1)钻孔：对于直径小于30 mm的孔，一般用麻花钻在实心材料上直接钻出。若加工质量达不到要求，则可在钻孔后再进行扩孔、铰孔或镗孔等加工。

1)钻头。钻头有扁钻、麻花钻、深孔钻等多种，其中以麻花钻应用最普遍。麻花钻结构如图3-7所示，它由工作部分和夹持部分组成。

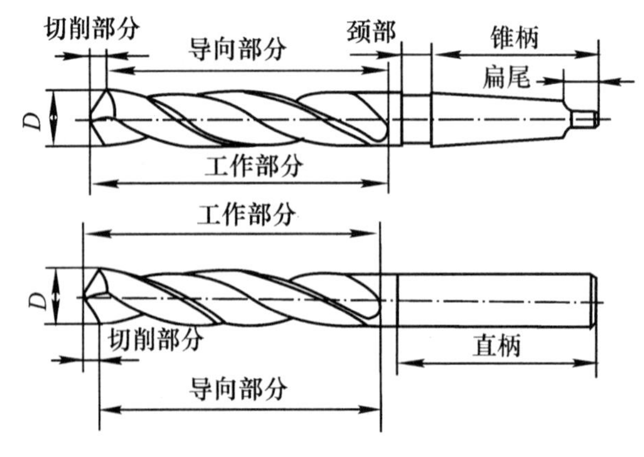

图3-7　麻花钻的结构

柄部是钻头的夹持部分，用来传递钻孔时所需要的扭矩。钻柄有直柄和锥柄两种。直柄所能传递的扭矩较小，一般用于直径小于 12 mm 的钻头；锥柄钻头的扁尾可增加所能传递的扭矩，用于直径大于 12 mm 的钻头。

钻头的工作部分包括切削部分和导向部分。

导向部分是在钻孔时起引导作用，也是切削部分的后备部分。它有两条对称的螺旋槽，用来形成切削刃及前角，并起排屑和输送切削液的作用。为了减少摩擦面积并保持钻孔的方向，在麻花钻工作部分的外螺旋面上做出两条窄的棱带（又称为刃带），其外径略带倒锥，前大后小，每 100 mm 的长度减小 0.05 ～ 0.1 mm。

麻花钻的切削部分如图 3-8 所示，有两条主切削刃、两条副切削刃和一条横刃。切屑流过的两个螺旋槽表面为前刀面，与工件切削表面（即孔底）相对的顶端两曲面为主后刀面，与工件已加工表面（即孔壁）相对的两条棱带为副后刀面。前刀面与主后刀面的交线为主切削刃，前刀面与副后刀面的交线为副切削刃，两个主后刀面的交线为横刃。对称的主切削刃和副切削刃可视为两把反向车刀。

麻花钻的几何角度主要有螺旋角 β、前角 γ_0、后角 α_0、锋角 2ϕ 和横刃斜角 ψ 等，如图 3-9 所示。

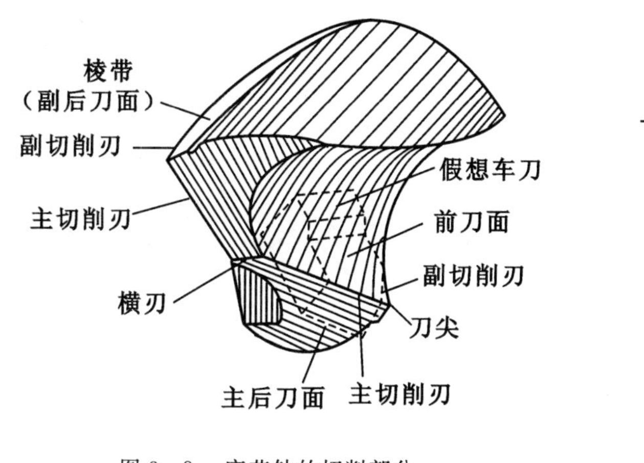

图 3-8　麻花钻的切削部分

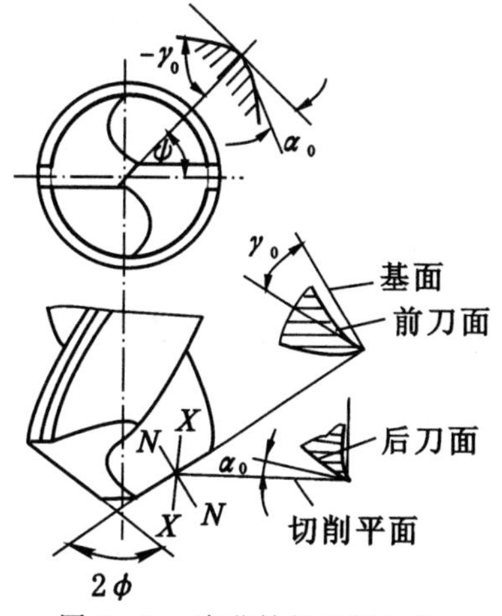

图 3-9　麻花钻的几何角度

（i）螺旋角 β 是钻头轴心线与棱带切线之间的夹角。β 愈大，切削愈容易，但钻头强度愈低。一般 $\beta = 18° \sim 30°$，直径小的取小值，反之取大值。

（ii）前角 γ_0 是在主剖面 $N—N$ 中测量的，是前刀面与基面之间的夹角。由于前刀面是螺旋面，因而沿主切削刃各点的前角是变化的，由钻头外缘向钻心方向逐渐减小。外缘处 γ_0 约为 30°，靠近横刃处前角接近 0°，甚至是负值。横刃上的 γ_0 一般为 $-50° \sim -60°$。

（iii）后角 α_0 是在轴向剖面 $X—X$ 中测量的，是过该点的主后刀面的切线与切削平面之间的夹角。切削刃上各点的 α_0 也是不同的，由钻头外缘向中心逐渐增大，外缘处 α_0 为 $8° \sim 14°$，靠近横刃处 α_0 为 $20° \sim 25°$。

（iv）锋角 2ϕ 是两条主切削刃之间的夹角，其作用相当于镗刀的主偏角。标准麻花钻 2ϕ 为 $116° \sim 120°$。

（v）横刃斜角 ψ 是横刃与主切削刃在钻头横截面上投影的夹角。其大小由后角大小决定。α_0 大，ψ 减小，横刃变长，钻削时轴向力增大；α_0 小，情况相反。横刃斜角一般为 55°。

2）钻孔的工艺特点。钻孔与车削外圆相比，加工难度要大得多。因为切削时，刀具为定尺寸刀具，而钻头工作部分大都处于加工表面的包围之中，加上麻花钻的结构及几何角度的特点，引起钻头的刚度和强度较低，容屑和排屑较差，导向和冷却润滑困难等诸多问题。其特点可概括为以下几点。

第一，钻头容易引偏。由于横刃较长又有较大负前角，使钻头很难定心；钻头比较细长，且有两条宽而深的容屑槽，使钻头刚性很差；钻头只有两条很窄的螺旋棱带与孔壁接触，导向性也很差；由于横刃的存在，钻孔时轴向抗力增大。因此，钻头在开始切削时就容易引偏，切入以后易产生弯曲变形，致使钻头偏离原轴线。

钻头的引偏将使加工后的孔出现孔轴线的歪斜、孔径扩大和孔失圆等现象。在钻床上钻孔与在车床上钻孔，钻头偏斜对孔加工精度的影响是不同的。当钻头引偏时，前者孔的轴线也发生偏斜，但孔径无显著变化，如图 3－10(a) 所示；后者孔的轴线无明显偏斜，但引起孔径变化，常使孔出现锥形或腰鼓形等缺陷，如图 3－10(b) 所示。因此，钻小孔或深孔时应尽可能在车床上进行，以减小孔轴线的偏斜。

在实际生产中常采用以下措施来减小引偏。

（i）预钻锥形定心坑，如图 3-11 所示。即预先用小锋角($2\phi=90°\sim100°$)、大直径的麻花钻钻一个锥形坑，然后再用所需的钻头钻孔。

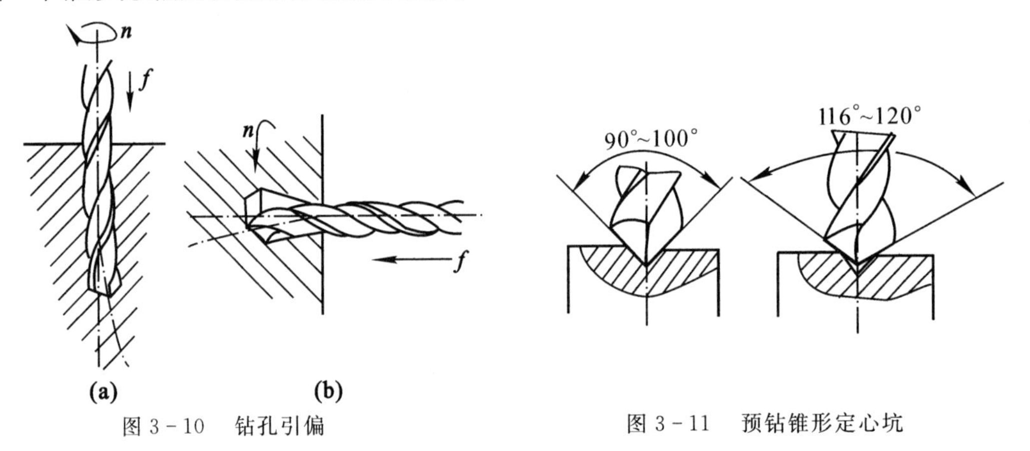

图 3－10　钻孔引偏

图 3－11　预钻锥形定心坑

（ii）采用钻套为钻头导向，如图 3-12 所示。这样可减小钻孔开始时的引偏，特别是在斜面或曲面上钻孔时更为必要。

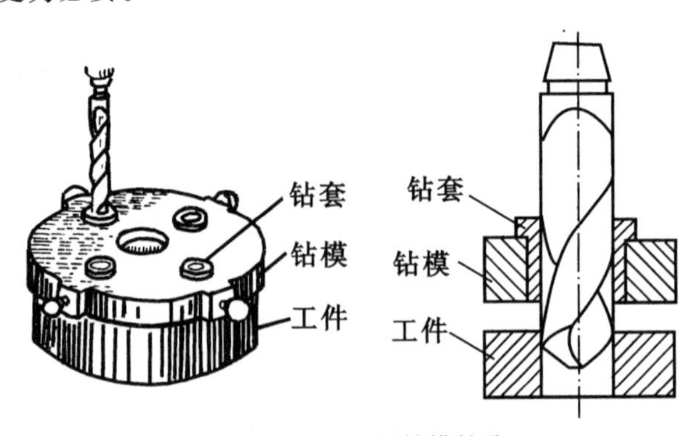

图 3－12　用钻模钻孔

(iii) 刃磨时,尽量将钻头的两个半锋角和两条主切削刃磨得完全相等,如图 3-13(a) 所示,使两个主切削刃的径向力相互抵削,从而减小钻头的引偏。否则钻出的孔径就要大于钻头直径,如图 3-13(b)(c) 所示。

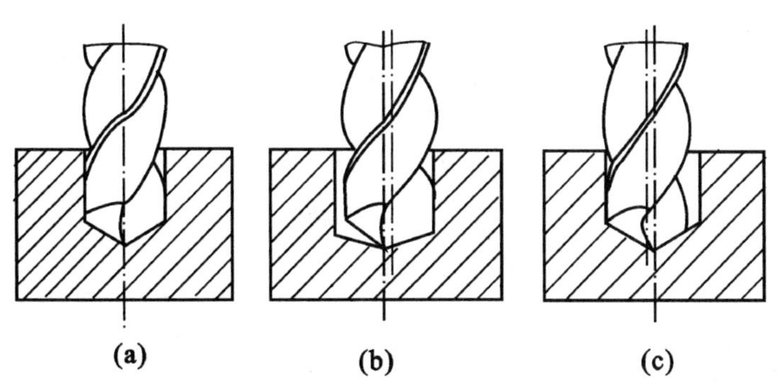

图 3-13 钻头的刃磨质量对孔径的影响

第二,排屑困难。钻孔时,由于切屑较宽,容屑尺寸又受限制,因而在排屑过程中,往往与孔壁产生很大的摩擦和挤压,拉毛和刮伤已加工表面,从而大大降低孔壁质量。为了克服这一缺点,生产中常对麻花钻进行修磨。修磨横刃[见图 3-14(a)],使横刃变短,横刃的前角值增大,从而减少横刃产生的不利影响;开磨分屑槽[见图 3-14(b)],在加工塑性材料时,能使较宽的切屑分成几条,以便顺利排屑。

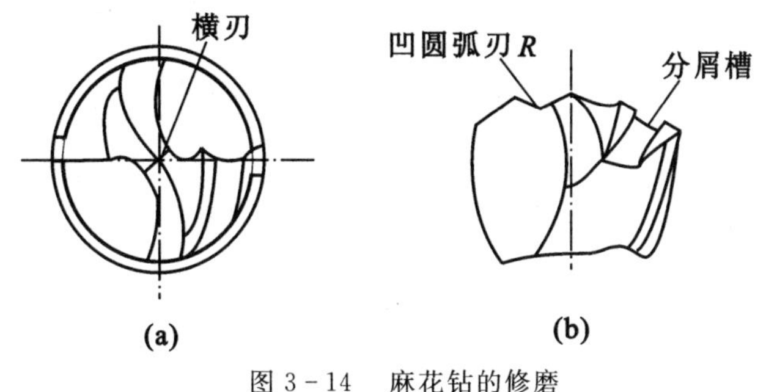

图 3-14 麻花钻的修磨

第三,切削热不易传散。由于钻削是一种半封闭式的切削,切削时所产生大量的热量,以及大量的高温切屑不能及时排出,切削液又难以注入切削区,切屑、刀具与工件之间摩擦又很大,因此,切削温度较高,致使刀具磨损加剧,从而限制了钻削的使用和生产效率的提高。

3) 钻孔的应用。钻孔是孔的一种粗加工方法。钻孔的尺寸精度可达 IT12 ~ IT11,表面粗糙度值 Ra 为 50 ~ 12.5 μm。使用钻模钻孔,其精度可达IT10。钻孔既可用于单件、小批量生产,也适用于大批量生产。

(2) 扩孔:扩孔是用扩孔钻在工件上已经钻出、铸出或锻出孔的基础上所做的进一步加工,以扩大孔径,提高孔的加工精度。

1) 扩孔钻及其特点。扩孔方法如图 3-15 所示。扩孔时的切削深度 $a_p=(D-d)/2$,比钻孔时的切削深度小得多。

扩孔钻如图 3-16 所示,其直径规格为 ϕ10 ~ ϕ80 mm。扩孔钻的结构及其切削情况与麻花钻相比,有如下特点:

（i）刚性较好。由于切削深度小，切屑少，容屑槽可做得浅而窄，使钻心部分比较粗壮，大大提高了刀体的刚度。

（ii）导向性较好。由于容屑槽较窄，可在刀体上做出 3 ～ 4 个刀齿。每个刀齿周边上有一条螺旋棱带。棱带增多，导向作用也相应增强。

（iii）切削条件较好。切削刃自外缘不必延续到中心，避免了横刃和由横刃引起的不良影响，改善了切削条件。由于切削深度小，切屑窄，因而易排屑，且不易创伤已加工表面。

（iv）轴向抗力较小。由于没有横刃，轴向抗力小，可采用较大的进给量，提高生产率。

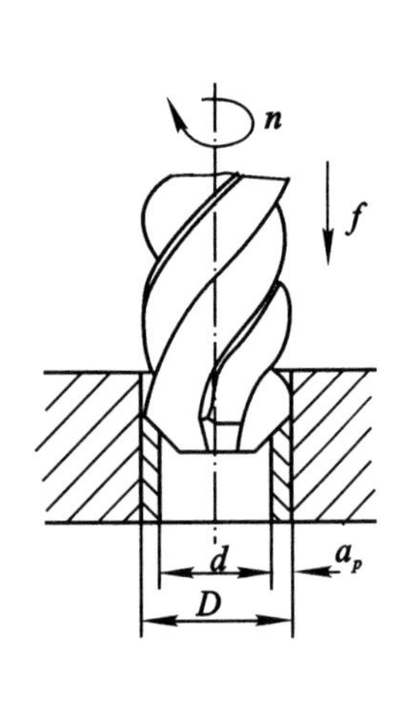

图 3－15　扩孔

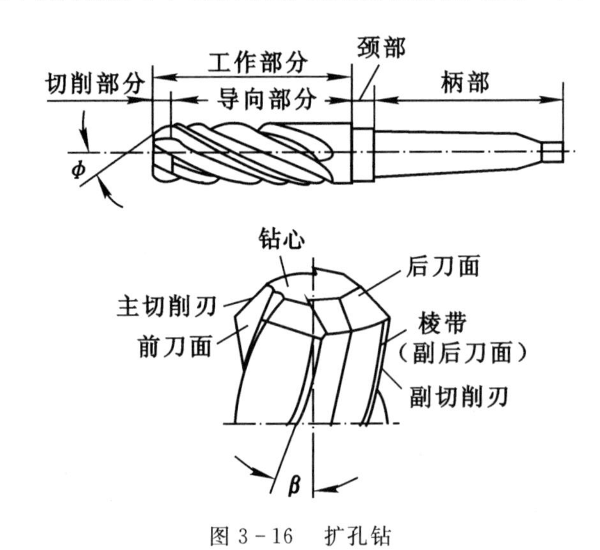

图 3－16　扩孔钻

2）扩孔的应用。由于上述原因，扩孔的加工质量比钻孔好，属于孔的一种半精加工。一般精度可达 IT10 ～ IT9，表面粗糙度 *Ra* 值为 6.3 ～ 3.2 μm。扩孔可以在一定程度上校正轴线的偏斜。扩孔常作为铰孔前的预加工。当孔的精度要求不高时，扩孔亦可作为孔的终加工。

（3）铰孔：铰孔是在半精加工（扩孔和半精镗）基础上进行的一种精加工。铰孔精度在很大程度上取决于铰刀的结构和精度。

1）铰刀及其特点。铰刀（见图 3－17）分为手铰刀和机铰刀两种。手铰刀刀刃锥角 2ϕ 很小，工作部分较长，导向作用好，可防止铰孔时歪斜，尾部为直柄。机铰刀尾部为锥柄，2ϕ 较大，靠安装铰刀的机床主轴导向，故工作部分较长。

铰孔的切削条件和铰刀的结构比扩孔更为优越，有如下特点：

（i）刚性和导向性好。铰刀的刀刃多（6 ～ 12 个），排屑槽很浅，刀心截面很大，故其刚性和导向性比扩孔钻更好。

（ii）可校准孔径和修光孔壁。铰刀本身的精度很好，而且具有修光部分。修光部分的作用是校正孔径、修光孔壁和导向。

（iii）加工质量高。铰孔的余量小（粗铰为 0.15 ～ 0.35 mm，精铰为 0.05 ～ 0.15 mm），切削速度低，切削力较小，所产生的热较少，因此，工件的受力变形较小。铰孔切削速度低，可避免积屑瘤的不利影响，因此，铰孔质量较高。

2）铰孔的应用。铰孔是应用较为普遍的孔的精加工方法之一。铰孔适用于加工精度要求较高，直径不大而又未淬火的孔。机铰的加工精度一般可达 IT8 ～ IT7，表面粗糙度值 *Ra*

为1.6～0.8 μm；手铰精度可达 IT6，表面粗糙度值 Ra 为 0.4～0.2 μm。

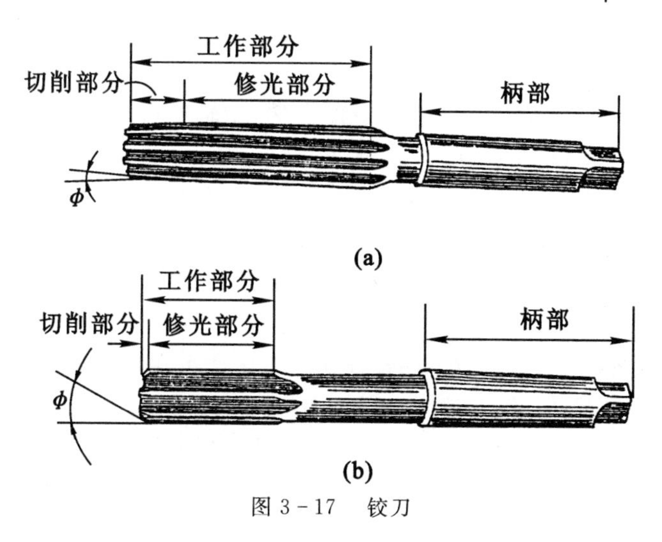

图 3-17　铰刀

对于中等尺寸以下较精密的孔，在单件、小批量乃至大批、大量生产中，钻—扩—铰是常采用的典型工艺。

钻、扩、铰只能保证孔本身的精度，而不能保证孔与孔之间的尺寸精度和位置精度，要解决这一问题，可以采用夹具（钻模）进行加工[见图 3-6(d)]。

3.2.2　镗削加工

镗孔是利用镗刀对已钻出、铸出或锻出的孔进行加工的工艺过程。对于直径较大的孔（一般 $D>80$）、内成形面或孔内环形槽等，镗孔是唯一的加工方法。

1. 镗床及镗削运动

图 3-18 为常用的卧式镗床，其主要组成部分及各部分的运动关系（图中箭头）如图所示。

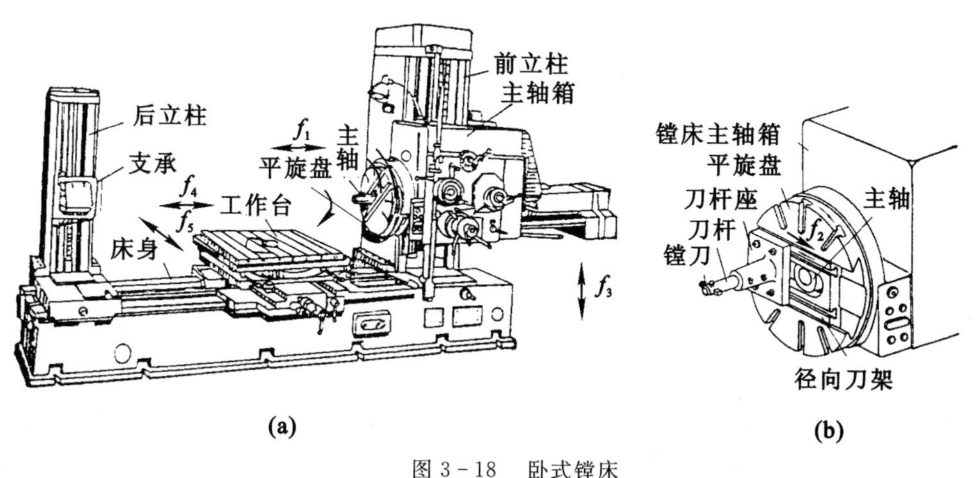

图 3-18　卧式镗床

卧式镗床主要由床身、前立柱、主轴箱、主轴、平旋盘、工作台、后立柱和尾架等组成。

(1) 主轴与平旋盘：主轴与平旋盘[见图 3-18(b)]可根据加工需要，分别由各自的传动链带动，独立地作旋转主运动。主轴可沿本身轴线移动，作轴向进给运动(f_1)。其前端的锥孔可安装镗杆或其他刀具。平旋盘装在主轴外层，其上装有径向刀架，刀具可沿导轨作径向进给运动(f_2)。

(2) 前立柱和主轴箱：前立柱固定在床身的右端，主轴箱可沿前立柱上的垂直导轨升降，实现其位置调整或使刀架作垂直进给运动(f_3)。

(3) 工作台：它装在床身的中部，由下滑座、上滑座和回转工作台3层组成。下滑座可沿床身导轨平行于主轴方向作纵向进给运动(f_4)；上滑座可沿下滑座上的横向导轨垂直于主轴方向作横向进给运动(f_5)；回转工作台还可绕上滑座的环形导轨在水平平面内回转任意角度。

(4) 后立柱和尾架：后立柱上安装尾架，其作用是支承长镗刀杆，增加镗刀杆刚度。后立柱可沿床身导轨作水平移动，以适应不同镗杆长度。尾架可在后立柱的垂直导轨上与主轴箱同时升降，以便与主轴镗杆同轴，并镗削不同高度的孔。

此外，为了加工孔距精度要求较高的各个孔，卧式镗床的主轴箱和工作台的移动部分都有精密刻度尺和准确的读数装置。

2. 镗刀

在镗床上常用的镗刀有单刃镗刀和多刃镗刀两种。

(1) 单刃镗刀：它是把镗刀头垂直或倾斜安装在镗刀杆上，如图 3-19 所示。镗刀头垂直安装的可镗通孔，倾斜安装的可镗盲孔。单刃镗刀适应性强，灵活性较大，可以较正原有孔的轴线歪斜或位置偏差，但其生产率较低，这种镗刀多用于单件、小批量生产。

(2) 多刃镗刀：它是在刀体上安装两个以上的镗刀片(常用 4 个)，以提高生产率。其中一种多刃镗刀为可调浮动镗刀片，如图 3-20 所示。这种刀片不是固定在镗刀杆上，而是插在镗杆的方槽中，可沿径向自由浮动，依靠两个刀刃上径向切削力的平衡自动定心，因此，可消除镗刀片在镗刀杆上安装误差所引起的不良影响。调节刀片尺寸时，先拆开螺钉 1，再旋螺钉 2，将刀齿的径向尺寸调好后，拧紧螺钉 1，把刀齿固定即可。浮动镗削实质上是一种铰削，它不能校正原孔轴线的偏斜，主要用于大批量生产、精加工箱体类零件上直径较大的孔。

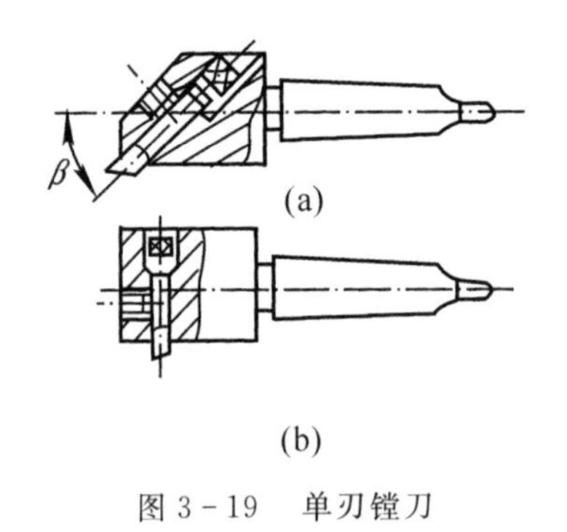

图 3-19　单刃镗刀

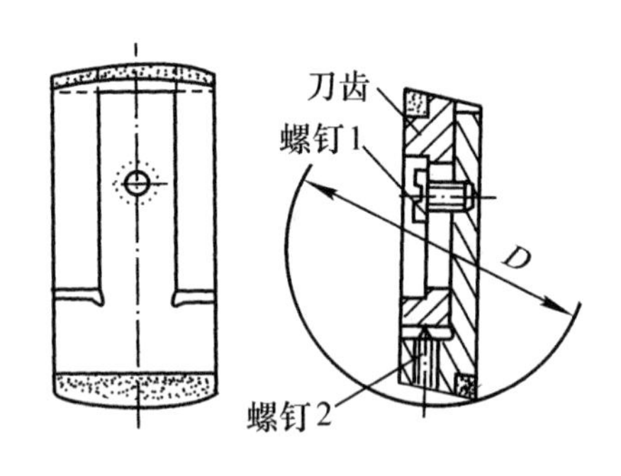

图 3-20　浮动镗刀

3. 卧式镗床的主要工作

(1) 镗孔：镗床镗孔的方式如图 3-21 所示。按其进给形式可分为主轴进给和工作台进给两种方式。

主轴进给方式如图 3-21(a) 所示。在工作过程中，随着主轴的进给，主轴的悬伸长度是变化的，刚度也是变化的，易使孔产生锥度误差。另外，随着主轴悬伸长度的增加，其自重所引起的弯曲变形增大,使镗出孔的轴线弯曲。因此,这种方式只适宜镗削长度较短的孔。

工作台进给方式如图3-21(b)～(d)所示。图3-21(b)是悬臂式的,用来镗削较短的孔;图3-21(c)是多支承式的,用来镗削箱体两壁相距较远的同轴孔系;图3-21(d)是用平旋盘镗大孔。

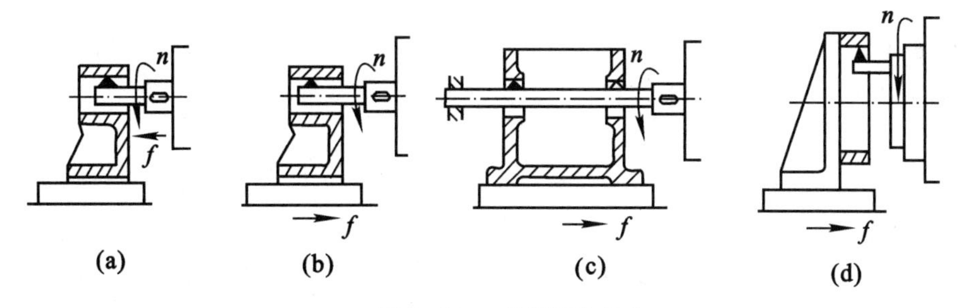

图3-21 镗床镗孔方式

镗床上镗削箱体上同轴孔系、平行孔系和垂直孔系的方法通常有坐标法和镗模法两种。图3-22是用镗模法镗削箱体孔系的情况。

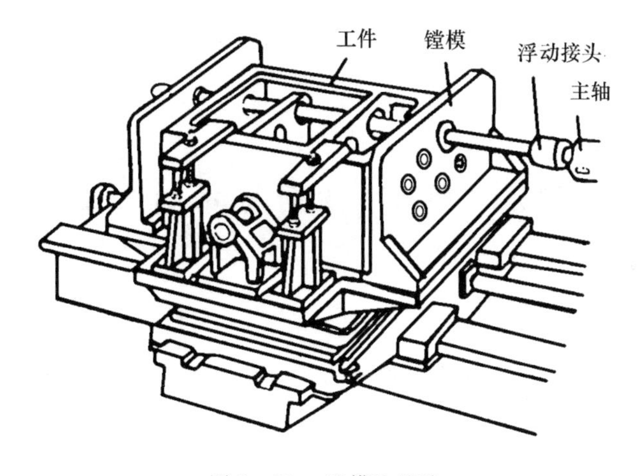

图3-22 镗模法镗孔

(2) 镗床其他工作:在镗床上不仅可以镗孔,还可以进行钻孔、扩孔、铰孔、铣平面、车外圆、车端面、切槽及车螺纹等工作,其加工方式如图3-23所示。

4.镗削的工艺特点及应用

(1) 镗床是加工机座、箱体、支架等外形复杂的大型零件的主要设备:在一些箱体上往往有一系列孔径较大、精度较高的孔,这些孔在一般机床上加工很困难,但在镗床上加工却很容易,并可方便地保证孔与孔之间、孔与基准平面之间的位置精度和尺寸精度要求。

(2) 加工范围广泛:镗床是一种万能性强、功能多的通用机床,既可加工单个孔,又可加工孔系;既可加工小直径的孔,又可加工大直径的孔;既可加工通孔,又可加工台阶孔及内环形槽。除此之外,还可进行部分铣削和车削工作。

(3) 能获得较高的精度和较低的粗糙度:普通镗床镗孔的尺寸公差等级可达IT8～IT7,表面粗糙度 Ra 值可达1.6～0.8 μm。若采用金刚镗床(因采用金刚石镗刀而得名)或坐标镗床(一种精密镗床),可获得更高的精度和更低的表面粗糙度。

(4) 生产率较低:机床和刀具调整复杂,操作技术要求较高,在单件、小批量生产中使用镗模生产率较低。在大批、大量生产中则须使用镗模(见图 3-22),以提高生产率。

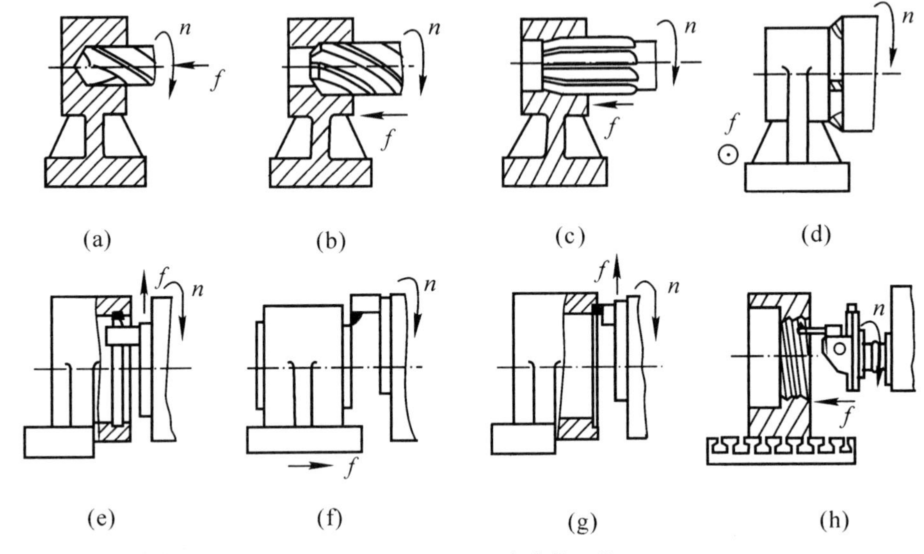

图 3-23 镗床其他工作

(a) 钻孔 (b) 扩孔 (c) 铰孔 (d) 铣平面 (e) 镗内槽 (f) 车外圆 (g) 车端面 (h) 加工螺纹

3.3 刨削、插削与拉削加工

3.3.1 刨削加工

刨削加工是在刨床上用刨刀加工工件的工艺过程。刨削是平面加工的主要方法之一。

1. 刨床及刨削运动

刨削加工可在牛头刨床(见图 3-24)或龙门刨床(见图 3-25)上进行。

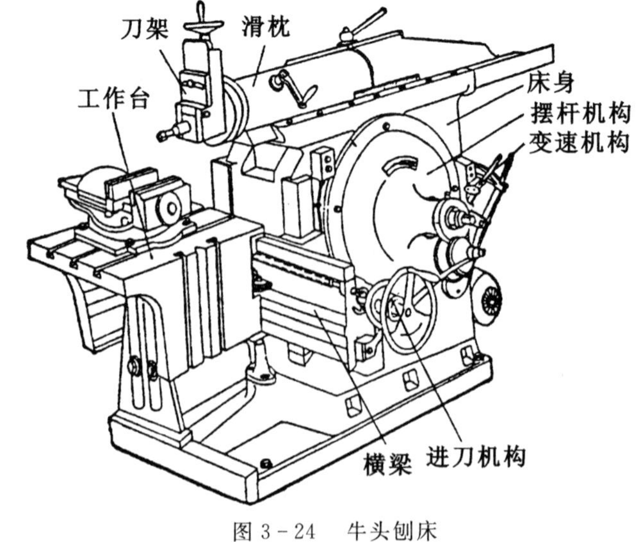

图 3-24 牛头刨床

在牛头刨床上加工时，刨刀的纵向往复直线运动为主运动，工件随工作台作横向间歇进给运动。其最大的刨削长度一般不超过 1 000 mm，因此，它适合于加工中、小型工件。

在龙门刨床上加工时，工件随工作台的往复直线运动为主运动，刀架沿横梁或立柱作间歇的进给运动。由于其刚性好，而且有 2 ～ 4 个刀架可同时工作，因此，它主要用来加工大型工件或同时加工多个中、小型工件。其加工精度和生产率均比牛头刨床高。

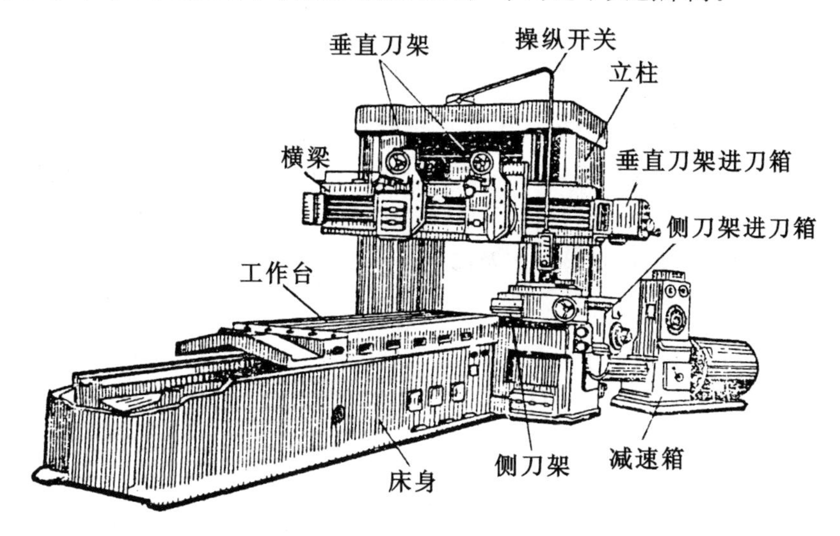

图 3 - 25　龙门刨床

2. 刨床的主要工作

刨削主要用来加工平面（水平面、垂直面及斜面），也广泛用于加工沟槽（如直角槽、V 形槽、T 形槽、燕尾槽），如果进行适当的调整或增加某些附件，还可以加工齿条、齿轮、花键和母线为直线的成形面等。刨床的主要工作见表 3 - 6，表图中的切削运动是按牛头刨床加工标注的。

表 3 - 6　刨床的主要工作

刨平面	刨垂直面	刨斜面	刨燕尾槽
刨 T 形槽	刨直槽	刨成形面	刨 V 形槽

3. 刨削的工艺特点及应用

(1) 机床与刀具简单,通用性好:刨床结构简单,调整、操作方便;刨刀制造和刃磨容易,加工费用低;刨床能加工各种平面、沟槽和成形表面。

(2) 刨削精度低:由于刨削为直线往复运动,切入、切出时有较大的冲击振动,影响了加工表面质量。刨平面时,两平面的尺寸精度一般为 IT9 ~ IT8,表面粗糙度值 Ra 为 6.3 ~ 1.6 μm。在龙门刨床上用宽刃刨刀,以很低的切削速度精刨时,可以提高刨削加工质量,表面粗糙度值 Ra 达 0.8 ~ 0.4 μm。

(3) 生产率较低:因为刨刀为单刃刀具,刨削时有空行程,且每往复行程伴有两次冲击,从而限制了刨削速度的提高,使刨削生产率较低。但在刨削狭长平面或在龙门刨床上进行多件、多刀切削时,则有较高的生产率。

因此,刨削多用于单件、小批量生产及修配工作中。

3.3.2 插削加工

插削加工在插床上进行,插床可看作是"立式牛头刨床",如图 3-26 所示。滑枕带动插刀作上、下直线往复运动为主运动,工件装夹在工作台上,工作台可以实现纵向、横向和圆周的进给运动。

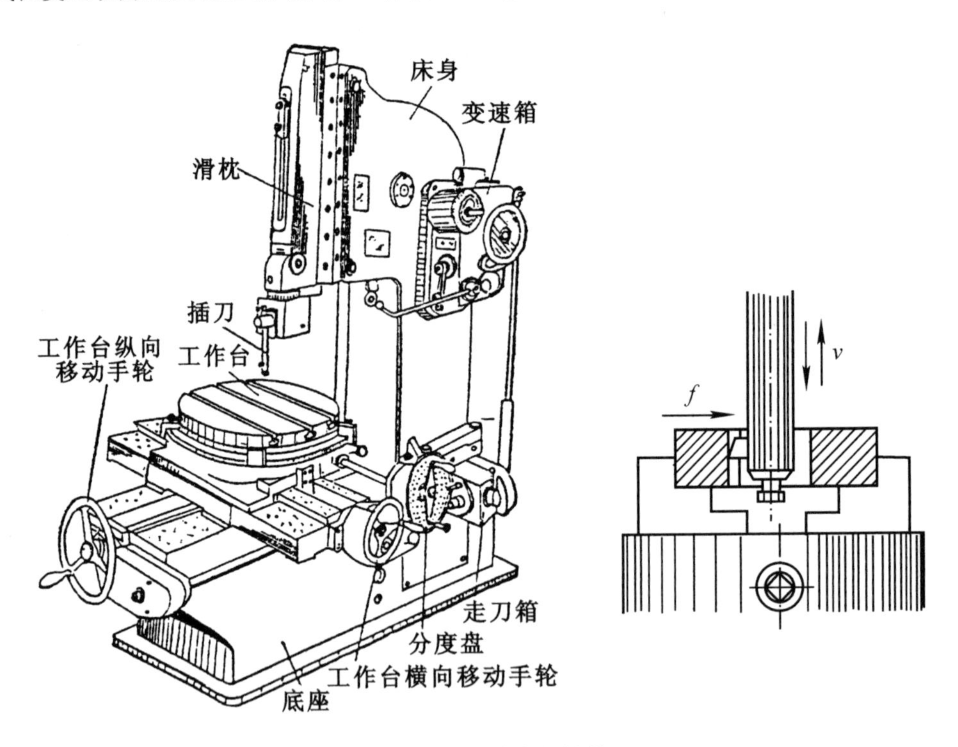

图 3-26 插床与插键槽

插削主要用在单件、小批量生产中插削某些内表面,如方孔、长方孔、各种多边形孔及孔内键槽等,也可以加工某些零件上的外表面,如图 3-27 所示。

插削由于刀杆刚性差,如果前角 γ_0 过大,容易产生"扎刀"现象;如果 γ_0 过小,又容易产生"让刀"现象。因此,加工精度较刨削差。

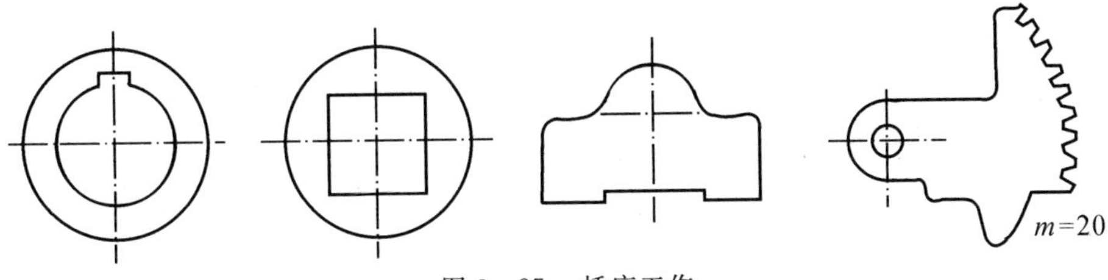

图 3-27　插床工作

3.3.3　拉削加工

拉削加工是在拉床上用拉刀加工工件的工艺过程，它是一种高生产率和高精度的加工方法。

1. 拉床与拉刀

图 3-28 为卧式拉床示意图。在床身内装有液压驱动系统，活塞拉杆的右端装有随动支架和刀架，分别用以支承和夹持拉刀。拉刀左端穿过工件预加工孔后夹在刀架上，工件贴靠在床身的支撑上。当活塞拉杆向左作直线移动时，即带动拉刀完成工件加工。

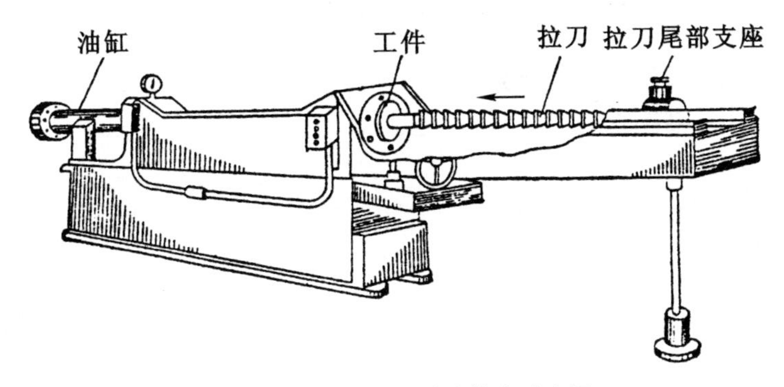

图 3-28　卧式拉床示意图

拉削时，只有主运动，即拉刀的直线移动，而无进给运动。进给运动是由后一个刀齿较前一个刀齿递增一个齿升量 a_f 的拉刀完成的。在工件上，如果要切去一定的加工余量，当采用刨或插削时，刨、插刀要多次走刀才能完成。而用拉削加工，每个刀齿切去一薄层金属，只须一次行程即可完成。所以，拉削可看做是按高低顺序排列的多把刨刀进行的刨削，如图 3-29 所示。

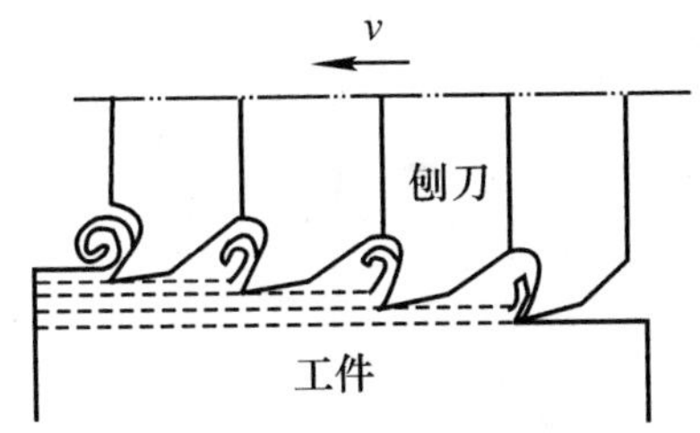

图 3-29　多刃刨刀刨削示意图

拉刀是一种多刃专用刀具，一把拉刀只能加工一种形状和尺寸规格的表面。各种拉刀的形状、尺寸虽然不同，但它们的组成部分大体一致。图 3-30 为圆孔拉刀的组成。

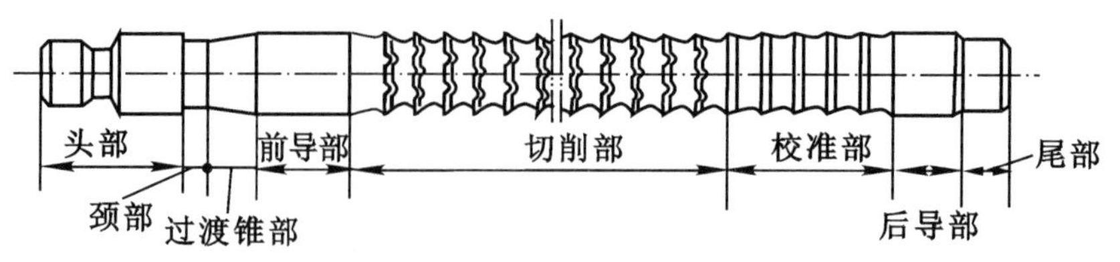

图 3-30 圆孔拉刀

拉刀切削部分是拉刀的主要部分，担负着切削工作，包括粗切齿和精切齿两部分。其刀齿的几何形状如图 3-31 所示。图中 1 和 2 为切削齿，3 为校准齿。切削齿相邻两齿的齿升量 a_f 一般为 0.02～0.1 mm，其齿升量向后逐渐减小，校准齿无齿升量。为了改善切削齿的工作条件，在拉刀切削齿上开有分屑槽，以便将宽的切屑分割成窄的切屑。

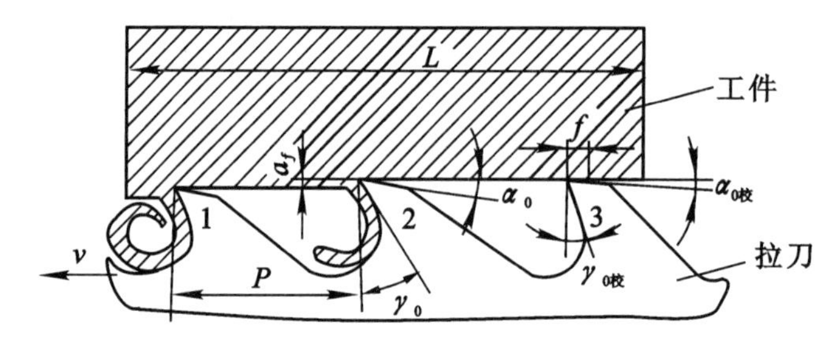

图 3-31 拉刀刀齿几何形状示意图

2. 拉削方法

图 3-32 为拉圆孔的示意图。拉削的孔径一般为 10～100 mm，孔的深径比一般不超过 5。被拉削的圆孔不需要精确的预加工，钻孔或粗镗后即可拉削。拉孔时工件一般不夹紧，只以工件端面为支撑面。因此，被拉削孔的轴线与端面之间应有一定的垂直度要求。当孔的轴线与端面不垂直时，应将端面贴紧在一个球面垫圈上，这样，在拉削力的作用下，工件连同球面垫圈一起略有转动，可把工件孔的轴线自动调节到与拉刀轴线一致的方向。

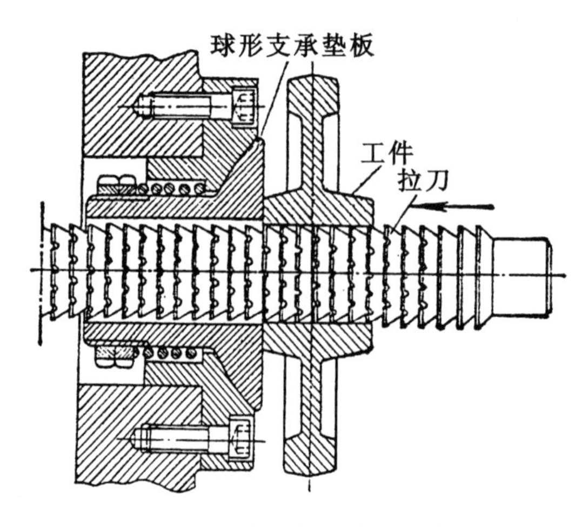

图 3-32 拉圆孔的方法

图3-33为拉键槽示意图。拉削时，导向心轴的A端安装工件，B端插入拉床的支撑中，拉刀穿过工件圆柱孔及心轴上的导向槽作直线移动，拉刀底部的垫片用以调节工件键槽的深度以及补偿拉刀重磨后齿高的减少量。

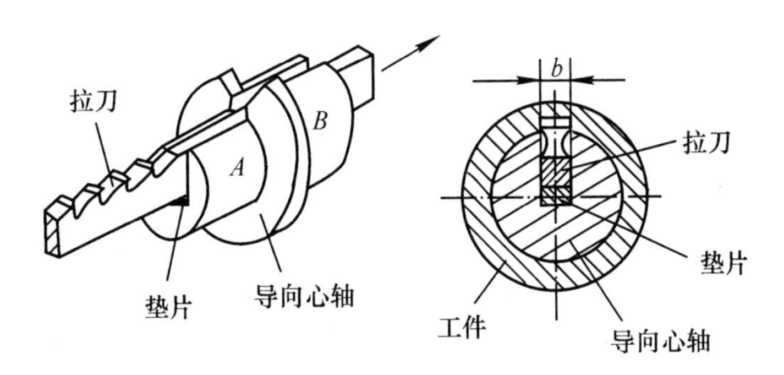

图3-33　拉键槽的方法

3.拉削的工艺特点及应用

(1) 应用范围广：在拉床上可以加工各种形状的通孔。此外，在大批量生产中此工艺还广泛用于拉削平面、半圆弧面和某些组合表面，如图3-34所示。

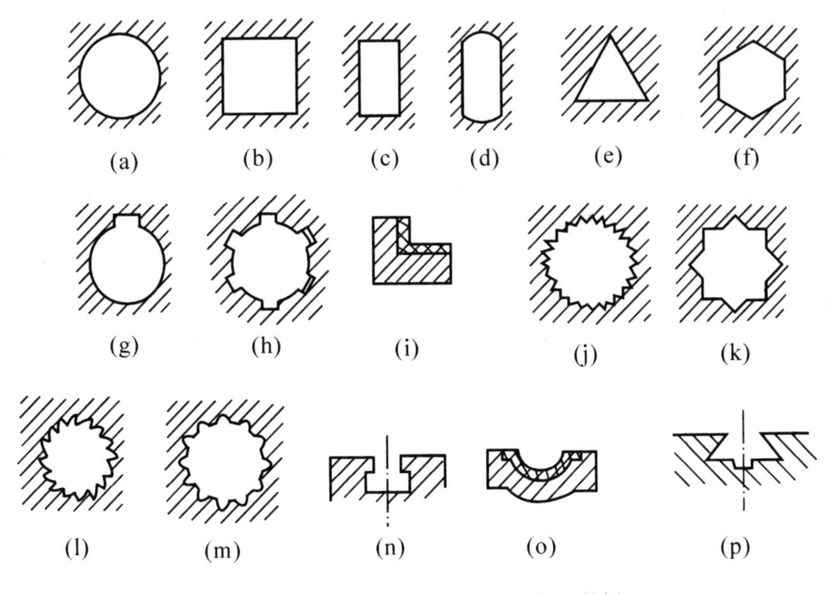

图3-34　拉削加工的各种表面举例

(2) 加工精度高：拉刀是一种定形刀具，在一次拉削过程中，可完成粗切、半精切、精切、校准和修光等工作。拉床采用液压传动，传动平稳，切削速度低，不产生积屑瘤，因此，可获得较高的加工质量。拉削的加工精度一般可达IT9～IT7，表面粗糙度值Ra可达1.6～0.4 μm。

(3) 生产率高：拉刀是多刃刀具，一次行程能切除加工表面的全部余量，因此，生产率很高。尤其是加工形状特殊的内外表面时，效果更显著。

(4) 拉床结构简单：拉削只有一个主运动，即拉刀的直线运动，故拉床的结构简单，操作方便。

(5) 拉刀寿命长：由于拉削时切削速度低，冷却润滑条件好，因此，刀具磨损慢，刃磨一次，可以加工数以千计的工件，一把拉刀又可以重复修磨，故拉刀的寿命较长。

但由于一把拉刀只能加工一种形状和尺寸的表面，且制造复杂、成本高，故拉削加工只用于大批、大量生产中。

3.4 铣 削 加 工

铣削加工是在铣床上利用铣刀对工件进行切削加工的工艺过程。铣削是平面加工的主要方法之一。

铣削可以在卧式铣床(见图 3-35)、立式铣床(见图 3-36)、龙门铣床、工具铣床以及各种专用铣床上进行。对于单件、小批量生产中的中、小型零件，卧式铣床和立式铣床最为常用。前者的主轴与工作台台面平行，后者的主轴与工作台台面垂直，它们的基本部件大致相同。龙门铣床的结构与龙门刨床相似，其生产率较高，广泛应用于批量生产的大型工件，也可同时加工多个中、小型工件。

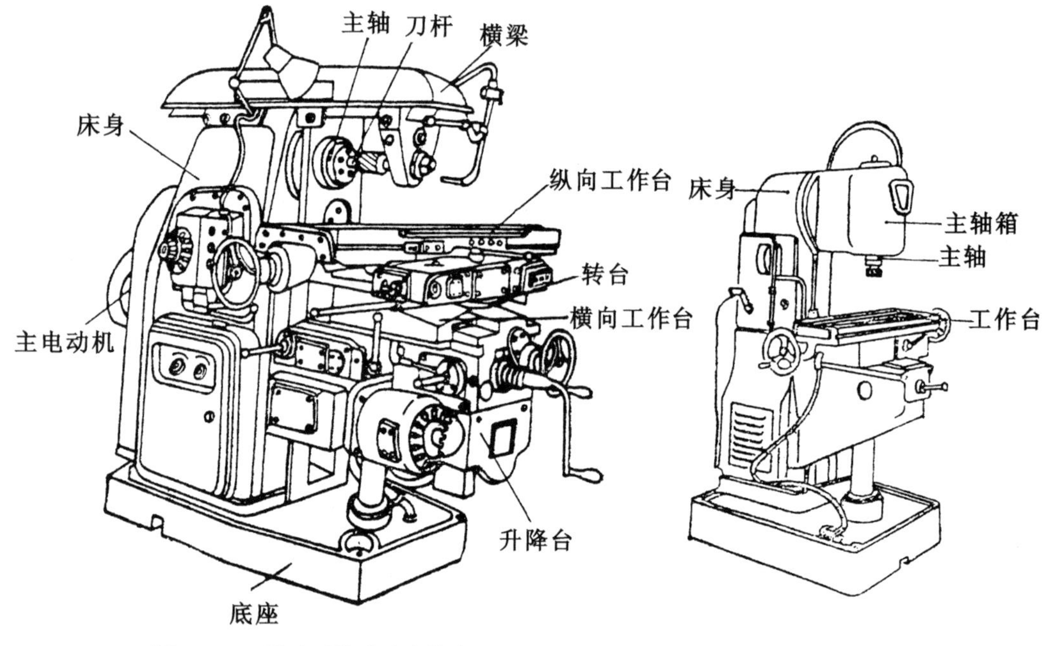

图 3-35　卧式万能升降台铣床　　图 3-36　立式铣床

铣削时，铣刀作旋转的主运动，工件由工作台带动作纵向或横向或垂直进给运动。

3.4.1 铣削过程

1. 铣削要素

铣削要素包括铣削速度、进给量、铣削深度、切削厚度、切削宽度和切削面积(见图 3-37)。

(1) 铣削速度 v：它是指铣刀最大直径处切削刃的圆周速度。即

$$v=\frac{\pi Dn}{1\,000\times 60}$$

式中 D—— 铣刀外径(mm);

n —— 铣刀每分钟转数(r/min)。

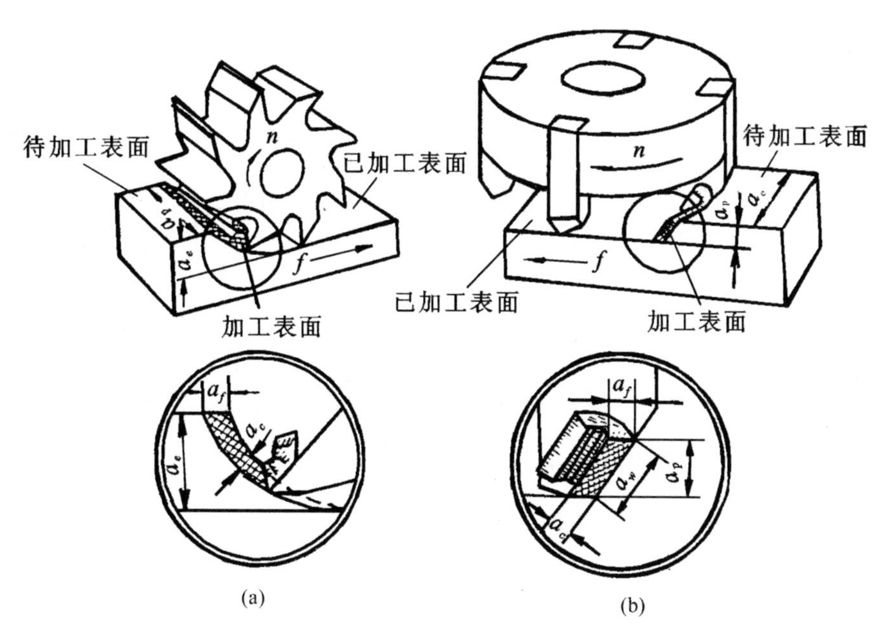

图 3-37 铣削要素

(2) 进给量 f:表示进给运动的速度,一般有三种表示方法。

每齿进给量 f_z:铣刀每转过一齿,工件沿进给方向所移动的距离(mm/齿);

每转进给量 f_r:铣刀每转过一转,工件沿进给方向所移动的距离(mm/r);

每分钟进给量 f_m:铣刀旋转 1 min,工件沿进给方向所移动的距离(mm/min)。

三者之间的关系如下:

$$f_m = f_r n = f_z z n \quad (\text{mm/min})$$

式中 z—— 铣刀刀齿数;

n—— 铣刀每分钟转数(r/min)。

(3) 铣削深度 a_p 和铣削宽度 a_e:铣削深度 a_p 指平行于铣刀轴线方向测量的切削层尺寸。铣削宽度 a_e 指垂直于铣刀轴线方向测量的切削层尺寸。

(4) 切削宽度 a_w:指铣刀主切削刃与工件的接触长度,即铣刀主切削刃参加工作的长度。

(5) 切削厚度 a_c:指铣刀相邻两刀齿主刀刃运动轨迹(即切削表面)间的垂直距离,在铣削过程中,a_c 是变化的。

(6) 切削面积 A_c:其大小等于平均切削厚度与切削宽度的乘积。铣削时,铣刀有几个齿同时参加切削,故铣削时的切削面积应为各刀齿切削面积的总和(见图 3-38)。

在铣削过程中,由于切削厚度 a_c 是变化的,切削宽度 a_w 有时也是变化的,因而切削面积 A_c 也是变化的。其结果势必引起铣削力的变化,使铣刀的负荷不均匀,在工作中易引起振动。若用螺旋齿圆柱铣刀代替直齿圆柱铣刀(见图 3-38),加工时,几个刀齿同时参加切削,切削厚度及切削宽度均为变值,大大减小了切削总面积的变化,从而可减小切削力的变化,造成较均衡的切削条件。

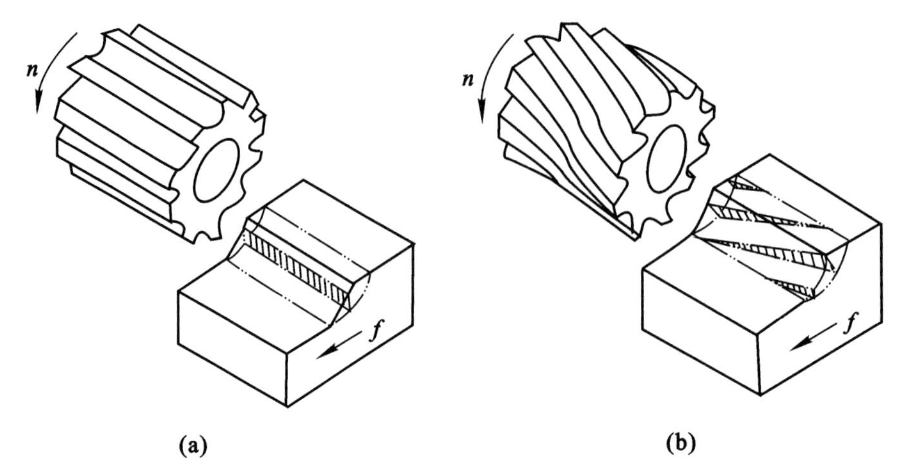

图 3-38　螺旋齿和直齿圆柱铣刀的切削层形式

2. 铣削力

铣削时的总切削力 F_r 可分解为 3 个分力，即切向分力 F_z，径向分力 F_y 及轴向分力 F_x，如图 3-39 所示。F_z 是作用在铣刀外圆切线方向的分力，可用来大致计算消耗在铣削上的功率；F_x 是作用在铣床主轴上的轴向力，可用来估算主轴轴向受力大小；F_y 是作用在主轴上的径向力。F_y 与 F_z 的合力 F 作用在铣刀刀轴上，使刀轴产生弯曲变形，影响加工精度。

为了研究铣削力对铣削过程的影响，通常将 F 分解为水平分力 F_H 和垂直分力 F_V（见图 3-39）。F_H 与进给方向相反，从而使进给丝杠螺母不会因间隙而产生窜动，F_V 方向向上，它有把固定在工作台上的工件连同工作台一起抬起的趋势。

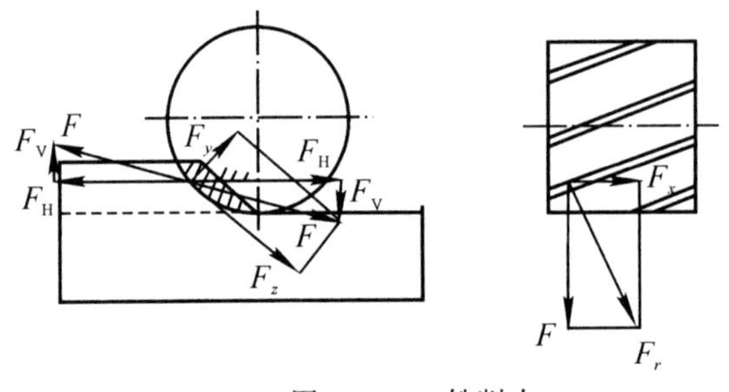

图 3-39　铣削力

铣削力主要有以下几个特点。

(1) 由于铣削厚度 a_c 是不断变化的，故铣削力的大小也是不断变化的。

(2) 参加切削的刀齿数目也是变化的。在图 3-40 中，当铣刀处于图 3-40(a) 位置时，刀齿 1,2,3 都参加切削，而当铣刀旋转到图 3-40(b) 位置时，刀齿 1 切离工件，此时切削力突然下降。

(3) 铣削力的方向和作用点是变化的。在图 3-40 中，当铣刀处于图 3-40(a) 位置时，3 个刀齿同时切削，合力 F 的作用点在 A 点，切至图 3-40(b) 位置时，刀齿 1 切离工件，合力作用点移至 B 点，合力的方向也改变了。

铣削力时刻变化容易引起振动，影响加工质量，对铣削加工十分不利。

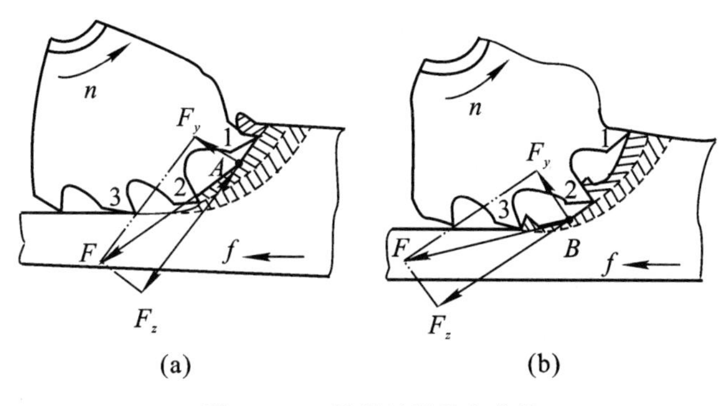

图3-40　铣削过程受力分析

3.铣削方式

铣平面可以用端铣，也可以用周铣。用周铣铣平面又有逆铣与顺铣之分。在选择铣削方法时，应根据具体的加工条件和要求，选择适当的铣削方式，以便保证加工质量和提高生产率。

(1) 端铣与周铣：利用铣刀端部齿切削的称为端铣[见图3-37(b)]；利用铣刀圆周齿切削的称为周铣[见图3-37(a)]。端铣与周铣比较具有下列特点。

1) 端铣的生产率高于周铣。端铣用的端铣刀大多数镶有硬质合金刀头，且刚性较好，可采用大的铣削用量。而周铣用的圆柱铣刀多用高速钢制成，其刀轴的刚性又较差，使铣削用量，尤其是铣削速度受到很大的限制。

2) 端铣的加工质量比周铣好。端铣时可利用副切削刃对已加工表面进行修光，只要选取合适的副偏角，就可减少残留面积，减小表面粗糙度。而周铣时只有圆周刃切削，已加工表面实际上由许多圆弧组成，表面粗糙度较大。

3) 周铣的适应性比端铣好。周铣能用多种铣刀铣削平面、沟槽、齿形和成形面等，适应性较强。而端铣只适宜端铣刀或立铣刀端刃切削的情况，只能加工平面。

综上所述，端铣的加工质量好，在大平面的铣削中目前大都采用端铣；周铣的适应性较强，多用于小平面，各种沟槽和成形面的铣削。

(2) 逆铣与顺铣：当铣刀和工件接触部分的旋转方向与工件的进给方向相反时称为逆铣[见图3-41(a)]；当铣刀和工件接触部分的旋转方向与工件的进给方向相同时称为顺铣[见图3-41(b)]。

逆铣与顺铣比较具有下列特点。

1) 逆铣时，铣削厚度从零到最大。刀刃在开始时不能立刻切入工件，而要在工件已加工表面上滑行一小段距离，使刀具磨损加剧，工件表面冷硬程度加重，加工表面质量下降。顺铣时，铣削厚度从最大到零。不存在逆铣时的滑行现象，刀具磨损小，工件表面冷硬程度较轻。在刀具耐用度相同的情况下，顺铣可提高铣削速度30%左右，可获得高的生产率。

2) 逆铣时，工件所受的垂直分力 F_V 方向向上，对工件起上抬作用，不利于压紧工件，还会引起振动。顺铣时，铣刀作用在工件上的垂直分力 F_V 方向向下，有助于压紧工件，铣削比较平稳，可提高加工表面质量。

3) 顺铣时，忽大忽小的水平分力 F_H 的方向与工作台的进给方向相同，而工作台进给丝杠与固定螺母之间一般都存在间隙(见图3-41)。因此，当水平分力 F_H 值较小时，丝杠与螺母之间的间隙位于右侧，而当水平分力 F_H 值足够大时，就会将工作台连同丝杠一起向右拖动，使丝杠与螺母之间的间隙位于左侧。这样在加工过程中，水平分力 F_H 的大小变化会使工作台忽左忽右来回窜动，造成切削过程的不平稳，引起啃刀、打刀甚至损坏机床。逆铣时，水平分力 F_H 与进给方向相反，因此，工作台进给丝杠与螺母之间在切削过程中总是保持紧密接触，不会因为间隙的存在而使工作台左右窜动。

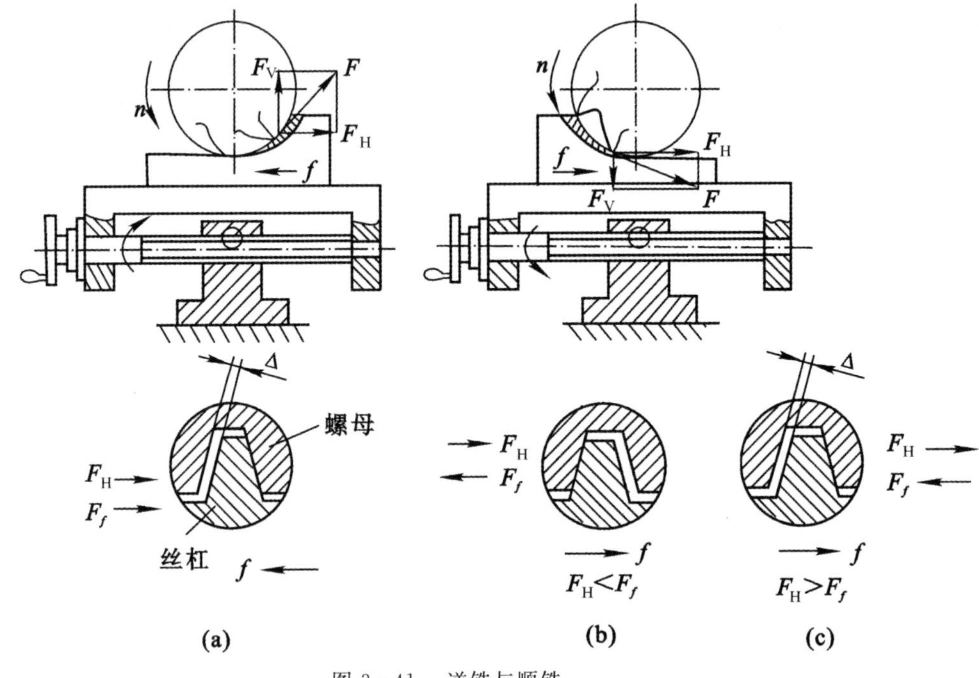

图 3-41　逆铣与顺铣

综上所述，顺铣有利于提高刀具耐用度和工件夹持的稳定性，从而可提高工件的加工质量，故当加工无硬皮的工件，且铣床工作台的进给丝杆和螺母具有间隙消除装置时，采用顺铣为好。反之，如果铣床没有上述间隙消除装置，则在加工铸、锻件毛坯面时，采用逆铣为妥。

3.4.2　铣削加工的工艺特点及应用

1. 铣削的工艺特点

(1) 生产率较高：铣刀是典型的多齿刀具，铣削时有几个刀齿同时参加工作，并可利用硬质合金镶片铣刀，有利于采用高速铣削，且切削运动是连续的，因此，与刨削加工相比，铣削加工的生产率较高。

(2) 刀齿散热条件较好：铣刀刀齿在切离工件的一段时间内可得到一定程度的冷却，有利于刀齿的散热。但由于刀齿的间断切削，使每个刀齿在切入及切出工件时，不但受到冲击力的作用，而且受到热冲击，这将加剧刀具的磨损。

(3) 铣削时容易产生振动：铣刀刀齿在切入和切出工件时易产生冲击，并将引起同时参加工作的刀齿数目的变化，即使对每个刀齿而言，在铣削过程中的铣削厚度也是不断变化的，因此使铣削过程不够平稳，影响了加工质量。与刨削加工相比，除宽刀细刨外，铣削的加工质量与刨削大致相当，一般经粗加工、精加工后都可达到中等精度。

由于上述特点，铣削既适用于单件、小批量生产，也适用于大批、大量生产；而刨削多用于单件、小批量生产及修配工作中。

2. 铣削加工的应用

铣床的种类、铣刀的类型和铣削的形式均较多，加之分度头、圆形工作台等附件的应用，铣削加工的应用范围较广，如图 3－42 所示。

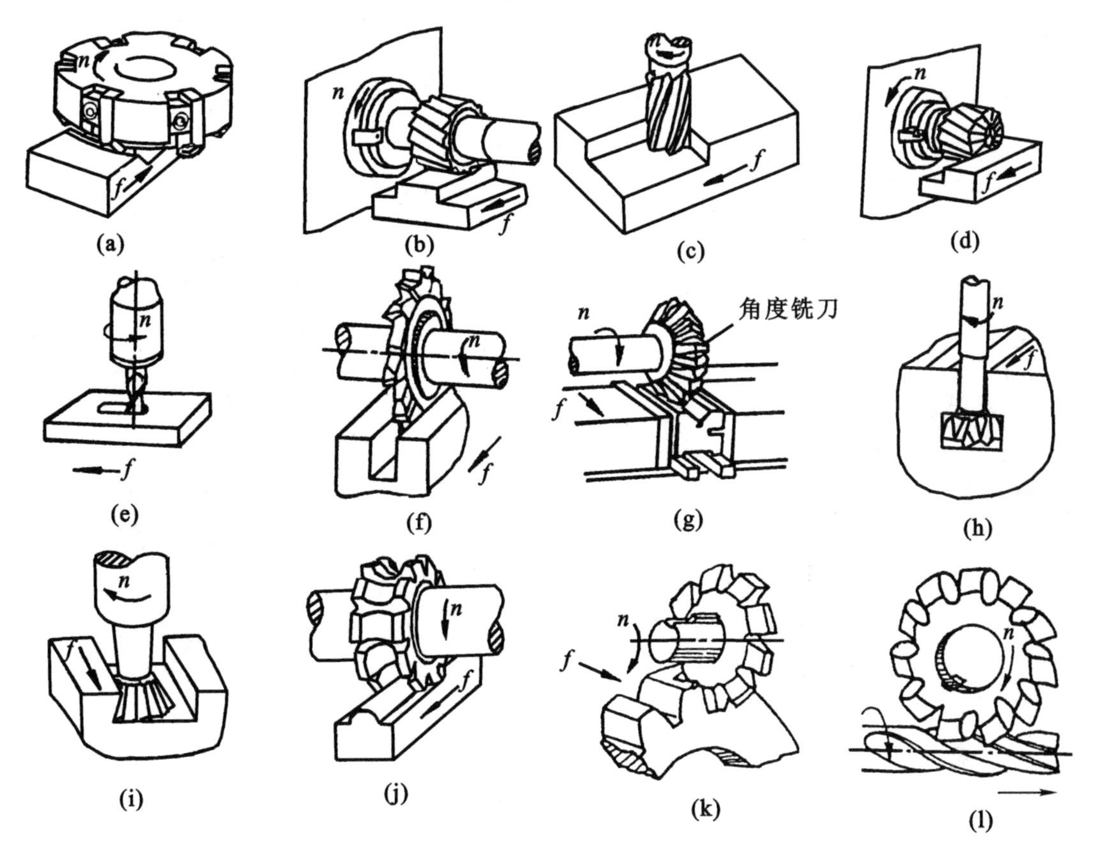

图 3－42　铣削加工的主要应用范围

(a) 端铣刀铣大平面　(b) 圆柱铣刀铣平面　(c) 立铣刀铣台阶面　(d) 套式端面铣刀铣平面
(e) 键槽铣刀铣键槽　(f) 三面刃铣刀铣直槽　(g) 角度铣刀铣 V 形槽　(h)T 形铣刀铣 T 形槽
(i) 燕尾槽铣刀铣燕尾槽　(j) 成形铣刀铣凸圆弧　(k) 齿轮铣刀铣齿轮　(l) 螺旋铣刀铣螺旋槽

(1) 铣平面：铣平面可以在卧式铣床或立式铣床上进行，有端铣、周铣和二者兼用三种方式。可选用端铣刀、圆柱铣刀和立铣刀，也常用三面刃盘铣刀铣削水平面、垂直面和台阶小平面，如图3－42(a) ～ (d) 所示。

(2) 铣沟槽：铣直槽或键槽，一般可在立铣或卧铣上用键槽铣刀、立铣刀或盘状三面刃铣刀进行，如图 3－42(e)(f) 所示。铣 V 形槽、T 形槽和燕尾槽[见图 3－42(g) ～ (i)]时，均须先用盘铣刀铣出直槽，然后再用专用铣刀在已开出的直槽上进一步加工成形。

(3) 铣成形面：常用的铣成形面的方法有在立铣床上用立铣刀按划线铣成形面；利用铣刀与工件的合成运动铣成形面；利用成形铣刀铣成形面，如图 3－42(j)(k) 所示。在大批量生产中，还可采用专用靠模或仿形法加工成形面，或用程序控制法在数控铣床上加工。

(4) 铣螺旋槽：在铣削加工中常常会遇到铣削螺旋齿轮、麻花钻、螺旋齿圆柱铣刀等工件上的沟槽，这类工作统称为铣螺旋槽，如图 3-42(l) 所示。在铣床上铣螺旋槽与车螺纹原理基本相同，这里不予详述。

(5) 分度及分度加工：铣削四方体、六方体、齿轮、棘轮以及铣刀、铰刀类多齿刀具的容屑槽等表面时，每铣完一个表面或沟槽，工件必须转过一定的角度，然后再铣削下一个表面或沟槽，这种工作通常称为分度。分度工作常在万能分度头[见图 3-43(a)]上进行。

下面介绍一种常用的分度方法 —— 简单分度法。

分度是通过分度头内部传动系统来实现的[见图 3-43(b)]。分度盘固定在轴套一端，空套在摇臂与齿轮 b 间的轴上。齿轮 b 与 a 的速比为 1∶1。蜗杆为单头，蜗轮为 40 齿，故其速比为 1/40，蜗轮固定在主轴上。

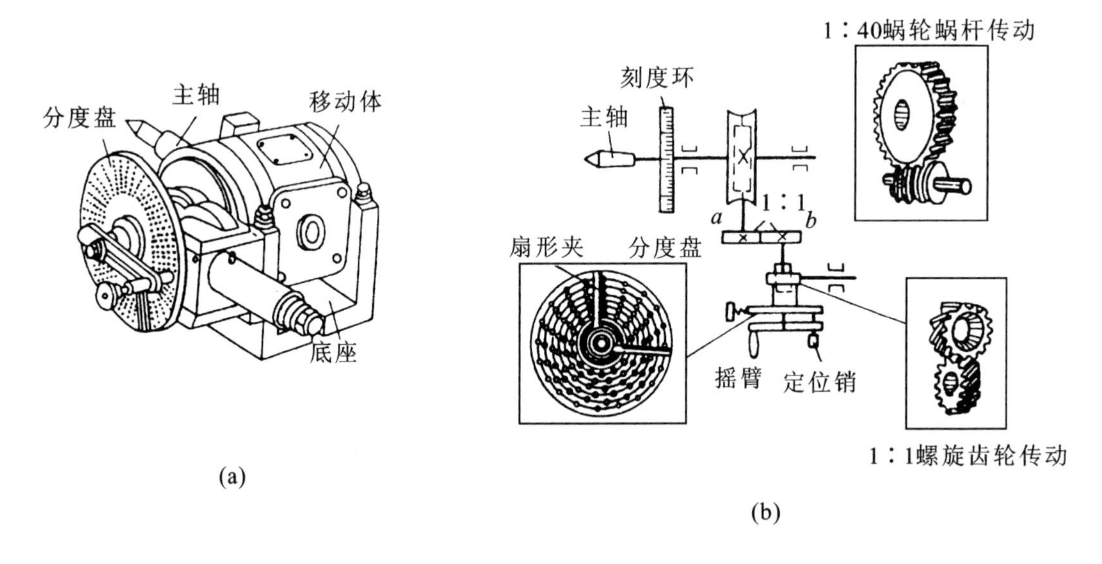

图 3-43　分度头及其传动示意图

进行简单分度时，分度盘用固紧螺钉固定。由传动系统可知，当手柄转一转时，主轴只转 1/40 r，当对工件进行 z 等分时，每次分度，主轴转数为 $1/z$ 圈，由此可得手柄转数为

$$n=\frac{40}{z}$$

例如，某齿轮齿数为 $z=36$，则每次分度手柄转数应为：$n=40/z=40/36=1\frac{1}{9}$ r。即每次分度手柄应转 1 整圈又 1/9 圈。其中 1/9 圈为非整数圈，须借助分度盘进行准确分度。

分度头一般备有两块分度盘。分度盘的正反两面有许多圈小孔，各圈孔数不同，但同一圈上的孔距相等。两块分度盘各圈的孔数依次为：

第一块正面为 24，25，28，30，34，37；反面为 38，39，41，42，43。

第二块正面为 46，47，49，51，53，54；反面为 57，58，59，62，66。

为了获得 1/9 r，应选择孔数为 9 的倍数的孔圈。若选 54 孔的孔圈，则每次分度时，手柄转 1 整圈再转 6 个孔距，此时可调整分度盘上的扇形夹 1，2 间的夹角，使其所夹角度相当于欲分的孔距数，这样依次分度就可准确无误。

3.5　磨削加工

3.5.1　砂轮

磨削加工是以砂轮作为切削工具的一种精密加工方法。砂轮是由磨料和结合剂黏结而成的多孔物体，如图 3－44 所示。

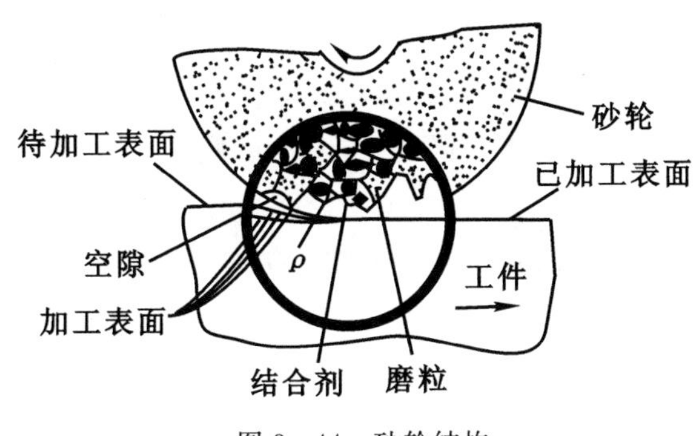

图 3－44　砂轮结构

1. 砂轮的特性

砂轮的特性包括磨料、粒度、结合剂、硬度、组织、形状和尺寸等方面。砂轮的特性对加工精度、表面粗糙度和生产率影响很大。

(1)磨料：磨料是砂轮和其他磨具的主要原料，直接担负切削工作。磨料应具有高硬度、高耐热性和一定的韧性，在切削过程中受力破碎后还要能形成尖锐的棱角。常用的磨料主要有三大类——刚玉类、碳化硅类和超硬类磨料，它们的名称、代码、性能和应用见表 3－7。

表 3－7　常用磨料及其性能

类别	名称	代码	特性	用途
刚玉类	棕刚玉	A	含 Al_2O_3>95%，棕色。硬度高，韧性好，价廉	主要适于加工碳钢、合金钢、可锻铸钢、硬青铜等
	白刚玉	WA	含 Al_2O_3>98.5%，白色。比棕刚玉硬度高、韧性低，棱角锋利，价格较高	主要适于加工淬火钢、高速钢和高碳钢
碳化硅类	黑碳化硅	C	含碳化硅>98.5%，黑色。硬度比白刚玉高，性脆而锋利，导热性好	主要适于加工铸铁、黄铜、铝及非金属材料
	绿碳化硅	GC	含碳化硅>99%，绿色。硬度比脆性黑碳化硅更高，导热性好	主要适于加工硬质合金、宝石、陶瓷、玻璃等
超硬类	人造金刚石	SD	无色透明或成淡黄色、黄绿色、黑色。硬度高，比天然金刚石性脆，价格高昂	主要适于加工硬质合金、宝石等硬脆材料
	立方氮化硼	CBN	属于新型磨料，棕黑色，磨粒锋利。硬度略低于金刚石，与铁元素亲合力小	主要用于加工高硬度、高韧性的难加工材料，如不锈钢、高温合金、钛合金等

(2)粒度:粒度是指磨料颗粒的大小,分成磨粒和微粉两组。磨粒用筛选法分类,磨粒的大小用粒度号表示,粒度号是以磨粒所通过的筛网上每英寸(1 英寸=2.54 cm)长度内的孔眼数来表示,磨粒有 12# ~ 280# 共 17 级。例如 60# 粒度的磨粒能通过每英寸长度有 60 个孔眼的筛网,但不能通过有 70 个孔眼的筛网。因此。粒度号数字愈大,磨粒愈小。当磨料颗粒的直径小于 40 μm 时称为微粉(W)。微粉用显微测量法分类,其粒度号以磨料的实际尺寸来表示。例如,粒度号为 W40 的磨粒其实际尺寸为 40~28 μm,微粉有 W40~W0.5 共 12 级。

磨料粒度的选择,主要与加工精度、加工表面粗糙度、生产率以及工件的硬度有关。一般来说,磨粒愈细,磨削的表面粗糙度值愈小,生产率愈低。

粗磨时,要求磨削余量大、生产率高、表面粗糙度较大,而粗磨的砂轮具有较大的气孔,不易堵塞,可采用较大的磨削深度,获得较高的生产率,因此,可选较粗的磨粒(36# ~60#)。精磨时,要求磨削余量很小,表面粗糙度很小,须用较细的磨粒(60# ~120#)。对于硬度低、韧性大的材料,为了避免砂轮堵塞,应选用较粗的磨粒 。对于成形磨削,为了提高和保持砂轮的轮廓精度,应选用较细的磨粒(100# ~280#)。镜面磨削、精细珩磨、研磨及超精加工一般使用微粉。

(3)结合剂:结合剂的作用是将磨料黏合成具有一定强度和形状的砂轮。砂轮的强度、抗冲击性、耐热性及抗腐蚀能力,主要取决于结合剂的性能。常用结合剂的种类、性能及用途见表 3-8。

表 3-8 常用结合剂的种类、性能及用途

名称	代号	性能		用途
		优点	缺点	
陶瓷结合剂	V	耐热,耐腐蚀,强度高,气孔率大,磨削效率高,价格便宜	脆性大,不能承受剧烈振动	应用最广,适宜 $v_{轮} < 35$ m/s 磨削。可制造各种磨具,并适宜螺纹、齿形等成形磨削,但不能制作薄片砂轮
树脂结合剂	B	强度高,弹性大,耐冲击,可在高速下工作,有较好的摩擦抛光作用	耐热性、耐腐蚀性均较差	可用于 $v_{轮} > 50$ m/s 的高速磨削。可制作荒磨钢锭或铸件的砂轮以及切割和开槽的薄片砂轮
橡胶结合剂	R	比树脂结合剂强度更高,弹性更大,有良好的抛光性能	气孔率小,磨粒容易脱落,耐热性、耐腐蚀性较差,有臭味	可制造磨削轴承沟道的砂轮、无心磨的砂轮和导轮、柔软抛光砂轮以及开槽和切割的薄片砂轮
金属结合剂	M	主要有青铜和电镀镍,强度高、韧性好	砂粒难以脱落和破裂,砂轮修整难度大	制造各种金刚石与立方氮化硼砂轮

(4)硬度:砂轮的硬度和磨料的硬度是两个不同的概念。砂轮的硬度是指砂轮表面上的磨粒在外力作用下脱落的难易程度。容易脱落的为软砂轮,反之为硬砂轮。同一种磨料可做成不同硬度的砂轮,这主要取决于结合剂的性能、比例以及砂轮的制造工艺。常用砂轮的硬度等级见表3-9。

表 3-9　常用砂轮的硬度等级

硬度等级	大级	超软		软			中软		中		中硬			硬		超硬
	小级	超软3	超软4	软1	软2	软3	中软1	中软2	中1	中2	中硬1	中硬2	中硬3	硬1	硬2	超硬
代码		D	F	G	H	J	K	L	M	N	P	Q	R	S	T	Y

砂轮硬度选择合适时，磨削过程中磨钝的磨粒即可自行脱落，露出新的锋利磨粒继续磨削。若所选砂轮太软，磨粒尚未钝化就过早脱落，不仅增加砂轮消耗，而且使砂轮失去正确形状而影响加工精度；若所选砂轮太硬，磨粒钝化后不能及时脱落，会使砂轮表面上磨料间的空隙被磨屑堵塞，造成磨削力增大，磨削热增多，磨削温度升高，使工件产生变形甚至烧伤，而且使表面粗糙度提高，生产率下降。

通常，磨削硬材料时，砂轮硬度应低一些；反之，应高一些。有色金属韧性大，砂轮孔隙易被磨屑堵塞，一般不宜磨削。若要磨削，则应选择较软的砂轮。对于成形磨削和精密磨削，为了较好地保持砂轮的形状精度，应选择较硬的砂轮。一般磨削常采用中软级至中硬级砂轮。

(5)组织：砂轮的组织是指砂轮中磨料、结合剂、气孔三者体积的比例关系。砂轮的组织号是由磨料所占百分比来确定的。磨料所占体积愈大，砂轮的组织愈紧密；反之，组织愈疏松，如图 3-45 所示。砂轮组织分类见表 3-10。

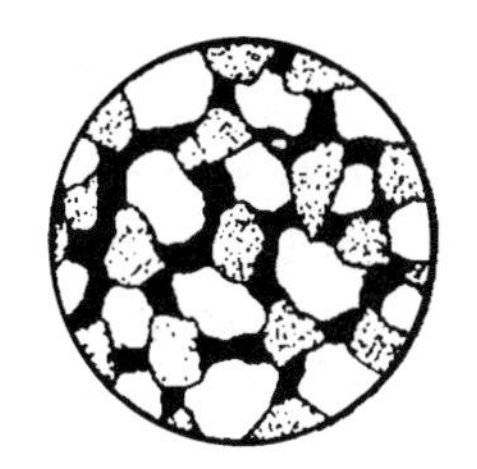

图 3-45　砂轮的组织

表 3-10　砂轮组织分类

类别	紧密				中等				疏松				
组织号	0	1	2	3	4	5	6	7	8	9	10	11	12
磨料占砂轮体积/(%)	62	60	58	56	54	52	50	48	46	44	42	40	38

为了保证较高的几何形状和较低的表面粗糙度，成形磨削和精密磨削采用 0～4 级组织的砂轮。磨削淬火钢及刃磨刀具，采用 5～8 级组织的砂轮。磨削韧性大而硬度较低的材料，为了避免堵塞砂轮，采用 9～12 级组织砂轮。

(6)形状与尺寸：根据机床类型和磨削加工的需要，将砂轮制成各种标准的形状和尺寸。常用的几种砂轮形状、代号和用途见表 3-11。

在标注砂轮时，砂轮的各种特性指标按形状、尺寸、磨料、粒度、硬度、组织、结合剂、允许的线速度顺序书写，如图 3-46 所示。

表 3－11　砂轮的形状及应用

砂轮名称	代　号	简　　图	
平形砂轮	P		磨削内外圆柱面、平面等
双斜边砂轮	PSX		磨削齿轮与螺纹
筒形砂轮	N		端磨
杯形砂轮	B		磨削平面、内圆及刃磨刀具
碗形砂轮	BW		刃磨刀具
碟形砂轮	D		刃磨刀具
薄片砂轮	PB		切断与切槽

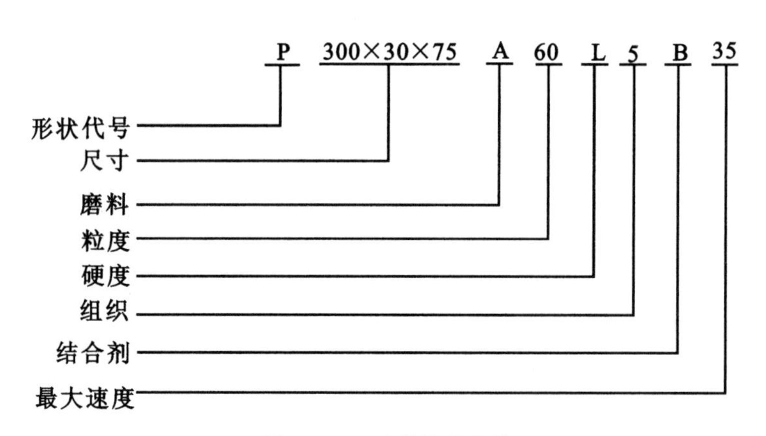

图 3－46　砂轮特性参数

2．砂轮的平衡

砂轮一般是通过砂轮架安装在磨床上的，砂轮在砂轮架上的安装方法如图 3－47 所示。其中，图 3－47(a)用于安装直径较大的平形砂轮；图 3－47(b)(c)用于安装直径不太大的平形和碗形砂轮；图 3－47(d)适于安装直径较小的内圆磨砂轮，它是用氧化铜和磷酸做黏结剂，将砂轮黏结在轴上。

在安装砂轮时，砂轮内孔与砂轮架之间的配合不能过紧，否则砂轮会因受热而胀裂；但也不能过松，否则砂轮会失去平衡，引起振动。一般配合间隙应为 0.1～0.8 mm。

由于砂轮的对称度误差、内圆与外圆的同轴度误差以及安装时的偏心误差等原因使砂轮的重心与旋转中心不重合，从而导致砂轮不平衡现象。不平衡的砂轮在磨削时，易使砂轮主轴产生振动与摆动，使工件表面产生振纹，从而使加工精度降低，表面粗糙度增大。因此，在磨削之前砂轮必须进行平衡。

砂轮平衡的方法，就是将安装在砂轮架上的砂轮放置在平衡试验架上或直接安装在磨床主轴上进行静平衡。通过调整砂轮架上的3个平衡块的位置，使砂轮重心与其回转中心重合。

3. 砂轮的修整

当砂轮表面上的磨粒被磨钝或者砂轮表面被堵塞时，砂轮的磨削效率下降，甚至丧失切削能力，因此砂轮必须进行修整。

砂轮修整的原理是除去砂轮表面上的一层磨料，使其表面重新露出光整锋利的磨粒，以恢复砂轮的切削性能与外形精度。砂轮的修整方法主要取决于砂轮的特性，例如：碳化硅和氧化铝陶瓷结合剂砂轮一般采用金刚石修整笔修整，就像用车刀车削工件一样。对于超硬磨料金属或树脂结合剂砂轮，一般采用磨削油石法（见图3－48）或采用碳化硅砂轮对滚法（见图3－49）等方法进行修整。

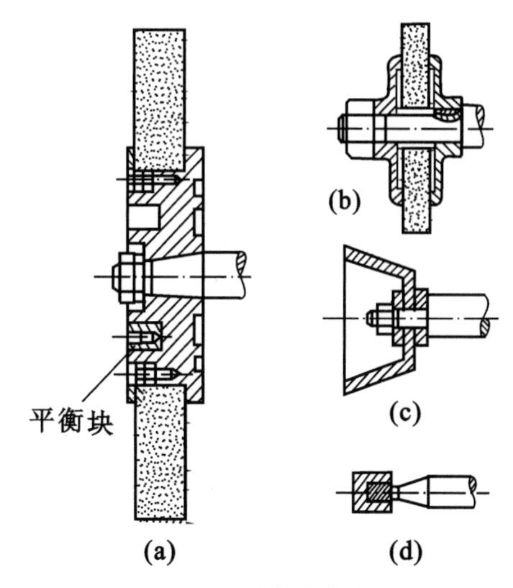

图3－47　砂轮安装方法

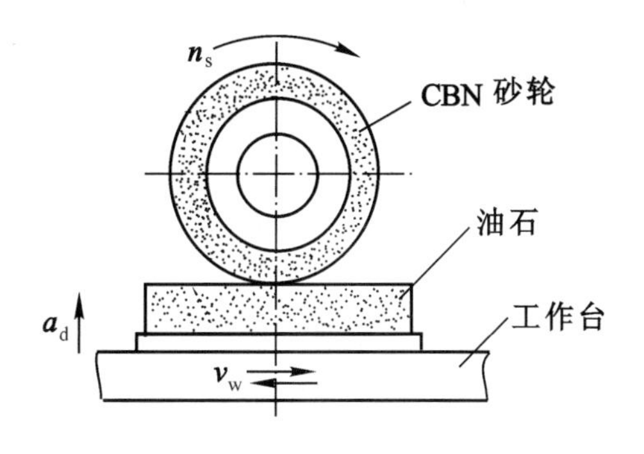

图3－48　磨削油石法

n_s—砂轮转速　a_d—油石进给量

v_w—工作台移动速度

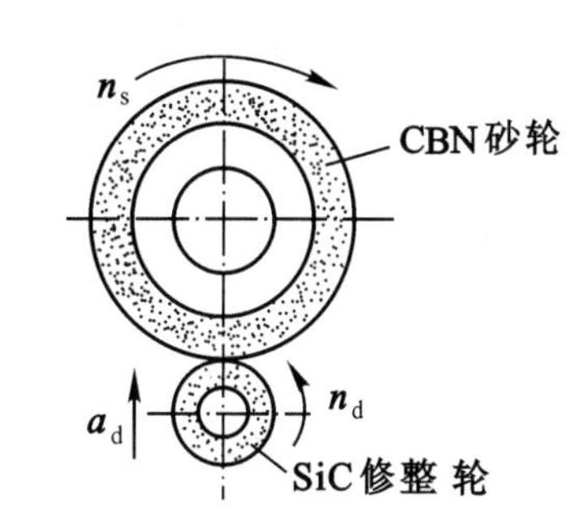

图3－49　碳化硅砂轮对滚法

n_s—砂轮转速　a_d—修整轮进给量

n_d—修整轮转速

3.5.2　磨削过程

磨削是用分布在砂轮表面上的磨粒进行切削的。每一颗磨粒的作用相当于一把车刀，整个砂轮的作用相当于具有很多刀齿的铣刀，这些刀齿是不等高的且具有－80°前角的磨粒尖角。比较凸出和锋利的磨粒，可获得较大的切削深度，能切下一层材料，具有切削作用。凸出较小或磨钝的磨粒，只能获得较小的切削深度，在工件表面上划出一道细微的沟纹，工件材料被挤向两旁而隆起，但不能切下一层材料。凸出很小的磨粒，没有获得切削深度，既不能在工件表面上划出一道细微的沟纹，也不能切下一层材料，只对工件表面产生滑擦作用。

对于那些起切削作用的磨粒，刚开始接触工件时，由于切削深度极小，磨粒切削能力差，在工件表面上只是滑擦而过，工件表面只产生弹性变形；随着切削深度的增大，磨粒与工件表面之间的压力增大，工件表层逐步产生塑性变形而刻划出沟纹；随着切削深度的进一步增大，被切材料层产生明显滑移而形成切屑。

综上所述，磨削过程就是砂轮表面上的磨粒对工件表面的切削、划沟和滑擦的综合作用过程。

砂轮表面上的磨粒在高速、高温与高压下，逐渐磨损而钝化。钝化磨粒的切削能力急剧下降，如果继续磨削，作用在磨粒上的切削力将不断增大。当此力超过磨粒的极限强度时，磨粒就会破碎，形成新的锋利棱角进行磨削。当此力超过砂轮结合剂的黏结强度时，钝化磨粒就会自行脱落，使砂轮表面露出一层新鲜锋利的磨粒，从而使磨削加工能够继续进行。砂轮的这种自行推陈出新、保持自身锐利的性能称为自锐性。不同结合剂的砂轮其自锐性不同，陶瓷结合剂砂轮的自锐性最好，金属结合剂的自锐性最差。在砂轮使用一段时间后，砂轮会因磨粒脱落不均匀而失去外形精度或被堵塞，此时砂轮必须进行修整。

3.5.3 磨削的工艺特点

与其他加工方法相比，磨削加工具有以下特点。

(1)加工精度高、表面粗糙度小：由于磨粒的刃口半径 ρ 小($46^{\#}$ 白刚玉磨粒的 $\rho=0.006\sim0.012$ mm，而普通车刀的 $\rho=0.012\sim0.032$ mm)，能切下一层极薄的材料；又由于砂轮表面上的磨粒多，磨削速度高(30～35 m/s)，同时参加切削的磨粒很多，在工件表面上形成细小而致密的网络磨痕，再加上磨床本身的精度高、液压传动平稳和微量进给机构，因此，磨削的加工精度高(IT8～IT5)，表面粗糙度小(Ra 的值 1.6～0.2 μm)。

(2)径向分力 F_y 大：磨削力一般分解为轴向力 F_x、径向力 F_y 和切向力 F_z。车削加工时，主切削力 F_z 最大。而磨削加工时，由于磨削深度和磨粒的切削厚度都较小，所以，F_z 较小，F_x 更小。但因为砂轮与工件的接触宽度大，磨粒的切削能力较差，因此，F_y 较大。一般 $F_y=(1.5\sim3)F_z$。

(3)磨削温度高：由于具有较大负前角的磨粒在高压和高速下对工件表面进行切削、划沟和滑擦作用，砂轮表面与工件表面之间的摩擦非常严重，消耗功率大，产生的切削热多。又由于砂轮本身的导热性差，因此，大量的磨削热在很短的时间内不易传出，使磨削区的温度很高，有时高达 800～1 000℃。

高的磨削温度容易烧伤工件表面。干磨淬火钢工件时，会使工件退火，硬度降低。湿磨淬火钢工件时，如果切削液喷注不充分，可能出现二次淬火烧伤，即夹层烧伤。因此，磨削时，必须向磨削区喷注大量的磨削液。

(4)砂轮有自锐性：砂轮有自锐性可使砂轮进行连续加工，这是其他刀具没有的特性。

3.5.4 普通磨削方法

磨削加工可以用来进行内孔、外圆表面、内外圆锥面、台肩端面、平面以及螺纹、齿形、花键等成形表面的精密加工。由于磨削加工精度高，粗糙度低，且可加工高硬度材料，所以应用非常广泛。

1.外圆磨削

外圆磨削通常作为半精车后的精加工。外圆磨削有纵磨法、横磨法、深磨法和无心外圆磨法四种。

(1)纵磨法：在普通外圆磨床或万能外圆磨床上磨削外圆时，工件随工作台作纵向进给运动，每单行程或往复行程终了时砂轮作周期性的横向进给，这种方式称为纵磨，如图 3－50 所示。由于纵磨时的磨削深度较小，所以磨削力小，磨削热少。当磨到接近最终尺寸时，可作几次无横向进给的光磨行程，直至火花消失为止。一个砂轮可以磨削不同直径和不同长度的外圆表面。因此，纵磨法的精度高，表面粗糙度 Ra 值小，适应性好，但生产率低。纵磨法广泛用于单件、小批量和大批、大量生产中。

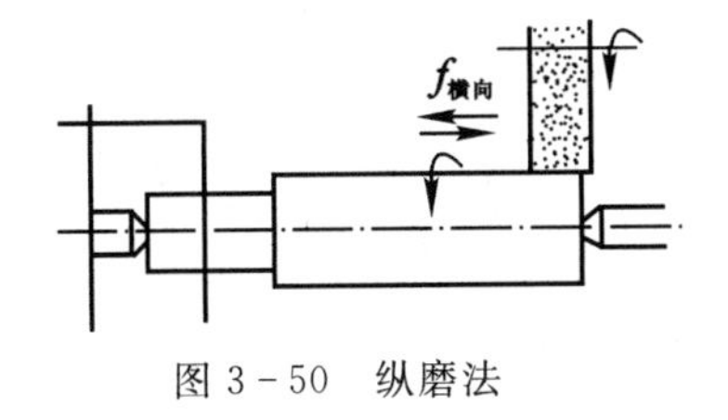

图 3－50　纵磨法

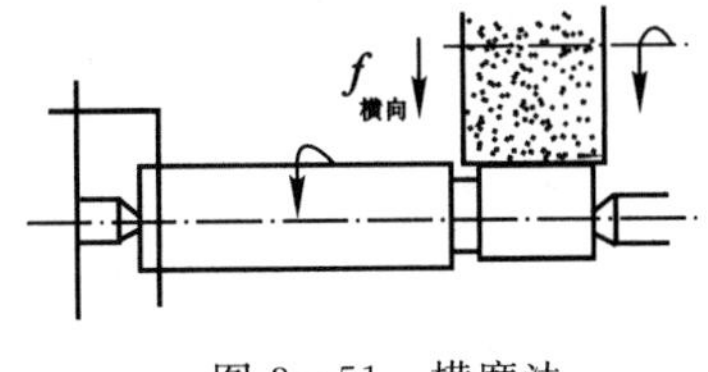

图 3－51　横磨法

(2)横磨法：在普通外圆磨床或万能外圆磨床上磨削外圆时，工件不作纵向进给运动，砂轮以缓慢的速度连续或断续地向工件作横向进给运动，直至磨去全部余量为止。这种方式称为横磨法，也称为切入磨法，如图 3－51 所示。横磨法生产率高，但工件与砂轮的接触面大，发热量大，散热条件差，工件容易发生热变形和烧伤现象。横磨法的径向力很大，工件更易产生弯曲变形。由于无纵向进给运动，工件表面易留下磨削痕迹。因此，有时在横磨的最后阶段进行微量的纵向进给以减小磨痕。横磨法只适宜磨削大批、大量生产的、刚性较好的、精度较低的、长度较短的外圆表面以及两端都有台阶的轴颈。

(3)深磨法：深磨法的加工原理如图 3－52 所示。磨削时采用较小的进给量(一般取 1～2 mm/r)，较大的磨削深度(一般为 0.3 mm 左右)，在一次切削行程中切除全部磨削余量。深磨所使用的砂轮被修整成锥形，其锥面上的磨粒起粗磨作用；直径大的圆柱表面上的磨粒起精磨与修光作用。因此，深磨法的生产率较高，加工精度较高，表面粗糙度较低。深磨法适用于大批、大量生产的刚度较大工件的精加工。

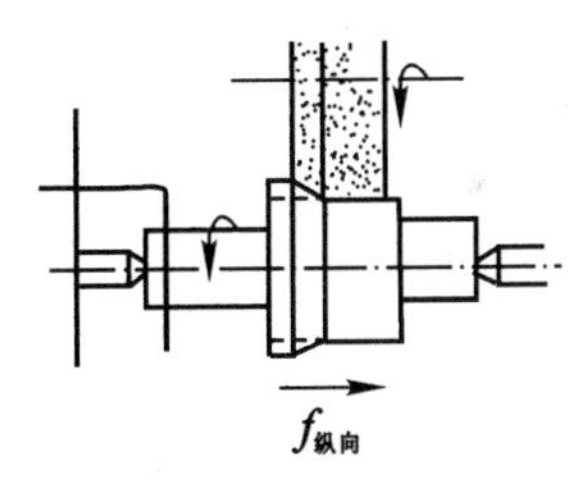

图 3－52　深磨法

(4)无心外圆磨法：无心外圆磨法的加工原理如图 3－53 所示。磨削时，工件放在两轮之间，下方有一托板。大轮为工作砂轮，旋转时起切削作用。小轮是磨粒极细的橡胶结合剂砂轮，称为导轮。两轮与托板组成 V 形定位面托住工件。导轮速度 $v_{导}$ 很低，一般为 0.3～0.5 m/s，无切削能力，其轴线与工作砂轮轴线斜交 β 角。$v_{导}$ 可分解成 $v_{工}$ 与 $v_{进}$。$v_{工}$ 用以带动工件旋转，即工件的圆周进给速度；$v_{进}$ 用以带动工件轴向移动，即工件的纵向进给速度。为了使工件定位稳定，并与导轮有足够的摩擦力矩，必须把导轮与工件接触部位修整成直线。因此，导轮圆周表面为双曲线回转面。

无心外圆磨法在无心外圆磨床上进行。无心外圆磨床生产率很高，但调整复杂；不能校正套类零件孔与外圆的同轴度误差；不能磨削具有较长轴向沟槽的零件，以防外圆产生较大的圆度误差。因此，无心外圆磨法主要用于大批、大量生产的细长光轴、轴销和小套等。

2. 内圆磨削

内圆磨削在内圆磨床或无心内圆磨床上进行，其主要磨削方法有纵磨法和横磨法。

(1)纵磨法:纵磨法的加工原理与外圆的纵磨法相似,纵磨法需要砂轮旋转、工件旋转、工件往复运动和砂轮横向间隙运动。

(2)横磨法:横磨法的加工原理与外圆表面的横磨法基本相同,不同的是砂轮的横向进给是从内向外。

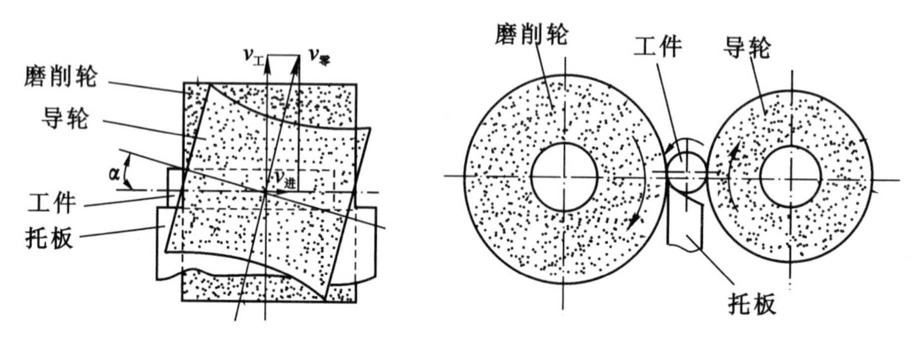

图 3-53　无心外圆磨法加工原理

与外圆磨削相比,内圆磨削主要有下列特征:

1)磨削精度较难控制。因为磨削时砂轮与工件的接触面积大,发热量大,冷却条件差,工件容易产生热变形,特别是因为砂轮轴细长,刚性差,易产生弯曲变形,造成圆柱度(内圆锥)误差。因此,一般需要减小磨削深度,增加光磨次数。内圆磨削的尺寸公差等级可达 IT8~IT6。

2)磨削表面粗糙度值 *Ra* 大。内圆磨削时砂轮转速一般不超过 20 000 r/min。由于砂轮直径很小,外圆磨削时其线速度很难达到 30~50 m/s。内圆磨削的表面粗糙度值 *Ra* 一般为 1.6~0.4 μm。

3)生产率较低。因为砂轮直径很小,磨耗快,冷却液不易冲走屑末,砂轮容易堵塞,故砂轮需要经常修整或更换。此外,为了保证精度和表面粗糙度,必须减小磨削深度和增加光磨次数,也必然影响生产率。

基于以上情况,在某些生产条件下,内圆磨削常被精镗或铰削所代替。但内圆磨削毕竟还是一种精度较高、表面粗糙度值较低的加工方法,能够加工高硬度材料,且能校正孔的轴线偏斜。因此,有较高技术要求的或具有台肩而不便进行铰削的内圆表面,尤其是经过淬火的零件内孔,通常还要采用内圆磨削。

3. 平面磨削

平面磨削方法主要有圆周磨削和端面磨削两种方式,如图 3-54 所示。

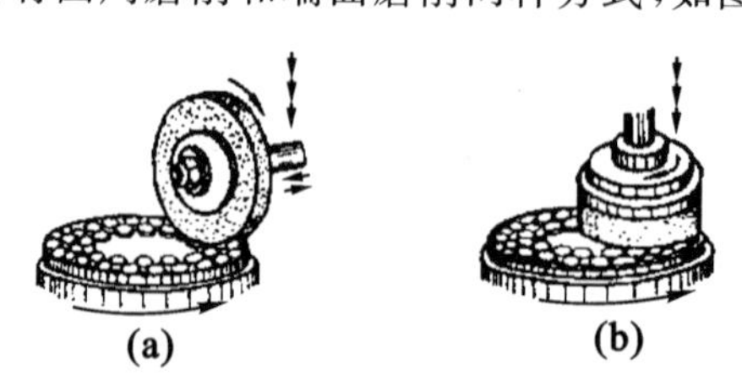

图 3-54　平面磨削方法

圆周磨削是利用砂轮圆周上的磨粒进行磨削的。砂轮与工件的接触面积小,磨削力小,磨削热少,冷却与排屑条件好,砂轮磨损均匀,所以磨削的精度高,表面粗糙度值低。磨削的两平面之间的尺寸公差等级可达 IT6～IT5，表面粗糙度值 *Ra* 为 0.8～0.2 μm，直线度可达0.02～0.03 mm/m。

端面磨削是利用砂轮的端面磨粒进行磨削的。这种磨削所采用的磨床功率很大，砂轮轴悬伸长度短，刚性好，可采用较大的磨削用量，生产率较高。但砂轮与工件的接触面积大，磨削热多，冷却与散热条件差，工件产生热变形大。此外，砂轮各点的圆周速度不同，砂轮磨损不均匀。因此，磨削精度较低，一般用来磨削精度不高的平面或作为粗磨代替平面铣削和刨削。

平面磨削是利用电磁吸盘安装工件，操作简单且能很好地保证定位基面与加工表面的平行度要求。如果互为基准磨削相对的两平面，则可进一步提高平行度。

3.5.5　先进磨削方法简介

随着科学技术的发展，作为传统精加工方法的普通磨削已逐步向高精度、高效率、自动化等方向发展。

1. 高精度、低粗糙度磨削

高精度、低粗糙度磨削主要包括精密磨削、超精磨削和镜面磨削。其加工精度很高，表面粗糙度值 *Ra* 极小，加工质量可以达到光整加工的水平。

提高精度和降低粗糙度必须采取以下措施。首先，必须采用高精度的磨床，其砂轮主轴旋转精度、砂轮架相对工作台振动的振幅、横向进给机构的重复精度均应达到 1～2 μm，工作台纵向进给速度≤10 mm/min 时应无爬行现象。此外，还必须提高工件定位基准的精度，尽量减小工件的受力变形和热变形，合理选择砂轮磨粒并对砂轮进行精细的修整。

使用锋锐的金刚石笔，以 0.002～0.005 mm/str 的横向进给量和 10～50 mm/min 的纵向进给速度对砂轮进行 2～4 次的精细修整，可使砂轮上原有的磨粒形成许多近于等高的微小切削刃，称为微刃性和微刃的等高性，如图 3-55 所示。磨削时利用微刃切削形成浅细的磨痕，利用半钝状态的微刃对工件表面起摩擦抛光作用，从而可获得很低的表面粗糙度。

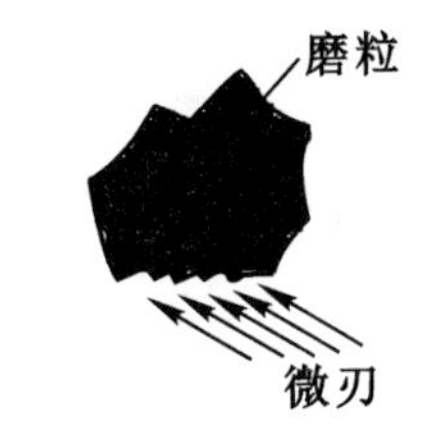

图 3-55　磨粒的微刃

高精度、低粗糙度磨削的磨削深度一般为 0.002 5～0.005 mm。为了减小磨床振动，磨削速度应较低，一般为 15～30 m/s。

2. 高效率磨削

高效率磨削的主要发展方向是高速磨削、强力磨削、超硬度砂轮磨削、砂带磨削。

(1)高速磨削：是砂轮速度 v>50 m/s 的磨削。迄今为止，最高试验磨削速度已达到 400 m/s。磨削速度为 80～250 m/s 的磨削是最常用的高速磨削技术。高速磨削的主要优越性如下。

1)可以大幅度提高磨削效率。由图 3-56 可知，当砂轮速度提高时，若磨削深度和工件圆周进给速度不变，则每个磨粒的切削深度减小，磨粒在工件表面留下的磨痕深度减小，表面粗糙度 *Ra* 值减小；若保持整个磨粒的切削厚度不变，即表面粗糙度不变，则可相应增加工件的圆周进给速度和磨削速度，从而大大提高生产率。例如：磨削速度为 200 m/s 时的磨削效率比磨削速度为 80 m/s 的磨削效率提高 150%。但高速磨削对磨床、砂轮、冷却液供应提出了较高的要求。

2)加工精度高、表面粗糙度低。当磨削效率相同时，磨削速度从 80 m/s 提高到 200 m/s

时，其磨削力降低了 50%，有利于保证工件的加工精度。当磨削速度由 33 m/s 提高到 200 m/s时，其加工表面粗糙度值降低了 50%。

3)可减小砂轮磨损，大幅度延长砂轮寿命，有助于实现磨削加工自动化和无人化。用金刚石砂轮磨削氮化硅陶瓷时，磨削速度由 30 m/s 提高到 160 m/s，砂轮磨削比提高了 5.6 倍。在磨削效率不变的条件下，当磨削速度由 80 m/s 提高到 200 m/s 时，砂轮寿命提高了 7.8 倍。

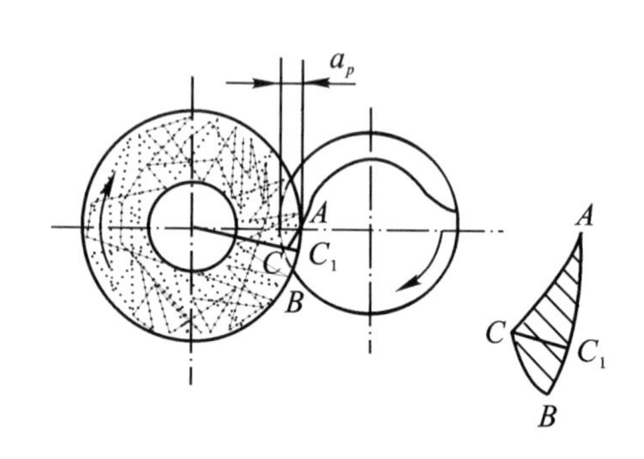

图 3-56　外圆磨削厚度示意图

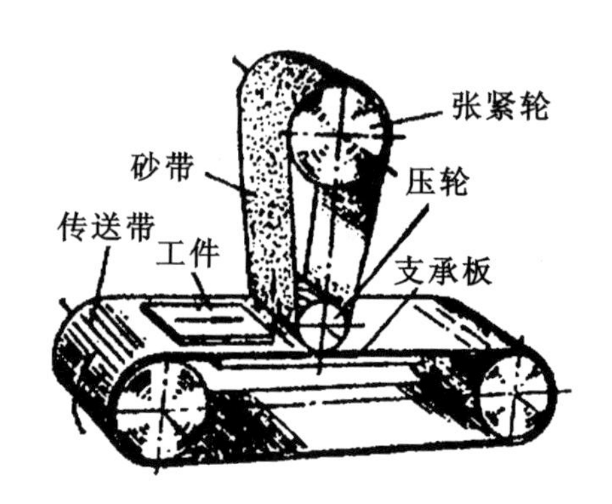

图 3-57　砂带磨削原理示意图

(2)缓进深切磨削：是以大的磨削深度(可达十几毫米)和很小的纵向进给(是普通磨削的 1/100～1/10)进行磨削的方法。由于磨削深度增大，砂轮与工件的接触弧长比普通磨削大十几倍到几十倍，同时参加磨削的粒度数随之增多，磨削力和磨削热也增加。为此，要采用顺磨法，即砂轮与工件接触部分的旋转方向和工件的进给运动方向一致，以改善冷却条件，可获得较低的表面粗糙度。

缓进深切磨削适用于加工各种型面和沟槽，特别是能有效地磨削难加工材料的各种成形表面，并可将铸、锻件毛坯直接磨削成形。

(3)砂带磨削：其加工原理如图 3-57 所示，砂带回转为主运动，工件由输送带带动作进给运动，工件经过支承板上方的磨削区，即完成加工。砂带磨削的生产率高，加工质量好，并能方便地加工复杂形面，因而成为磨削加工发展的重要方向之一。

3. *超硬磨料砂轮磨削*

超硬磨料砂轮就是金刚石砂轮与立方氮化硼砂轮的总称。

金刚石是目前硬度最高的磨料，强度高，耐磨性和导热性好，且颗粒锋利。因此，金刚石砂轮具有良好的磨削性能，是磨削和切割光学玻璃、宝石、硬质合金、陶瓷、半导体等高硬脆材料的最好磨具。用金刚石砂轮磨削硬质合金刀具，刃口锋利，表面不出现裂纹，表面粗糙度值 Ra 可达 0.4～0.2 μm，刀具耐用度可提高 1～3 倍，生产率比用碳化硅砂轮提高 5 倍，砂轮的磨耗也很小，但金刚石砂轮价格高昂。金刚石中的碳与铁分子的亲和力很强，故不宜磨削铁族金属。

立方氮化硼砂轮的结构和磨料的性能与金刚石砂轮类似，但它与铁族元素分子的亲和力小，适于磨削不锈钢、高速钢、钛合金、高温合金等硬度高、强度高的难加工材料。

用金刚石砂轮与立方氮化硼砂轮磨削时，工件余量不应超过 0.2 mm，磨削深度一般为 0.005～ 0.01 mm。磨削质量高，生产率高，磨削比大，经济性好。

4. *磨削加工自动化*

磨削加工自动化可以提高生产率，节省劳动力，改善劳动条件和降低生产成本。磨削加工自动化已经从自动进给、自动磨削循环、磨削自动测量、砂轮自动平衡与自动修整、自动补偿等发展到现在的计算机数控(CNC)磨床加工和磨削加工中心加工。

磨削加工中心除了具有数控磨床的功能以外,还要具备以下3个基本功能:①连机测量;②自动交换砂轮,实现砂轮多位化;③自动交换工件,实现工件装卸无人化。目前,磨削中心的精度为:主轴回转精度0.5 μm,定位精度±1.0 μm,重复定位精度0.7 μm,轮廓加工精度5 μm。

3.6 光整加工简介

光整加工是在精加工基础上进行研磨、珩磨、超级光磨和抛光等加工的精密加工方法,其目的是获得比普通磨削更高的精度(IT6～IT5或更高)和很低的表面粗糙度(*Ra*值为0.1～0.006 μm)。虽然高精度、低粗糙度的磨削方法也可达到这些要求,但其应用条件受到很大限制,所以光整加工仍是常用的精密加工方法。

3.6.1 研磨

1. 加工原理

研磨是在研具与工件之间置以研磨剂,研具在一定压力下与工件作复杂的相对运动,通过研磨剂的机械作用和化学作用,去除工件表面一层极薄的金属材料,从而达到很高的尺寸精度(IT6～IT3)、形状精度(如圆度可达0.001 mm)和很低的表面粗糙度(*Ra*值为0.1～0.006 μm)的一种光整加工方法。

研磨剂由磨料、研磨液和辅助填料等混合而成,其状态有液态、膏状和固态3种。磨料主要起机械切削作用,常用的有刚玉、碳化硅、金刚石等,其粒度用微粉。研磨液主要起冷却与润滑作用,并能使磨粒均匀地分布在研具表面,通常用煤油、汽油、植物油或煤油加机油。辅助填料的作用是使工件表面产生极薄的、较软的氧化物薄膜,以便使工件表面凸峰容易被磨粒切除,加速研磨过程,提高研磨质量。最常用的辅助填料有硬脂酸、油酸等化学活性物质。

研具材料一般比工件材料软,以便磨料能嵌入研具表面,较好地发挥切削作用。另外,要求研具材料组织均匀,有一定的耐磨性,否则不宜保持研具原有的几何形状,影响研磨精度。研具可以用铸铁、软钢、红铜、塑料等制成,但最常用的是铸铁。其优越性主要体现在它能保证加工质量和生产率,适于加工各种材料,且成本较低。

研具与工件之间存在复杂的相对运动,使每颗磨粒几乎都不会在工件表面上重复自己的运动轨迹,以便均匀地切除工件表面上的凸峰,获得很低的表面粗糙度。

研磨可分为机械研磨和手工研磨。

手工研磨是人手持研具或工件进行研磨,图3-58是在车床上手工研磨外圆的加工原理示意图。在工件和研具之间涂上研磨剂,工件由车床主轴带动旋转(20～30 r/min),研具用手扶持作轴向移动,并经常检测工件,直至合格为止。

机械研磨是在研磨机上进行研磨,图3-59为研磨小零件的研磨机工作示意图。工件置于作相反转动的研磨盘*A*与*B*之间,*A*盘的转速比*B*盘的转速大。工件穿在隔离盘*C*的销杆*D*上。工作时,隔离盘被带动绕轴线*E*旋转。由于轴线*E*处于偏心位置,所以工件一方面在销杆上自由转动,另一方面作轴向滑动,因而可获得复杂的运动轨迹,从而获得很高的精度和很低的表面粗糙度。

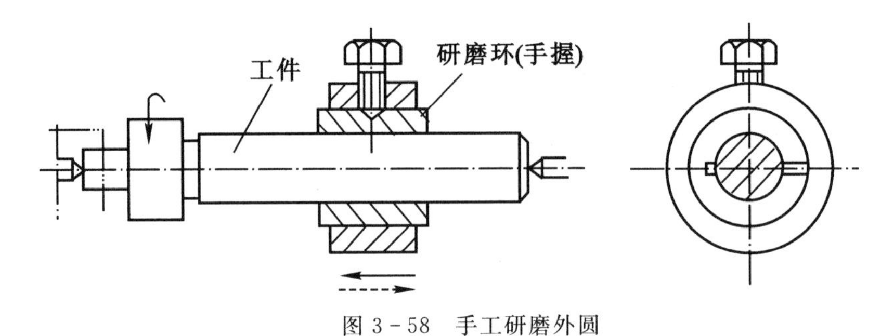

图 3-58　手工研磨外圆

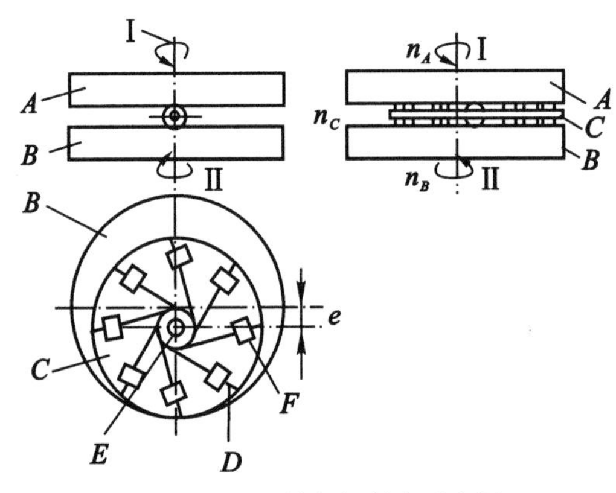

图 3-59　研磨机研磨示意图

2. 研磨的特点及应用

与其他光整加工方法相比较，研磨具有如下特点：

(1)研磨能提高尺寸精度(可达 IT6～IT3)、形状精度，降低表面粗糙度(Ra 值为 0.1～0.006 μm)，但不能提高位置精度。

(2)由于研具对工件的压力小，切削速度低，每个磨粒的切削厚度小，所以，研磨的生产率低。研磨余量一般为 0.01～0.03 mm。

(3)加工方法简单，易保证质量，不需要复杂的高精度设备。

研磨可用于加工钢、铸铁、铜、铝、硬质合金、半导体、陶瓷、塑料、光学玻璃等材料，并可用于加工内外圆柱面、内外圆锥面、平面、螺纹和齿轮的齿形等型面。单件、小批量生产中用手工研磨，批量生产中可在研磨机或简易专用设备上进行机械研磨。

3.6.2　珩磨

珩磨是研磨的发展，是用具有若干油石条的珩磨头代替切削作用很弱的研具，对工件进行精密切削的一种方法。珩磨用作孔的光整加工，可在磨削或精镗的基础上进行。尺寸公差等级可达 IT6～IT4，表面粗糙度 Ra 值为 0.2～0.05 μm，孔的形状精度亦相应提高。例如，ϕ50～ϕ200 mm 的孔，珩磨后圆度误差可小于 0.005 mm。但珩磨不能提高孔与其他表面的位置精度。

1.加工原理

珩磨方法如图3-60(a)所示。工件安装在珩磨机的工作台上或安装在夹具上。珩磨头上的油石以一定的压力作用在被加工表面上,由机床主轴带动珩磨头旋转并作往复轴向移动(工件固定不动)。在相对运动过程中,油石从工件表面切去一层极薄的金属,油石条在工件表面上的切削轨迹是均匀而不重复的交叉网纹[见图3-60(b)],故而可获得较低的表面粗糙度。为了使油石与孔壁均匀接触,获得较高的形状精度,珩磨头与机床主轴一般采用浮动连接,以便珩磨头沿孔壁自行导向。

图3-61是一种结构简单的机械调压珩磨头。头体通过浮动连轴节与机床主轴连接,油石用黏结剂和垫块固结在一起,装入头体的等分轴向槽中(一般为4～6个),垫块两端用弹簧箍紧,使油石保持向内收缩的趋势。转动螺母使锥体向下移动,其上的锥面通过顶销把垫块沿径向向外顶出,珩磨头直径增大;反之,反向旋转螺母,在弹簧的作用下向上顶起锥体,在弹簧卡箍的作用下,垫块沿径向收缩,珩磨头直径减小。

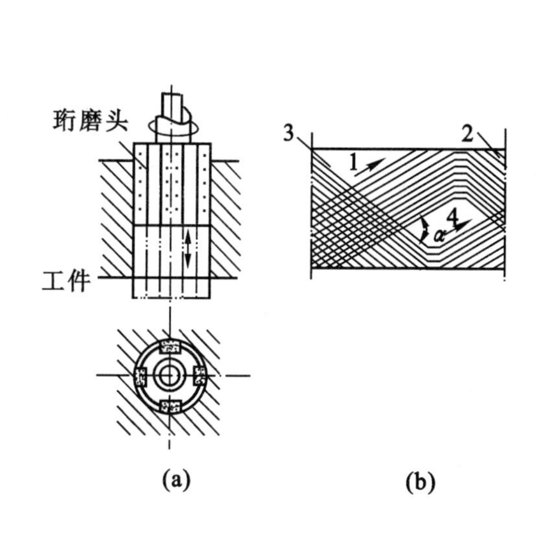

图3-60　珩磨加工原理

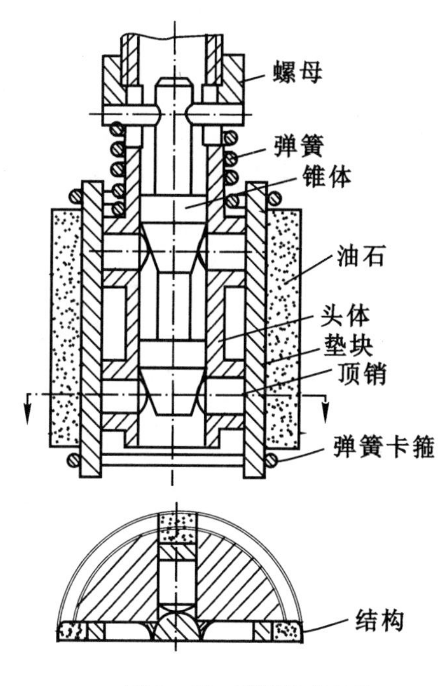

图3-61　珩磨头的结构

在珩磨时应加切削液,以便冲走破碎的磨粒和屑末,并起到一定的冷却与润滑作用。珩磨一般使用煤油,工件精度要求更高时,可以加入20%～30%锭子油。

2.珩磨的特点及应用

与其他光整加工方法相比较,珩磨具有如下特点。

(1)珩磨能提高孔的尺寸精度(可达IT6～IT5)、形状精度,降低表面粗糙度(Ra 值为0.2～0.05 μm),但不能提高位置精度,这是因为珩磨头与机床主轴是浮动连接的。

(2)生产率较高:由于珩磨时有多个油石条同时工作,并经常变化切削方向,能较长时间保持磨粒锋利,所以珩磨的效率较高。因此,珩磨的余量比研磨大些,珩磨余量一般为0.02～0.15 mm。

(3)珩磨表面耐磨性好:这是因为已加工表面是交叉网纹结构,有利于油膜的形成,所以,润滑性能好,表面磨损缓慢。

(4)不宜加工有色金属:珩磨实际上是一种特殊的磨削,为了避免堵塞油石,不宜加工塑性较大的有色金属零件。

(5)结构复杂:珩磨头结构复杂,调整时间较长。

珩磨加工主要用于孔的光整加工,能加工的孔径范围为 $\phi5\sim\phi500$ mm,并可加工深径比大于 10 的深孔,广泛用于大批、大量生产中加工发动机的汽缸、液压装置的油缸筒以及各种炮筒。单件、小批量生产也可使用珩磨。大批、大量生产时在珩磨机或改装的简易设备上进行,单件、小批量生产可在立式钻床上进行。

3.6.3 超级光磨

1.加工原理

超级光磨(也称“超精加工”)是用装有一种极细磨粒油石的磨头,在一定压力下对工件表面进行光整加工的方法,如图 3-62 所示。加工时,工件低速旋转(v=0.16~0.25 m/s),磨头以恒定的压力轻压于工件表面,磨头作轴向进给运动(0.1~0.15 mm/r),同时也作轴向低频振动(振动频率 f=8~33 Hz,振幅 A=3~5 mm)。磨粒在工件上的运动轨迹纵横交错而不重复,从而对工件的微观不平表面进行修整。

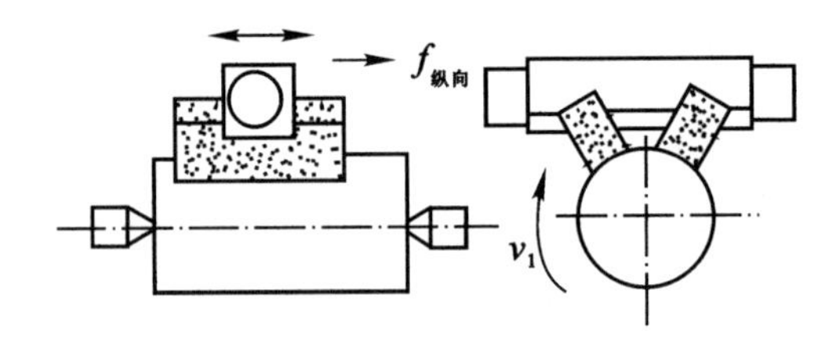

图 3-62 超级光磨的加工原理

超级光磨时,在油石条与工件之间要注入润滑油(一般为煤油加锭子油),以清除屑末并形成油膜。刚开始光磨时,工件表面微观凸峰面积较小,单位面积承受的压力大于油膜表面张力,油膜被挤开,工件表面微观凸峰就会被磨去,如图 3-63(a)所示。随着各处凸峰高度的降低,油石与工件的接触面积逐步加大,单位面积承受的压力随之减小。当压力小于油膜表面张力时,油石与工件就会被油膜分开,自行停止切削作用,如图 3-63(b)所示。

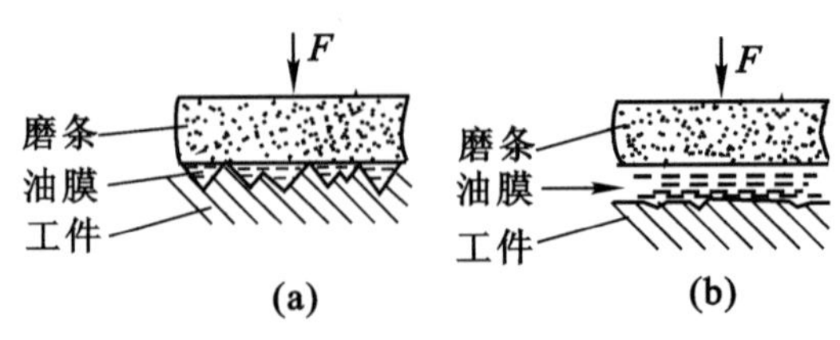

图 3-63 超级光磨过程

2.工艺特点及应用

与其他光整加工方法相比较,超级光磨具有如下特点。

(1)表面完整性好:磨头的运动轨迹复杂,加工过程除了有切削作用以外,还有抛光作用,因此,可获得较低的表面粗糙度;磨粒在工件上的运动轨迹纵横交错而不重复,有利于储存润滑油,可提高耐磨性。

(2)不能提高尺寸精度、形状精度和位置精度:因为被加工表面能否继续加工是由表面粗糙度和油膜表面张力所决定,而不是由机床或技术来决定的。

(3)生产率高:由于磨头与工件之间无刚性的运动联系,磨头切除金属的能力较弱,主要用于去除前道工序所留下的粗糙度,很少改变尺寸,故一般不留加工余量,且加工过程所需要的时间很短(30～60 s),故生产率较高。

(4)设备简单,操作方便:超级光磨可在超级光磨机上进行,也可在改装的车床上进行。一般情况下,超级光磨设备的自动化程度高,操作简便。

超级光磨生产率很高,主要用于降低表面粗糙度,其 Ra 值可达 0.1～0.01 μm,但不能提高工件的尺寸精度和形位精度。超级光磨不仅用于轴类零件的外圆表面的光整加工,而且用于圆锥表面、平面、球面等的光整加工。

3.6.4　抛光

1.加工原理

抛光是用涂有抛光膏的、高速旋转的抛光轮对工件进行微弱的切削,从而降低工件的表面粗糙度,提高光亮度的一种光整加工方法。

抛光轮用皮革、毛毯、帆布等材料叠制而成,具有一定的弹性,以便抛光时能按工件形状而变形,增加抛光面积。抛光膏由磨料(氧化铬、氧化铁等)与油脂(包括硬脂酸、石蜡、煤油等)调制而成。磨料的种类取决于工件材料,抛光钢件可用氧化铁及刚玉,抛光铸铁件可用氧化铁及碳化硅,抛光铜铝件可用氧化铬。

抛光时,将工件压于高速旋转的抛光轮上,抛光轮的线速度高达 30～40 m/s,在抛光膏的作用下,金属表面形成一层极薄且较软的氧化膜,以加速抛光时的切削作用,而不会在工件表面留下划痕。加之抛光轮对工件表面的高速摩擦,在抛光区产生大量的摩擦热,工件表面出现高温,工件表面材料被挤压而发生塑性流动,形成一层极薄的熔流层,可对原有表面的微观不平度起填平作用,因而可获得很低的表面粗糙度和很高的光亮度。

2.抛光的特点及应用

与其他光整加工方法相比较,抛光具有如下特点。

(1)抛光只能降低表面粗糙度,不能保持原有精度或提高精度:抛光是在磨削、精车、精铣、精刨的基础上进行的,由于抛光轮与工件之间没有刚性的运动联系,且抛光轮又有弹性,不能保证从工件表面均匀地切除材料,只是去掉前道工序所留下的痕迹。因此,经过抛光,表面粗糙度 Ra 值可达 0.1～0.012 μm,并明显增加光亮度,但不能提高甚至不能保持原有的精度。

(2)容易对曲面进行加工:由于抛光轮是弹性的,能与曲面相吻合,故易于实现曲面的光整加工。

(3)劳动条件差:目前,抛光多为手工操作,工作繁重,飞溅的磨粒、介质、微屑等污染工作环境,劳动条件很差。

抛光主要用作零件表面的修饰加工、电镀前的预加工或者消除前道工序的加工痕迹。抛光零件的表面类型不受限制,可以是外圆、内孔、平面及各种成形面。抛光的材料也不受限制。

3.7 特种加工

随着现代科学技术的发展，出现了很多用传统加工方法难以加工的新材料（高熔点、高硬度、高强度、高脆性、高韧性等难加工材料）及一些特殊结构（高精度、高速度、耐高温、耐高压等）的零件。因此，人们经过探索研究，发明了一些新的加工方法。这些加工方法不是依靠机械能进行加工，而是依靠特殊能量（如电能、化学能、光能、声能、热能等）来进行加工的方法，故称为特种加工。其加工方法主要有电火花加工、电解加工、激光加工、超声波加工、电子束加工、离子束加工等。

相对于传统切削加工方法而言，特种加工具有以下特征：①加工用的工具硬度不必大于工件材料的硬度；②在加工过程中，不是依靠机械能而是依靠特殊能量去除工件上多余金属层。因此，工具与工件之间不存在显著的机械切削力。目前，在机械制造中，特种加工已成为不可缺少的加工方法，随着科学技术的发展，它的应用将更加普遍。

特种加工的种类很多，但由于篇幅的限制，本章仅对电火花加工、激光加工、超声波加工和电解加工作简要介绍。

3.7.1 电火花加工

1. 电火花加工的基本原理

电火花加工是利用脉冲放电的电蚀作用对工件进行加工的方法。所以，也称电蚀加工或放电加工。

电火花加工原理如图 3－64 所示。加工时，工件和工具分别与脉冲电源的阳极和阴极相连接。两极间充满液体绝缘介质（如煤油、去离子水等）。间隙自动调节器使工具和工件之间经常保持一个很小的放电间隙。由于工具和工件的微观表面是凸凹不平的，两极间“相对最靠近点”的电场强度最大，其间的液体绝缘介质最先被击穿并电离成电子和正离子，形成等离子放电通道。在电场力的作用下，通道内的电子高速奔向阳极，正离子奔向阴极，形成火花放电，如图 3－65 所示。

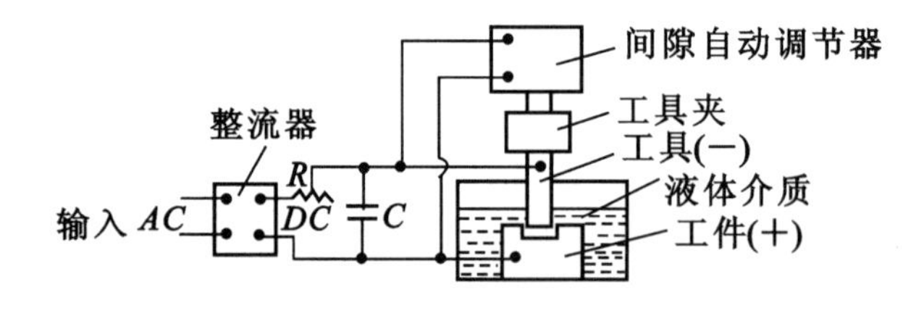

图 3－64 电火花加工原理示意图

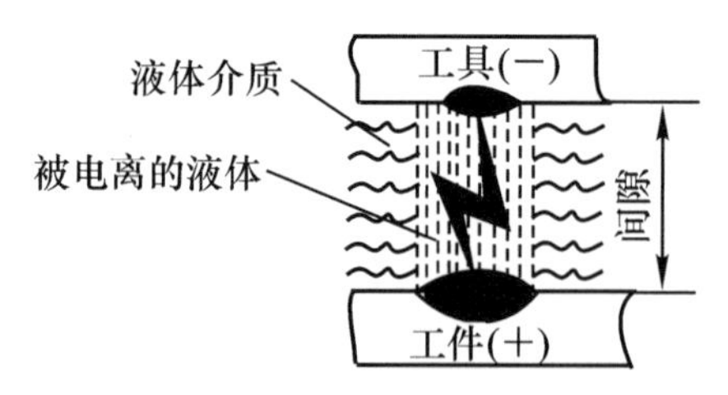

图 3－65 两极间放电示意图

由于介质击穿过程极其迅速（仅为 10^{-7}～10^{-5} s），放电通道内的电流密度又很大（10^{4}～10^{7} A/cm），因此，瞬时释放的电能很大，并转换成热能量、磁能、声能、光能及电磁辐射能量等，其中大部分转换成为热能，通道中心温度可达 10 000℃以上，高温使两极放电点局部熔化或气化，通道的介质也气化或热裂分解。气化过程产生很大的热爆炸力，把熔化状态的材料抛出，在两极的放电点各形成一个小凹坑（见图 3－66），于是两极间隙增大，火花熄灭，工作液则恢复绝缘。当两极间隙达到放电间隙时，便产生下一个脉冲火花放电，又将工件蚀除一个小坑。如此周而复始，在工件表面和工具表面形成了无数个小凹坑(见图 3－67)。随着工具电极的不断进给，工具的形状便被逐渐复制在工件上。

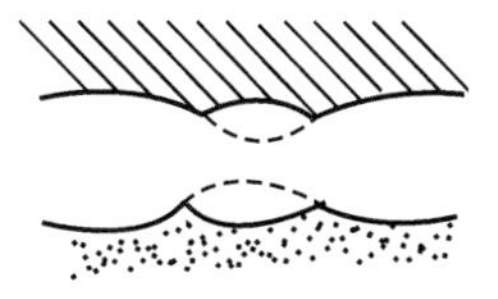
图 3－66　单个脉冲放电后加工表面局部放大图

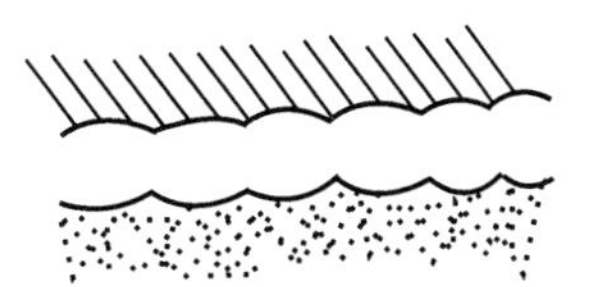
图 3－67　多个脉冲放电后加工表面局部放大图

2. 电火花加工的极性效应

电火花加工时，阳极和阴极表面都受到放电腐蚀作用，但两电极的蚀除速度(或蚀除量)不同，即使两极材料相同也不例外。这种现象叫极性效应。

这是由于在放电过程中，两极表面所获得的能量不同。众所周知，物体的动能主要取决于其速度和质量。当用短脉冲加工时，由于电子质量轻、惯性小、加速块，在短时间内容易获得很高的速度并奔向阳极，而正离子质量大、惯性大、加速慢，在短时间内所获得的速度较低，因此，电子的轰击是主要的，阳极的蚀除量大于阴极；当用长脉冲加工时，由于放电时间长，正离子可以获得较高的运动速度，而电子的速度达到极限后不再增加。因此，正离子轰击阴极时的动能较大，阴极蚀除量大。所以，采用短脉冲加工时，工件应接阳极，成为正极性加工；采用长脉冲加工时，工件应接阴极，成为负极性加工。

极性效应除了与放电时间有关系以外，还与电极材料和脉冲能量等因素有关系。在进行电火花加工时，除了正确选择极性外，还要合理选择电极材料，常用的工具电极材料为石墨、紫铜，另外还有铸铁、钢、铜钨合金、银钨合金等。

3. 电火花加工机床简介

电火花加工机床主要由脉冲电源、机床本体、间隙自动调节器和工作液循环系统四部分组成。

(1)机床本体：用来安装工具电极和工件电极，并调整它们之间的相对位置。主要包括床身、立柱、主轴头、工作台等。

(2)间隙自动调节器：自动调节两极间隙和工具电极的进给速度，维持合理的放电间隙。

(3)脉冲电源：把普通交流电转换成频率较高的单向脉冲电的装置。电火花加工用的脉冲电源可分为弛张式脉冲电源和独立式脉冲电源两大类。

RC 弛张式脉冲电源工作原理如图 3－68 所示。在接通直流电源 E 后，电源经限流电阻 R 向电容器 C 充电，其两端电压逐渐上升。当电容器两端的电极上升到等于工具电极和工件之间的工作液击穿电压时，介质被击穿，电容器放电，在两极间形成火花放电。因为在工作过程中，电容器时而充电，时而放电，一弛一张，故称为“弛张式”脉冲电源。弛张式脉冲电源结构简单、工作可靠、成本低，但生产率低，工具电极损

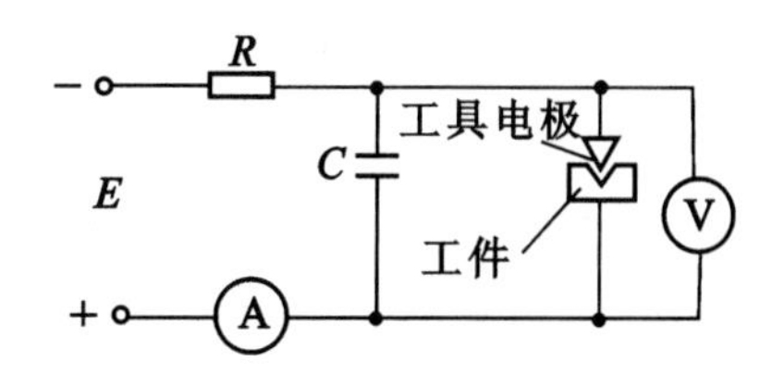

图 3－68　RC 弛张式脉冲电源

耗大。

独立式脉冲电源与放电间隙各自独立，放电由脉冲电源的电子开关元件控制。晶体管脉冲电源是目前最流行的独立式脉冲电源。

(4)工作液循环过滤系统：由工作液箱、泵、管、过滤器等组成，目的是为加工区提供较为纯净的液体工作介质。

4. 电火花加工的工艺特点及应用

(1)工艺特点：

1)可加工任何导电材料。电火花加工是利用电能而不是利用机械能进行加工的，放电区域的瞬时温度很高(10 000℃)，可熔化和气化任何材料。

2)加工精度较高，表面粗糙度较小。电火花加工的尺寸精度为 0.01 mm，表面粗糙度 Ra 值为 0.8 μm，其加工精度与电压、电流、电容以及电极材料有关，用弱电加工，尺寸精度可达 0.002～0.004 mm，表面粗糙度值 Ra 可达 0.1～0.05 μm。

3)生产率较低。电火花加工的生产率与电压、电流、电容以及电极材料有关。用强电加工，生产率高；用弱电加工，生产率低。与电解加工相比，电火花加工的生产率较低。

4)无切削力。有利于小孔、窄槽、薄壁工件以及复杂型面的加工。

(2)应用场合：

1)穿孔加工。电火花加工能够加工各种小孔(ϕ0.1～ϕ1 mm)、型孔(如圆孔、方孔、多边形孔、异形孔等，如图 3-69 所示)、窄缝等，小孔的精度可达 0.002～0.01 mm。

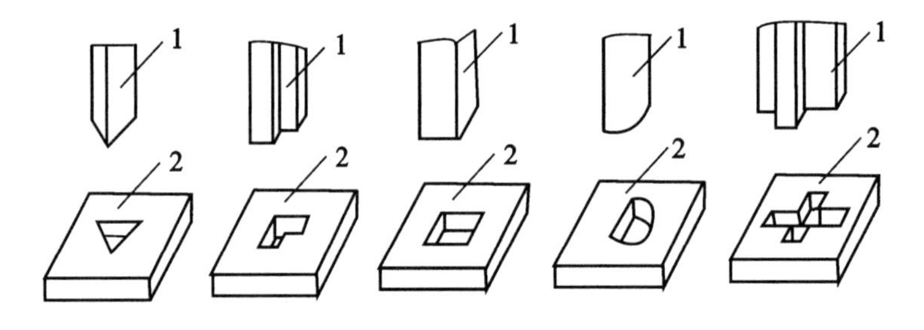

图 3-69　型孔加工示意图

2)型腔加工。电火花加工能够加工锻模、压铸模、塑料模等型腔以及整体叶轮、叶片等曲面零件。

3)电火花线切割加工。它是利用移动着的细金属丝(钼丝、钨钼丝、黄铜丝等)作工具电极，在金属丝和工件之间浇上工作液，并通以脉冲电流，使之产生火花放电而切割工件的。工件的形状是通过电极丝与工件在切割过程中连续运动形成的，其运动轨迹可以用靠模。电火花线切割加工的特点是：成本低，生产周期短；线电极损耗少，加工精度高；工件形状容易控制。因此，电火花线切割被广泛用于加工冲模、样板、形状复杂的精密细小零件、窄缝等。

4)其他应用，如电火花磨削加工、电火花表面强化、去除折断工具、齿轮跑合等。

3.7.2　电解加工

1. 电解加工的基本原理

电解加工是利用“电化学阳极溶解”原理，对金属材料进行加工的方法。

电解加工的基本原理如图3-70所示。加工时，工件接直流电源的正极(阳极)，工具接直流电源的负极(阴极)，两极保持一定的间隙(0.1～1 mm)，高速(5～60 mm/s)流动的电解液从间隙中通过，形成导电通路，于是工件(阳极)表面的金属被逐渐溶解腐蚀，电解产物被流动的电解液带走。

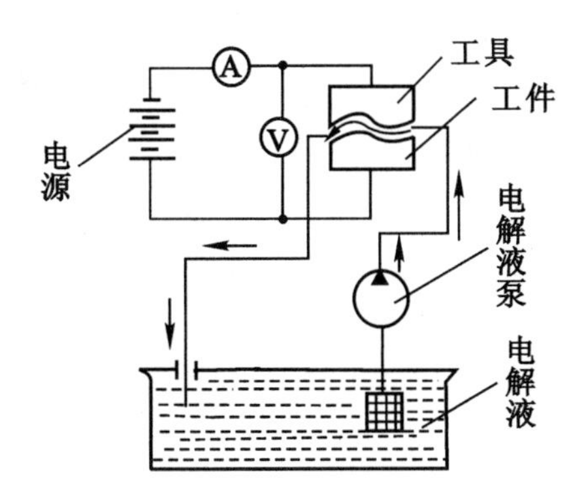

图3-70　电解加工基本原理

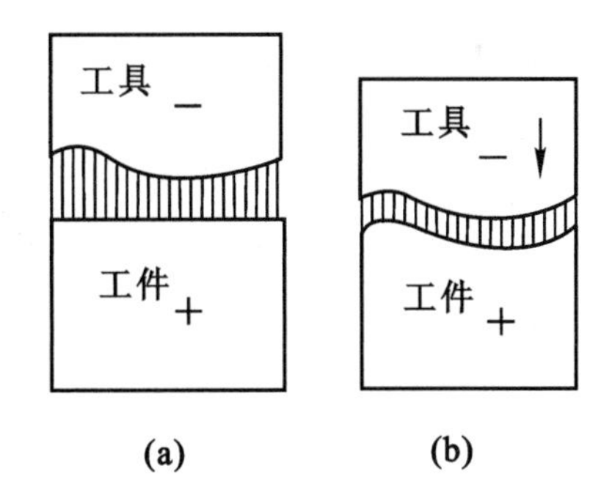

图3-71　电解加工成形原理

加工开始时，阴极与阳极之间距离越近的地方通过的电流密度越大，电解液的流速越高，阳极溶解的速度也越快。阴极工具不断向工件进给，阳极工件表面不断被电解，直至工件表面形状与阴极工作表面形状相似为止，如图3-71所示。

2. 电解加工中的电化学反应

在中学的化学实验中我们已经知道，如果把铁片和铜片隔一定的距离放在盛有食盐(NaCl)水的槽子中，如图3-72所示，铁片接直流电源的阳极，铜片接直流电源的阴极。接通电源后，可以发现阴极有氢气逸出，食盐水中出现沉淀物 $Fe(OH)_2$，盐水颜色逐步变成暗绿色，$Fe(OH)_2$ 在水中继续氧化变成 $Fe(OH)_3$，盐水颜色也变成黄褐色。经过一定的时间后，取出铁片和铜片，会发现铁片变薄了，且表面变光了，而铜片没有变化。

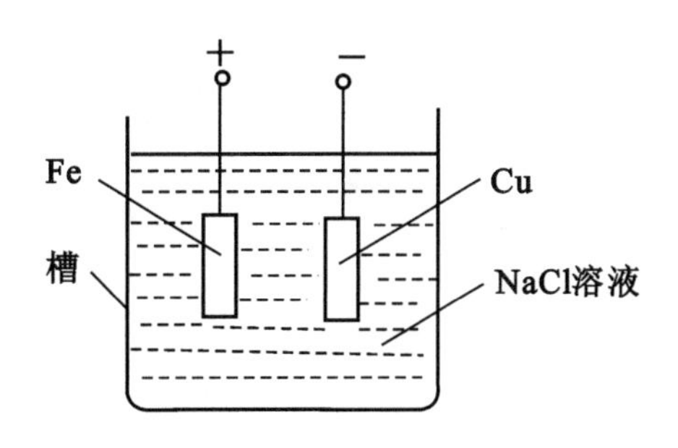

图3-72　电化学实验

电解加工时的电化学反应比较复杂，电化学反应随工件材料、电解液成分等不同而不同。当用 NaCl 电解液加工低碳钢时，其主要电化学反应如下。

(1)电解液在电场作用下离解：

$$NaCl \rightleftharpoons Na^{+} + Cl^{-}$$

$$H_2O \rightleftharpoons H^{+} + OH^{-}$$

(2)阳极(工件)的电化学反应(离解)：

$$Fe - 2e \longrightarrow Fe^{2+}$$

(3)阴极(工具)的电化学反应：

$$2H^{+} + 2e \longrightarrow H_2 \uparrow$$

(4)电解液的电化学反应：

$$Fe^{2+} + 2(OH)^{-} \longrightarrow Fe(OH)_2 \downarrow \text{(暗绿色)}$$

$$4Fe(OH)_2 + 2H_2O + O_2 \longrightarrow 4Fe(OH)_3 \downarrow$$（黄褐色）

在电解加工过程中，电源不断使铁原子失去电子成为Fe^{2+}，Fe^{2+}与电解液中的OH^-反应生成$Fe(OH)_2$而沉淀。$Fe(OH)_2$会逐渐被电解液及空气中的氧氧化，生成$Fe(OH)_3$沉淀物。$Fe(OH)_2$和$Fe(OH)_3$沉淀物被高速流动的电解液带走，达到加工的目的。电解液中的H^+不断从阴极得到电子，生成H_2（氢气）而逸出。工具电极（阴极）并不损耗，可长期使用。

在电解加工过程中，电解液的主要作用是：①导电；②在电场作用下进行化学反应，使阳极溶解顺利进行；③及时把加工间隙内的电解物及热量带走，起到净化和冷却作用。

3.电解加工机床简介

电解加工机床主要由机床本体、直流稳压电源和电解液系统三部分组成。

(1)机床本体：为了使机床主轴在高速电解液作用下稳定进给，并获得良好的加工精度，电解加工机床除了具有一般机床的共同要求外，还必须具有足够的刚度、可靠的进给运动平稳性、良好的防腐性能和密封性能。

(2)直流稳压电源：直流稳压电源的作用是把普通交流电转换成电压稳定的直流电。对于电解加工来说，直流稳压电源应具有以下特征。

1)合适的容量范围。稳压电源的容量主要由工件的投影面积和电流密度的乘积决定。常用的直流稳压电源容量为500 A，1 000 A，2 000 A，3 000 A，5 000 A，10 000 A，15 000 A和20 000 A。电源的输出电压为6～24 V。

2)良好的稳压精度。电解加工的稳压精度对加工精度影响很大，因此，稳压精度一般应控制在±(1%～2%)。

3)可靠的短路保护。在电源中只要发生短路，就能快速(10～20 μs)切断电源，以避免因短路而烧伤工具与工件。

(3)电解液系统：主要由电解液泵、电解液槽、过滤器、热交换器以及其他管路附件组成。其作用是连续且平稳地向加工区输送足够流量和合适温度的干净电解液。

4.电解加工的工艺特点及应用

(1)工艺特点：与其他特种加工方法相比较，电解加工具有以下特点。

1)加工范围广，不受材料的机械性能的限制，可加工任何导电材料。

2)生产率高。由于电解加工一次成形，其生产率是电火花加工的5～10倍，在特殊情况下，比传统加工方法的生产率还高。

3)加工表面完整性好。加工表面粗糙度Ra值为0.8～0.2 μm，表面质量好，加工表面无残余应力和变质层。

4)加工精度较低。电解加工的精度比电火花加工低，且不易控制。在一般情况下，型孔的加工精度为±(0.03～0.05) mm，型腔的加工精度为±(0.05～0.2) mm。

5)工具电极不损耗，寿命长。

(2)应用场合：

1)电解加工可加工各种型孔、型腔及复杂型面(如发动机叶片等)。

2)电解加工可进行深孔加工。图3-73为移动式阴极深孔扩孔电解加工示意图。阴极主体用黄铜或不锈钢等导电材料制成，非工作表面用绝缘材料覆盖。前引导和后引导起定位和绝缘作用。电解液从接头内孔引进，由出水孔喷入加工区。

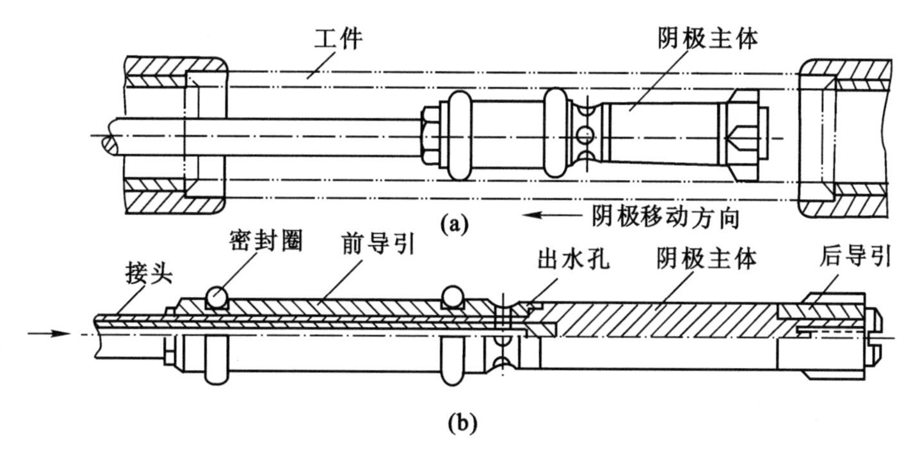

图3-73　移动式阴极深孔扩孔电解加工

3)电解去毛刺。电解去毛刺的基本原理如图3-74所示。相对于工件毛刺的阴极表面露出,其他部分用绝缘材料覆盖,以便只有工件毛刺部分发生阳极溶解,达到去除毛刺的目的。

4)电解刻印。电解刻印原理如图3-75所示。刻印时,将模板置于刻引器阴极与工件之间,通过电解液使金属表面发生阳极溶解,而显示出所需要的文字或图案。

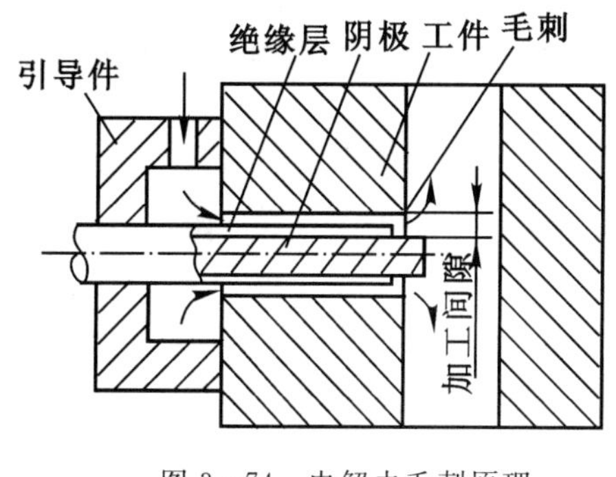

图3-74　电解去毛刺原理

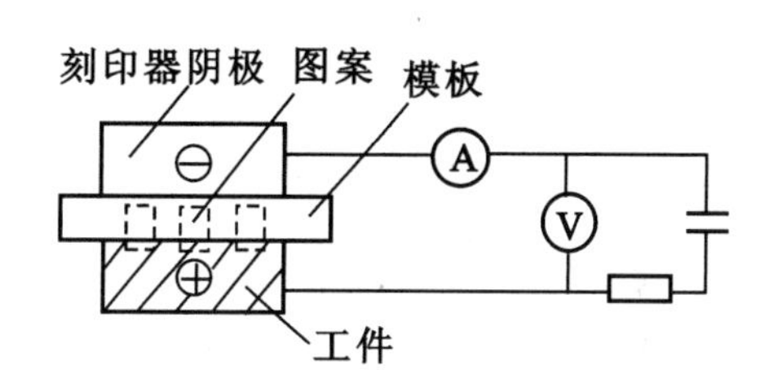

图3-75　电解刻印原理

与电火花加工相比较,电解加工的生产率高,加工精度较低,机床费用较高。因此,电解加工适用于成批和大批、大量生产,而电火花加工主要用于单件、小批量生产。

3.7.3　超声波加工

1.超声波加工的基本原理

超声波是频率超过20 000 Hz的声波,其功率比普通声波大得多,功率可达几十瓦到几百瓦。超声波加工是利用工具作超声高频振动时,磨料对工件的机械撞击和抛磨作用以及超声波空化作用使工件成形的一种加工方法。

超声波加工原理如图3-76所示。加工时,工具以一定压力通过磨料悬浮液作用在工件上。超声发生器产生超声高频振荡信号,通过换能器转换成振幅很小的高频机械振动,振幅扩大棒将机械振动的振幅放大到0.01～0.15 mm的范围内,振幅放大棒带动做工具高频机械振动,迫使悬浮磨料以很高的速度不断撞击、琢磨和抛磨工件加工表面,使工件局部材料破碎。虽然每次破碎的材料很少,但每秒有20 000次以上。另外,磨料悬浮液受到工具端部的超声高频振动作用而产生液压冲击和空化现象。空化现象在工件表面形成液体空腔，闭合时引起极强的液压冲击，促使液体钻入工件材料的裂缝中，加速机械破碎作用。磨料悬浮液是循环流动的，以便更新磨料并带走被粉碎的材料微粒。于是工具逐步深入到工件材料中，工具形状便“复制”到工件上。

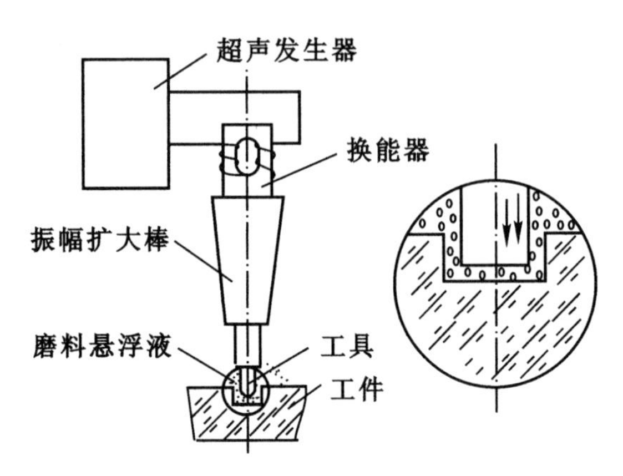

图 3-76　超声波加工原理示意图

超声波加工的工具材料一般为 45 钢。磨料悬浮液的磨料为碳化硼、碳化硅或氧化铝。磨料粒度与加工质量和生产率有关，粒度号小，加工精度高，生产率低。磨料悬浮液的液体为水或煤油。

2. 超声波加工机床简介

超声波加工机床主要由超声波发生器、超声波振动系统和机床本体三部分组成，其示意图如图 3-77 所示。

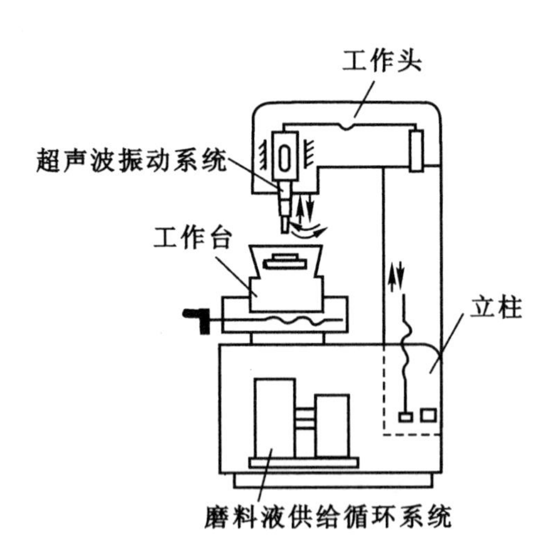

图 3-77　超声波加工机床示意图

(1)超声波发生器：其作用是将 50 Hz 的交流电转换成频率为 16 000 Hz 以上的高频电。

(2)超声波振动系统：其作用是将高频电转换成高频机械振动，并将振幅扩大到一定范围(0.01～0.15 mm)，主要包括超声波换能器和振幅扩大棒。

(3)机床本体:机床本体就是把超声波发生器、超声波振动系统、磨料悬浮液系统、工具及工件等按所需要的位置和运动组成一个整体。

3. 超声波加工的工艺特点及应用

(1)工艺特点:与其他加工方法相比较,超声波加工具有以下特点。

1)能加工各种高硬度材料。由于超声波加工基于冲击作用,脆性大的材料遭受的破碎作用大,因此,超声波加工主要用于加工各种硬脆材料,特别是电火花加工和电解加工无法加工的不导电材料和半导体材料,如宝石、金刚石、玻璃、陶瓷、硬质合金、锗、硅等。

2)加工精度高,表面粗糙度低。超声波加工的尺寸精度一般可达到 0.01～0.05 mm,表面粗糙度 Ra 值可达到 0.4～0.1 μm,加工表面无残余应力,也没有烧伤。

3)生产率较低。

4)切削力小,热影响小,适合加工薄壁或刚性差的工件。

5)容易加工出复杂型面、型孔和型腔。

(2)应用场合:超声波加工主要用于硬脆材料的型孔、型腔、型面、套料及细微孔的加工,如图 3-78 所示。另外,超声波加工可以和其他加工方法(电火花加工、电解加工等)结合进行复合加工。图 3-79 为超声波电解复合加工深孔示意图。工件加工表面除了发生阳极溶解以外,超声振动的工具和磨料会破坏阳极钝化膜,空化作用会加速破坏阳极钝化膜,从而使加工速度和加工质量大大提高。

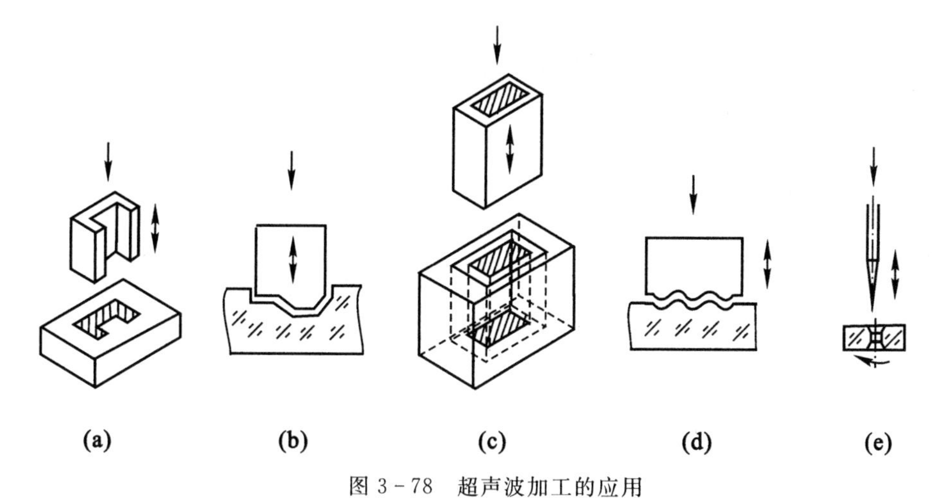

图 3-78　超声波加工的应用

(a)加工异形孔　(b)加工型腔　(c)套料　(d)雕刻　(e)研磨金刚石拉丝模

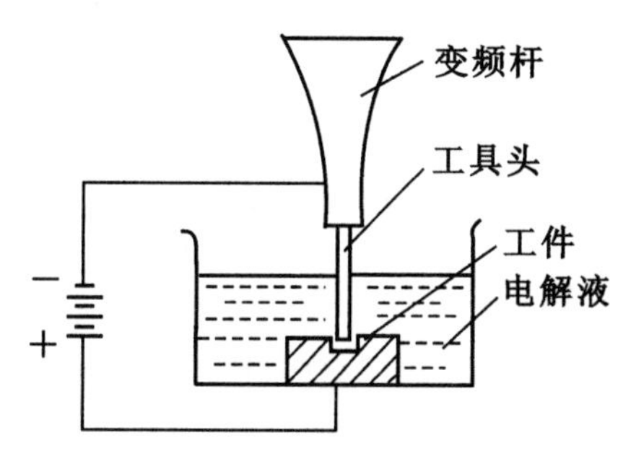

图 3-79　超声波电解复合加工深孔示意图

3.7.4 激光加工

1.激光加工的基本原理

激光除了具有普通光的共性(反射性、折射性、绕射性、干涉性)以外,还具有亮度高、方向性好、单色性好、相干性好等优点。由于激光的方向性和单色性好,在理论上可以聚焦成直径仅为 1 μm 的小光点上,其焦点处的功率密度可达 $10^8 \sim 10^{10}$ W/cm²,温度高达 10 000℃左右。在如此高的温度下,任何坚硬的材料都将在瞬间(<0.01 s)熔化和气化,并产生强烈的冲击波,使熔融物以爆炸的形式喷射出去。激光加工就是利用高温熔融和冲击波作用对工件进行加工的。

图 3-80 为固体激光器的加工原理示意图。激光器的作用是将电能转换成光能(激光束)。工作物质是固体激光器的核心,主要有红宝石、钕玻璃和钇铝石榴石三种。光泵的作用是使工作物质内部原子产生"粒子数反转"分布,并使工作物质受激辐射产生激光。激光在两块相互平行的全反射镜和部分反射镜之间多次来回反射,相互激发,迅速反馈放大,并通过部分反射镜、光阑、分色镜和聚焦透镜后,聚焦成一个小光点照射在工件上,控制激光器使聚焦小光点相对工件作上下移动,就可进行激光打孔。聚焦小光点相对于工件作平移,就可进行激光切割。

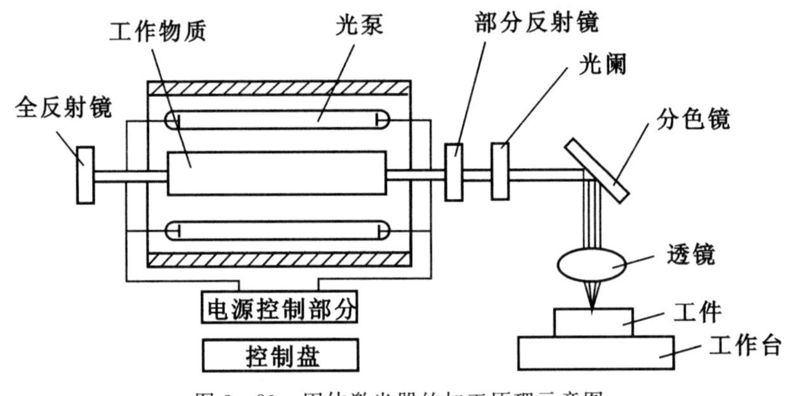

图 3-80 固体激光器的加工原理示意图

2.激光加工的工艺特点及应用

(1)工艺特点:

1)可加工任何金属材料和非金属材料,特别适合加工坚硬材料。

2)生产率高,如激光打孔只需 0.001 s,易于实现自动化生产。

3)可加工微小孔和深孔。激光加工的孔径一般为 ϕ0.01~ϕ1 mm,最小孔径可达 0.001 mm,孔的深径比可达 50~100。

4)激光加工属于非接触加工,没有切削力,没有机械加工变形。

(2)应用场合:

1)激光打孔。激光加工可用于金刚石、宝石、玻璃、硬质合金、不锈钢等材料的小孔加工。

2)激光切割。激光可切割任何材料。切割金属材料时,材料厚度可达 10 mm 以上;切割非金属材料时,材料厚度可达几十毫米。

3)激光焊接。激光焊接是利用激光将焊接接头烧熔,使其黏合在一起。激光焊接过程极为迅速，材料不易氧化，热影响区小，没有熔渣。激光焊接不仅可以焊接同种材料，而且可以焊接不同材料。

4)激光热处理。它是利用激光对材料表面进行激光扫射，使金属表层材料产生相变，甚至融化，当激光束离开工件表面时，工件表面热量迅速向内部传导，表面冷却且硬化，从而可提高零件的耐磨性和疲劳强度。通常所使用的激光热处理形式有激光相变硬化和激光表面合金化。

3.8　零件表面加工方法选择

零件表面的加工方法很多，加工时必须根据具体情况，选择最合适的加工方法。即在保证加工质量的前提下，选择生产率高且加工成本低的加工方法。零件表面加工方法选择的主要依据有：加工表面的精度和粗糙度、零件的结构特点、零件材料的性质、毛坯种类及生产类型。外圆表面、内圆表面(孔)及平面的加工分析如下。

3.8.1　外圆表面的加工

1. 外圆表面的技术要求

外圆表面的技术要求主要有：①外圆表面本身的尺寸精度；②外圆表面的形状精度(圆度、圆柱度等)；③外圆表面与其他表面的位置精度(与内圆表面之间的同轴度、与端面之间的垂直度等)；④表面完整性(表面粗糙度、表面残余应力、表面硬度、金相组织等)。

2. 外圆表面加工方案的选择

外圆表面的加工方法主要有：车削、磨削、精密磨削、研磨和超级光磨。外圆表面的加工顺序如图 3-81 所示，外圆表面的加工方案见表 3-12。

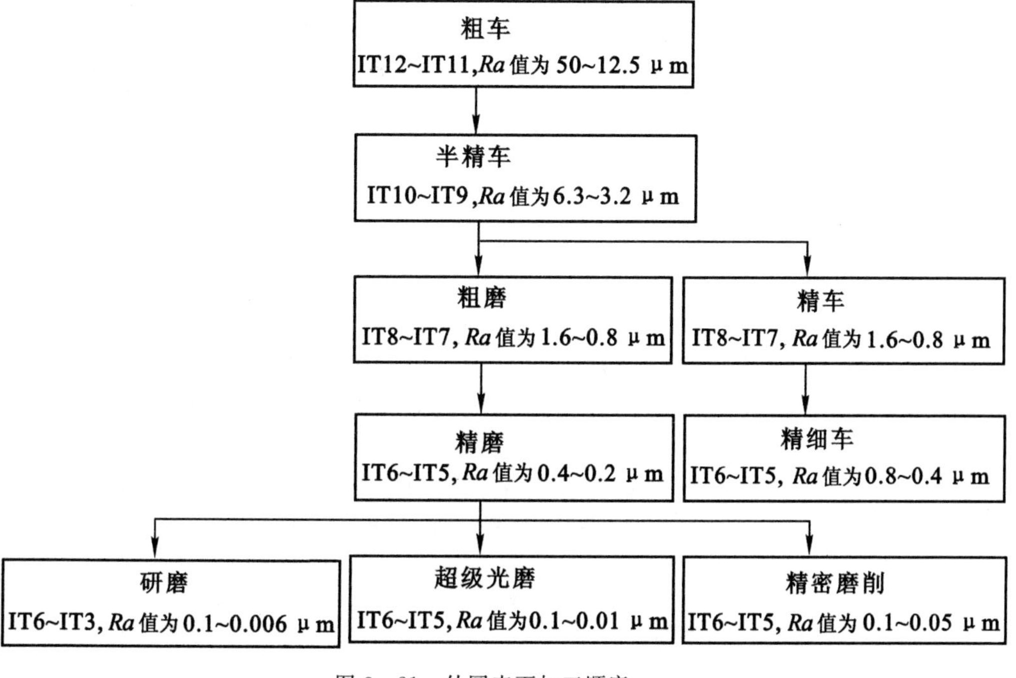

图 3-81　外圆表面加工顺序

表 3－12　外圆表面加工方案

序号	加工方案	适用范围	
		外圆表面的精度及表面粗糙度	工件材料
1	粗车	IT12～IT11，*Ra* 值为 50～12.5 μm	热处理前硬度≤32 HRC，如钢件、铸铁件、有色金属、高温合金等
2	粗车—半精车	IT10～IT9，*Ra* 值为 6.3～3.2 μm	
3	粗车—半精车—粗磨	IT8～IT7，*Ra* 值为 1.6～0.8 μm	有色金属除外
4	粗车—半精车—粗磨—精磨	IT6～IT5，*Ra* 值为 0.4～0.2 μm	
5	粗车—半精车—粗磨—精磨—研磨（或超级光磨、精密或超精密磨削）	IT6～IT5，*Ra* 值为 0.1～0.006 μm	
6	粗车—半精车—精车	IT8～IT7，*Ra* 值为 1.6～0.8 μm	有色金属
7	粗车—半精车—精车—精细车	IT6～IT5，*Ra* 值为 0.8～0.4 μm	

3.8.2　孔的加工

孔是组成零件的另一基本表面。在机器零件中常见的孔有：①紧固孔，如螺钉、螺栓孔；②回转零件上的孔，如轴、盘、套类零件上的孔；③箱体、支架零件上的孔，如轴承孔等；④深孔，孔深径比大于 5 的孔。

1. 孔的技术要求

孔的技术要求主要有：①孔的尺寸精度和形状精度（圆度、圆柱度）；②孔的位置精度（如孔与孔，孔与外圆的同轴度，孔的轴线与平面或端面之间的平行度或垂直度）；③孔的表面完整性（如孔的表面粗糙度、表面残余应力、表面加工硬化等）。

2. 孔加工方案的选择

孔的主要加工方法有钻、扩、铰、镗、拉、磨、电解加工、电火花加工、超声波加工、激光加工等。孔的各种加工方法所能达到的精度、表面粗糙度和加工顺序如图 3－82 所示。孔的加工可分为在实体材料上加工孔和对已有的孔进行进一步加工。在实体材料上加工孔的方案见表 3－13。对已铸出或锻出的孔进行加工时，开始采用扩孔或镗孔，后续加工与表 3－13 所示完全一致。对于工件材料硬度大于 32 HRC 的孔，一般采用特种加工，然后根据需要进行光整加工。对于平底盲孔一般采用钻—镗加工方案。

3.8.3　平面的加工方案选择

平面是盘形、板形、箱体及支架零件的主要表面，是其他表面的基准面。

1. 平面的技术要求

平面的技术要求主要有:①平面本身的尺寸精度和形状精度(平面度);②平面的位置精度(如平面与平面、外圆轴线、内孔轴线的平行度或垂直度);③平面的表面完整性,如表面粗糙度、表面残余应力、表面加工硬化等。

2. 平面的加工方案选择

平面的加工方法有铣削、刨削、磨削、车削、拉削等,其中以铣削和刨削为主。平面的各种加工方法所能达到的精度、表面粗糙度和加工顺序如图3-83所示。平面的加工方案见表3-14。如果需要光整加工,可采用表中序号为3的加工方案,然后进行光整加工,如研磨、超级光磨或超精密磨削。但磨削、超级光磨和超精密磨削不能加工有色金属。

表3-13 孔的加工方案

序号	加工方案	适用范围			
		孔的精度及表面粗糙度	工件材料	孔径大小/mm	生产类型
1	钻	IT11以下,*Ra*值为50~12.5 μm	硬度≤32 HRC	≤75	各种类型
2	钻—扩	IT10~IT9,*Ra*值为6.3~3.2 μm		≤30	
	钻—粗镗			>30	
3	钻—扩—粗铰	IT8,*Ra*值为3.2~1.6 μm		≤80	成批
	钻—粗镗—半精镗			>20	单件、小批量
	钻—拉				大批大量
	钻—粗镗—粗磨		有色金属除外		各种类型
4	钻—扩—粗铰—精铰	IT7,*Ra*值为1.6~0.4 μm	硬度≤32 HRC	≤80	成批
	钻—粗镗—半精镗—精镗			>20	单件、小批量
	钻—拉				大批大量
	钻—粗镗—粗磨—半精磨		有色金属除外		各种类型
5	钻—扩—粗铰—精铰—手铰	IT6,*Ra*值为0.2~0.7 μm	硬度≤32 HRC	≤80	成批
	钻—粗镗—半精镗—精镗—精细镗			>20	单件、小批量
	钻—拉—精拉				大批大量
	钻—粗镗—粗磨—半精磨—精磨		有色金属除外		各种类型
4	钻—扩—粗铰—精铰—手铰—研磨	IT6,*Ra*值为0.1~0.006 μm	硬度≤32 HRC	≤80	成批
	钻—粗镗—半精镗—精镗—精细镗—研磨			>20	单件、小批量
	钻—拉—精拉—研磨				大批大量
	钻—粗镗—粗磨—半精磨—精磨—研磨		有色金属除外		单件、小批量
	钻—粗镗—粗磨—半精磨—精磨—珩磨				大批大量

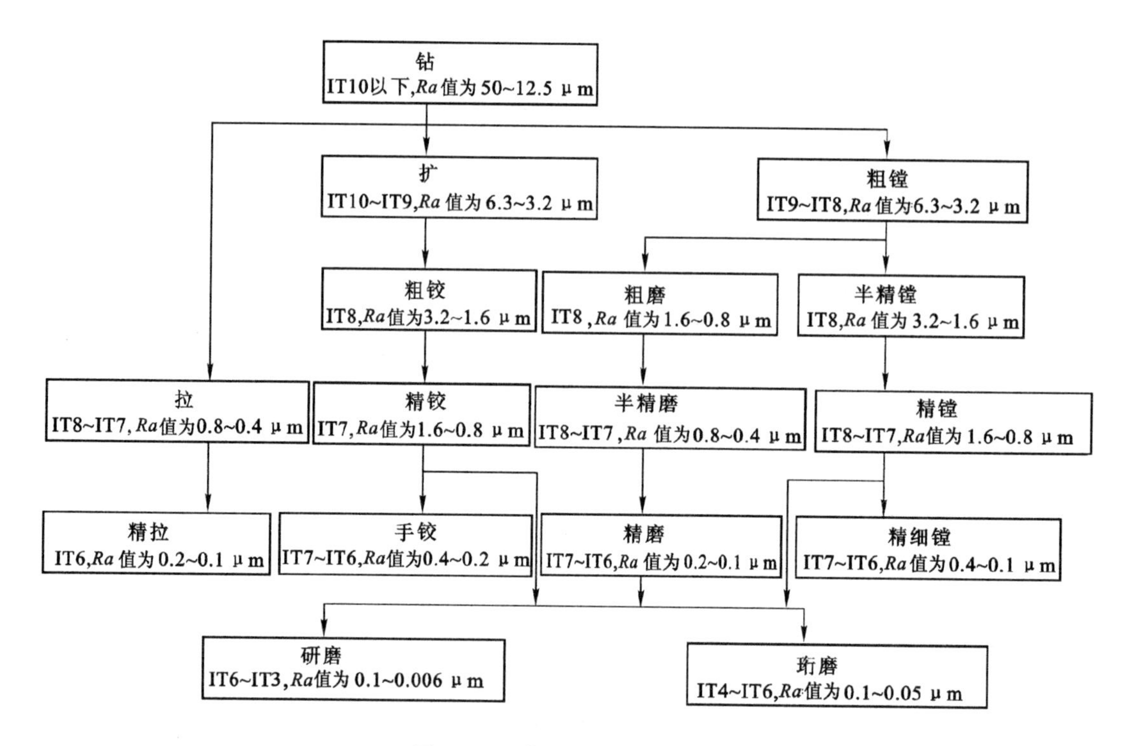

图 3-82　外圆表面加工顺序

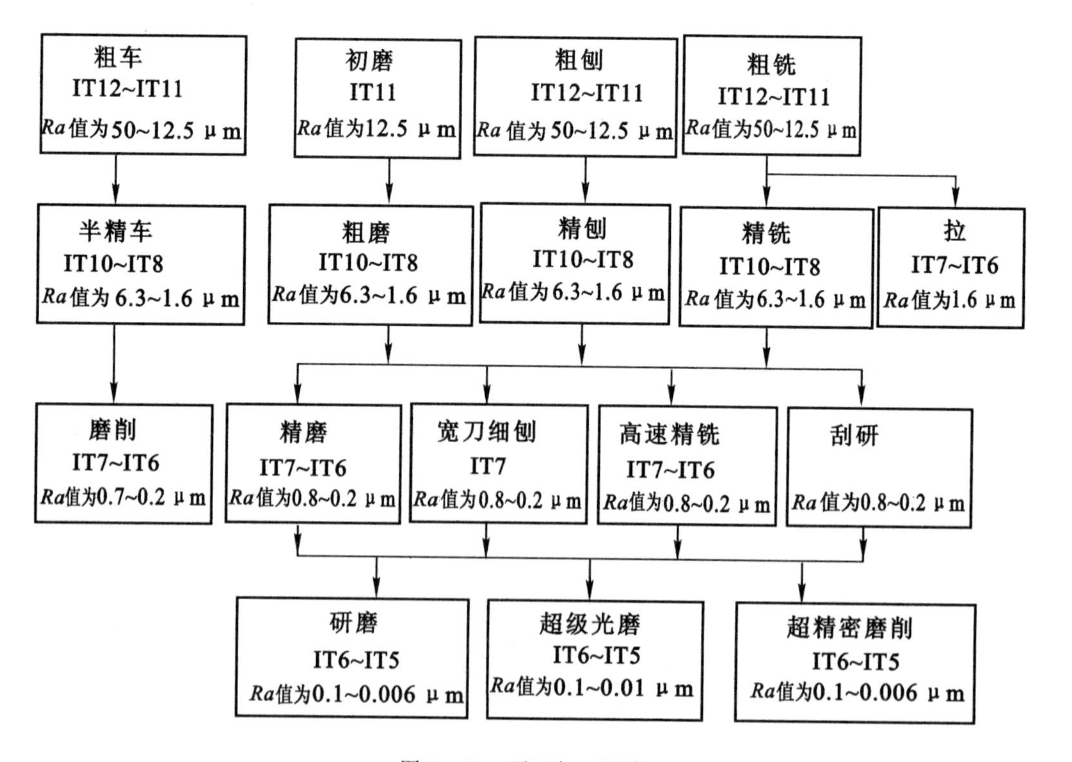

图 3-83　平面加工顺序

表 3－14　平面加工方案

序号	加工方案	适用范围			
		平面的精度及表面粗糙度	工件材料	平面类型	生产类型
1	粗刨或粗铣	IT12～IT11，*Ra* 值为 50～12.5 μm	硬度≤32 HRC	各种类型	各种类型
	初磨		硬度＞32 HRC	各种类型	各种类型
2	粗刨—精刨	IT10～IT8，*Ra* 值为 6.2～1.6 μm	硬度≤32 HRC	各种类型	单件、小批量
				窄长平面	各种类型
	粗铣—粗铣			各种类型	大批、大量
	粗车—半精车			端　面	各种类型
	初磨—粗磨		硬度＞32 HRC	各种类型	各种类型
3	粗刨—精刨—宽刀细刨	IT7～IT6，*Ra* 值为 0.8～0.2 μm	硬度≤32 HRC	窄长平面	各种类型
	粗铣—精铣—高速精铣			各种类型	各种类型
	粗铣—拉			窄小平面	大批、大量
	粗铣(刨)—精铣(刨)—磨			各种类型	各种类型
	粗车—半精车—磨削			端　面	各种类型
	初磨—粗磨—精磨		硬度＞32 HRC	各种类型	各种类型
4	粗铣(刨)—精铣(刨)—刮研	IT10～IT8，*Ra* 值为 0.8～0.2 μm	硬度≤32 HRC	各种类型	单件、小批量

第4章　机械零件的结构工艺性

4.1　零件结构工艺性的概念

零件结构工艺性是指制造和装配时的可行性和经济性。根据使用要求所设计的零件结构，在毛坯生产、切削加工、热处理等生产阶段都能用高效率、低消耗和低成本的方法制造出来，并便于装配和拆卸，则说明该零件具有良好的结构工艺性。

要使零件在切削加工过程中具有良好的工艺性，应考虑以下几方面问题。

(1)满足使用要求：这是设计、制造零件的根本目的，是考虑零件结构工艺性的前提。

(2)统筹兼顾、全面考虑：产品的制造包括毛坯生产、切削加工、热处理和装配等工艺过程，这些过程都是有机地联系在一起的。在结构设计时，要尽可能使各个生产阶段都具有良好的结构工艺性。

(3)零件结构工艺性的优劣随生产条件的不同而异：在进行零件的结构设计时，必须考虑现有设备条件、生产类型和技术水平等生产条件。例如，图4-1(a)的铣床工作台的T形槽，在单件、小批量生产时，其结构工艺性良好，但在大批、大量生产时，则不便在龙门刨床上一次同时加工若干个工件。若将结构改为如图4-1(b)所示，则可多件同时加工，提高生产效率。

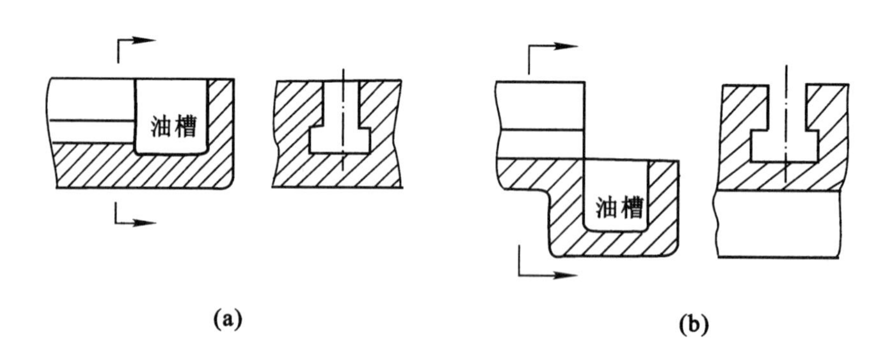

图4-1　铣床工作台的结构工艺性

(4)零件的结构工艺性与发展着的科学技术设备和先进工艺方法相适应：如图4-2所示的不锈钢零件，用一般的切削加工方法很难加工出4个扇形孔，可以说结构工艺性不好，但在电火花加工出现后，加工这样的型孔变得较为容易和方便。

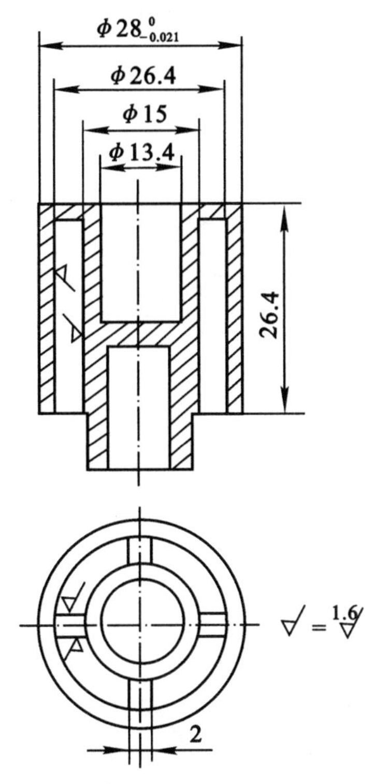

图 4-2　适宜电火花加工的零件

4.2　切削加工对零件结构工艺性的要求

在机器的整个制造过程中，零件切削加工所耗费的工时和费用最多，因此零件结构的切削加工工艺性就显得非常重要。为使零件在切削过程中具有良好的工艺性，对零件结构设计提出了以下几方面的要求。

(1)加工表面的几何形状应尽量简单，尽可能布置在同一平面上或同轴线上。

(2)不需要加工的毛面不要设计成加工面，要求不高的面不要设计成高精度、低粗糙度的表面。

(3)有相互位置精度要求的各个表面，最好能在一次安装中加工。

(4)应使定位准确，夹紧可靠，便于加工，易于测量。

(5)尽量使用标准刀具和通用量具，减少专用刀具和专用量具的设计和制造。

(6)结构应与采用高效机床和先进的工艺方法相适应。

4.3　零件结构的切削加工工艺性实例分析

零件结构设计的总的目的就是要使零件加工方便，提高切削效率，减少加工量和易于保证加工质量。表 4-1～表 4-3 是零件的切削加工工艺性优劣的分析对比。

表 4-1　便于安装和加工的零件结构举例

设计准则	图例		说明
	不合理的结构	合理的结构	
便于装夹、保证定位可靠	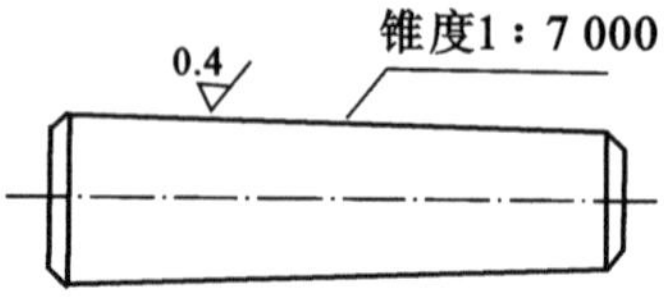 0.4　锥度1∶7 000	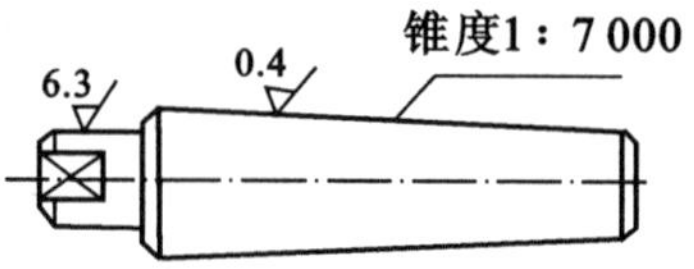 6.3　0.4　锥度1∶7 000	锥度心轴一般是先车后磨，用顶尖、拨盘、卡箍装夹，应在心轴一端设计一圆柱表面，以便安装卡箍
	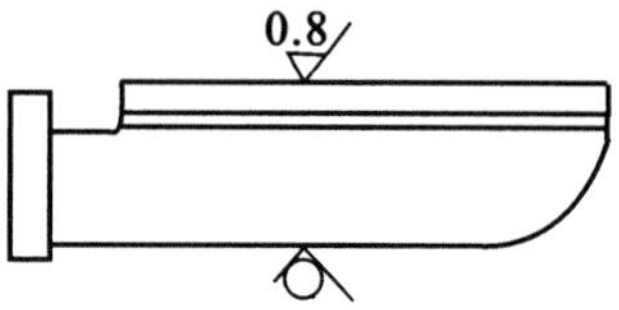 0.8	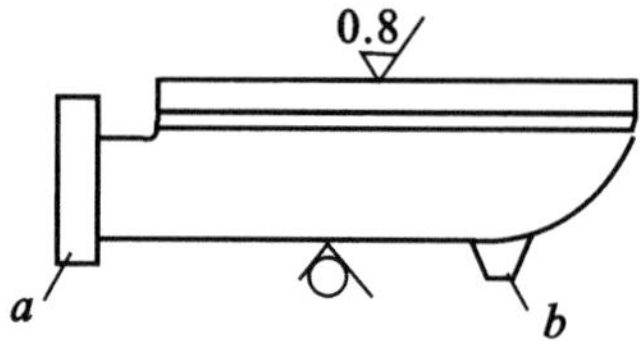 0.8　a　b	为了安装方便，增加了工艺凸台 b，精加工后，再把凸台 b 切除
	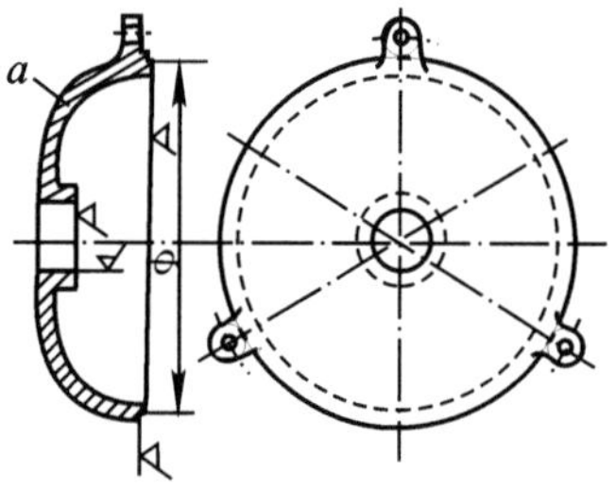 a　Φ	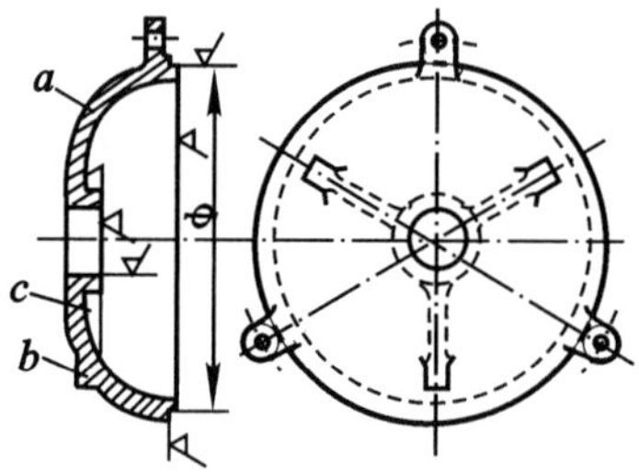 a　c　b　Φ	马达端盖无合适的装夹表面。一般在毛坯铸造时增设 3 个凸台 b，便于用三爪卡盘装夹。设置肋板 c 是为了增加刚性，防止装夹时变形
	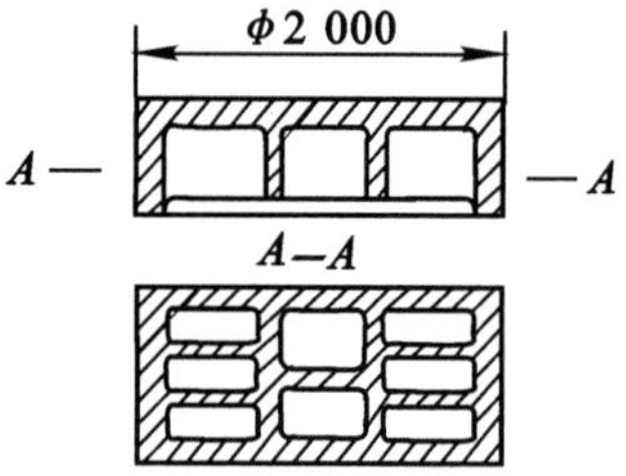 Φ2 000　A—　—A　A—A	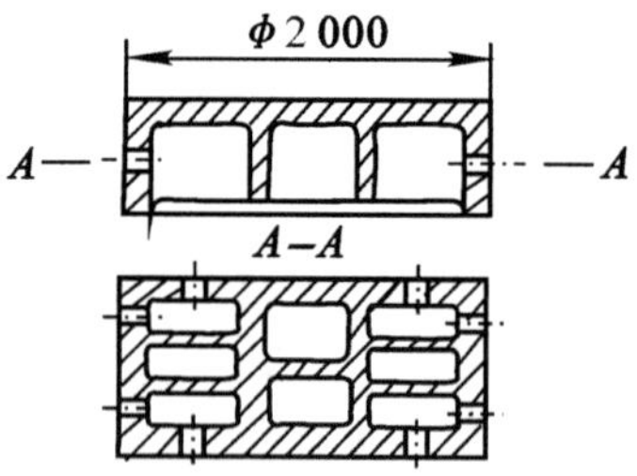 Φ2 000　A—　—A　A—A	划线用大平板无合适装夹表面，在其两边各增加两个孔，以便用压板螺栓压紧工件，且便于吊装起运
	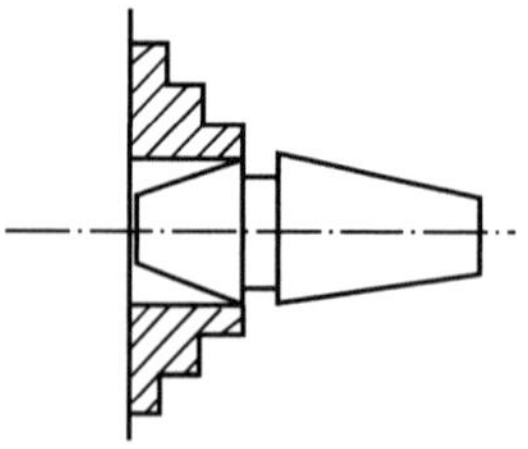	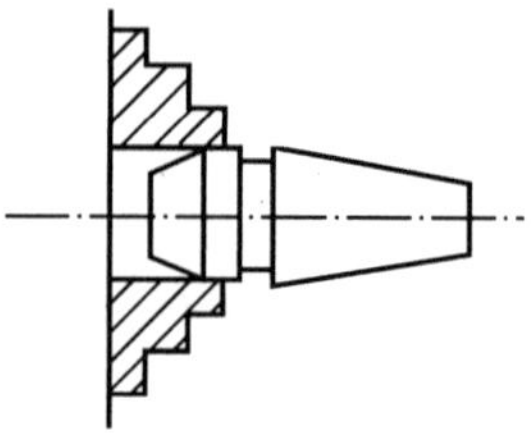	原设计用圆锥面作装夹部位，无法夹牢。改进设计后，以圆柱面装夹，装夹稳固，定位可靠

续　表

设计准则	图例		说明
	不合理的结构	合理的结构	
减少加工困难		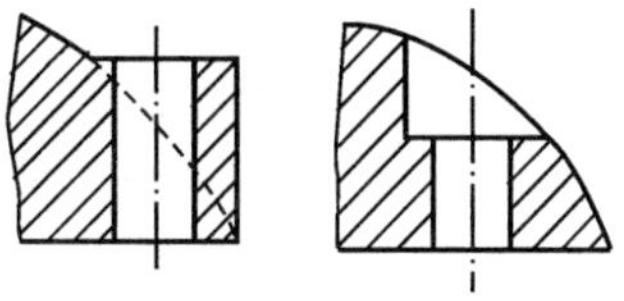	工件上钻头进出表面应与孔的轴线垂直，否则容易折断钻头，加大钻孔难度
	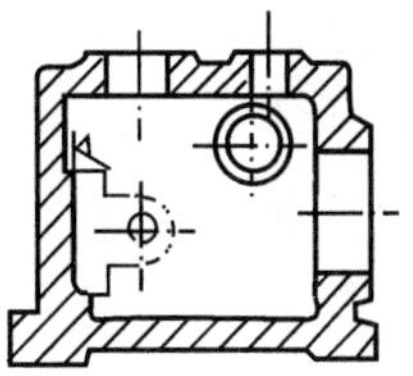	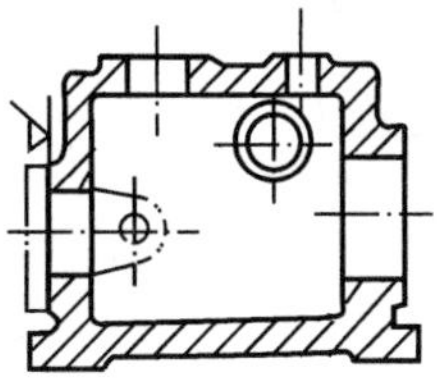	将箱体内表面的加工改为外表面的加工，可使加工大为方便
	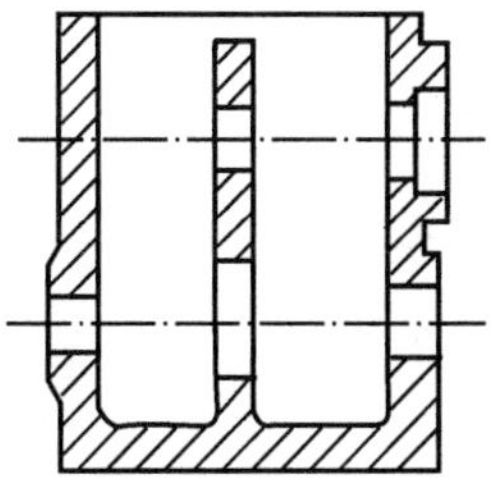	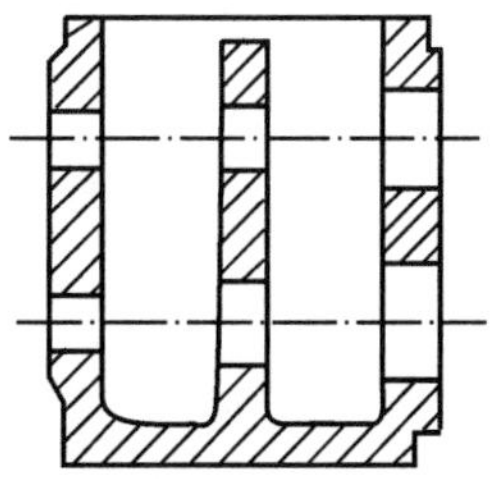	箱体的同轴孔系应尽可能设计成无台阶的通孔。孔径应向一个方向递减，孔的端面应在同一平面上
	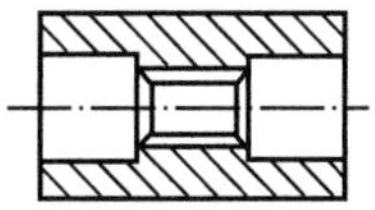	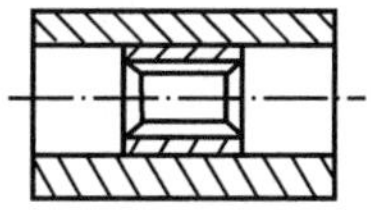	复杂内孔表面采用组合件，可简化内部复杂面的加工，易于保证质量，并可简化刀具结构
便于进刀和退刀	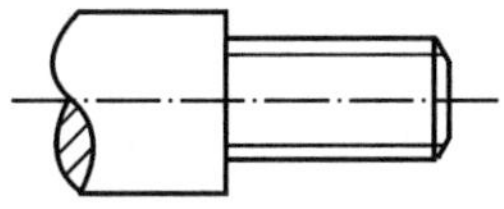	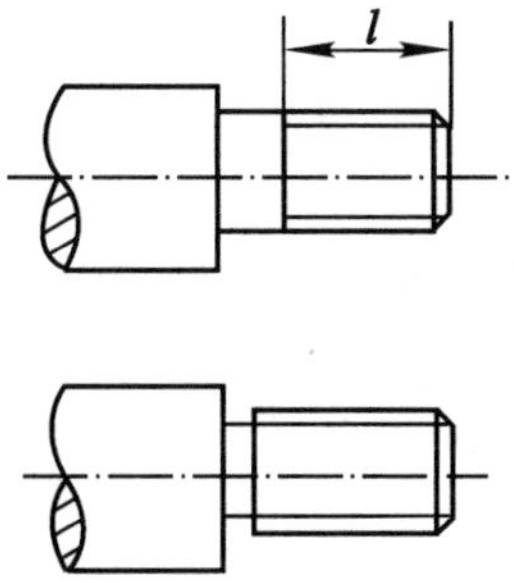	加工内、外螺纹时应留有退刀槽或保留足够的退刀长度

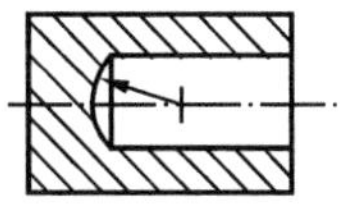

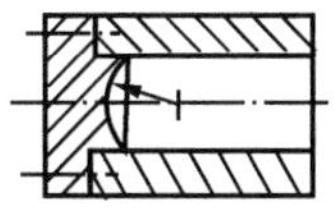

续　　表

设计准则	图例		说　　明
	不合理的结构	合理的结构	
便于进刀和退刀	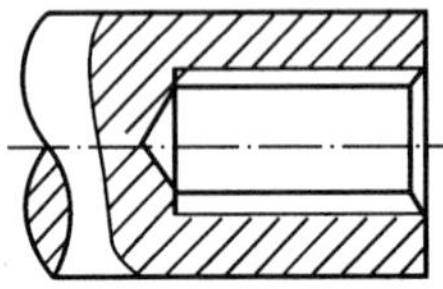	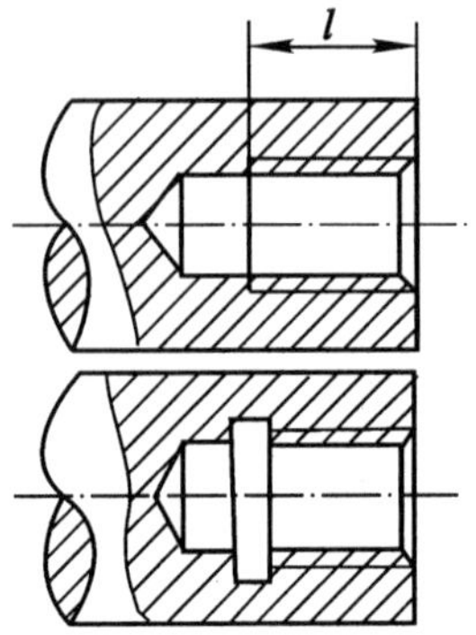 l	加工内、外螺纹时，应留有退刀槽或保留足够的退刀长度
	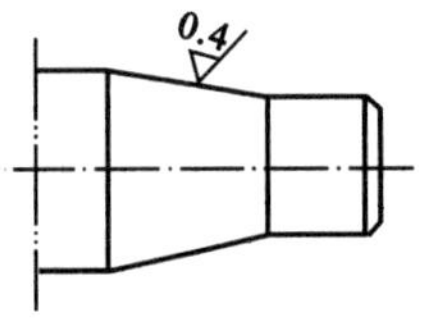 0.4	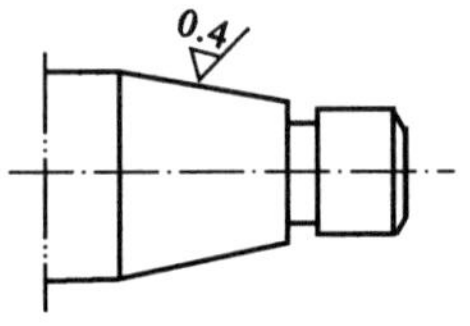 0.4	需要磨削的内、外圆，其根部应有砂轮越程槽
	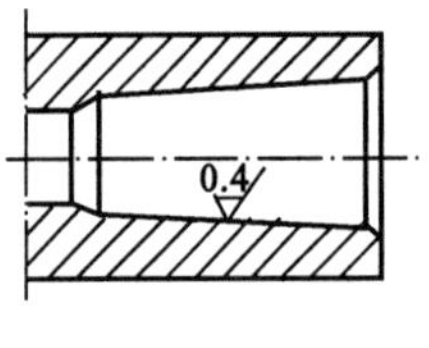 0.4	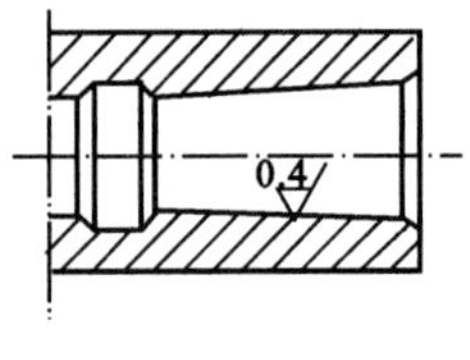 0.4	
力求简单的几何形状	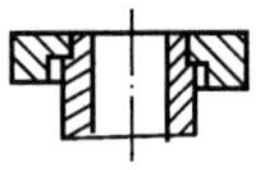	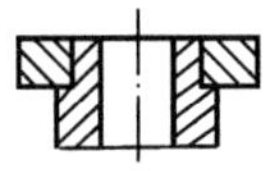	把阶梯孔改成简单的孔，便于加工
	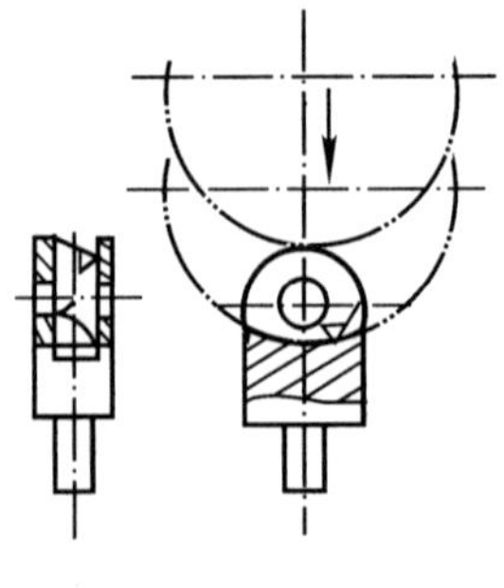	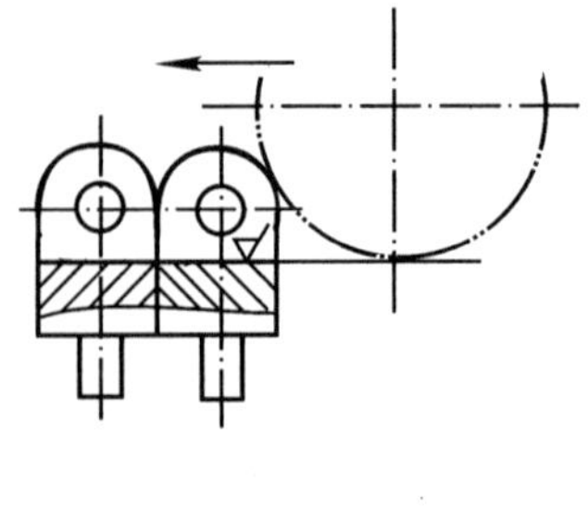	可多件串联起来同时加工，提高生产率； 沟槽底部若是圆弧，铣刀直径必须与工件圆弧直径一致，槽底若为平面，则可选任何直径的铣刀

表 4－2　减少切削加工量和降低成本的零件结构举例

<table>
<tr><th rowspan="2">设计准则</th><th colspan="2">图　　例</th><th rowspan="2">说　　明</th></tr>
<tr><th>不合理的结构</th><th>合理的结构</th></tr>
<tr><td rowspan="4">减少加工表面面积</td><td> 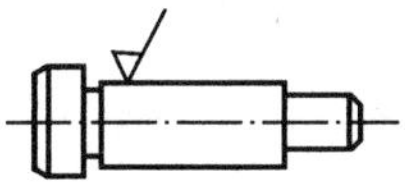</td><td> 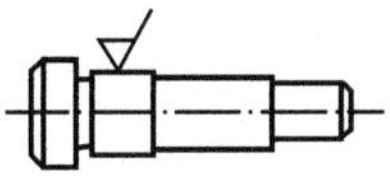</td><td>当轴与盘、套类零件相配合时，应保证配合部位的精度，非配合表面不必制成高精度。这样不仅可减少精加工面积，且易于保证质量</td></tr>
<tr><td></td><td></td><td>当孔的长度与直径之比较大时，应保证与轴相配合部位的精度，以节省材料和降低工时</td></tr>
<tr><td></td><td></td><td rowspan="2">轴承座、箱体、支架等类零件的底平面，应设计成中部成凹状的平面，以减少加工面积，并保证工作可靠</td></tr>
<tr><td></td><td></td></tr>
<tr><td rowspan="2">便于采用标准刀具</td><td> 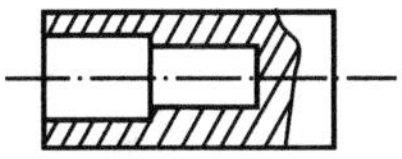</td><td> 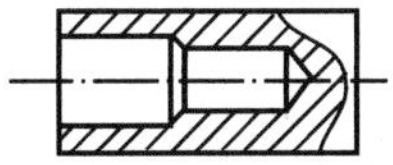</td><td>孔应设计成标准直径，以便选用标准钻头等定径刀具；直径过渡应采用与钻头顶角相同的锥度</td></tr>
<tr><td></td><td></td><td>槽的形状（直角、圆角）和尺寸应与立铣刀形状相符</td></tr>
</table>

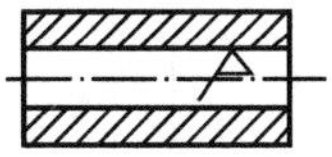

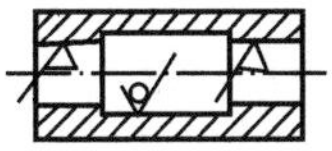

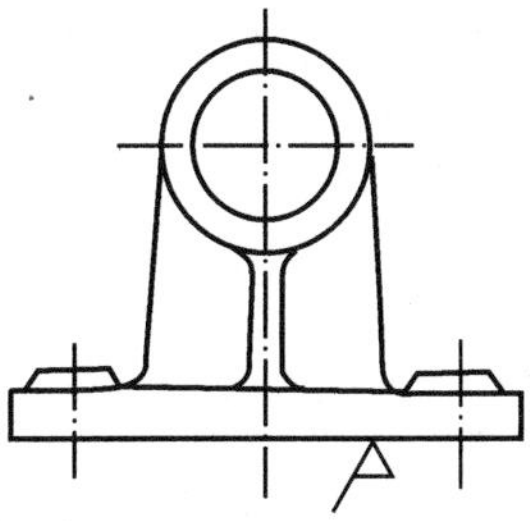

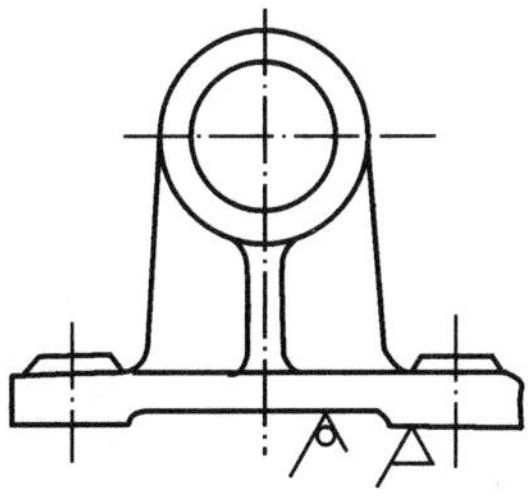

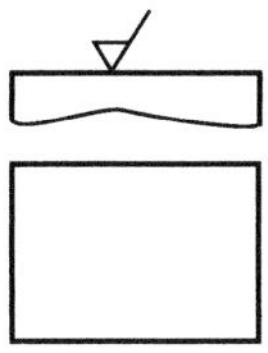

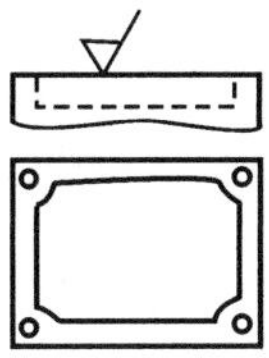

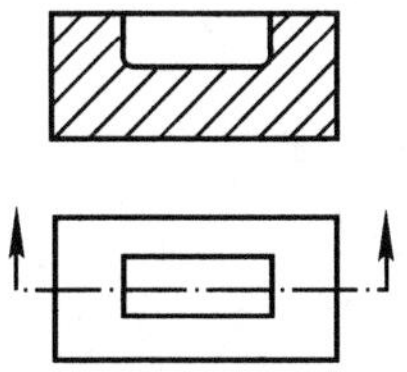

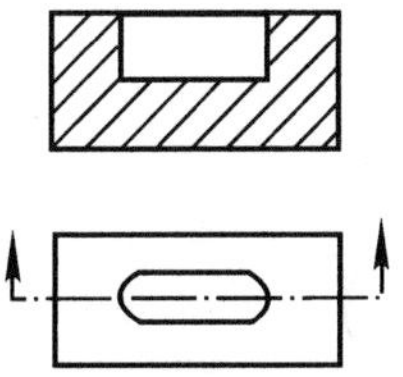

续　表

设计准则	图例		说明
	不合理的结构	合理的结构	
便于采用标准刀具	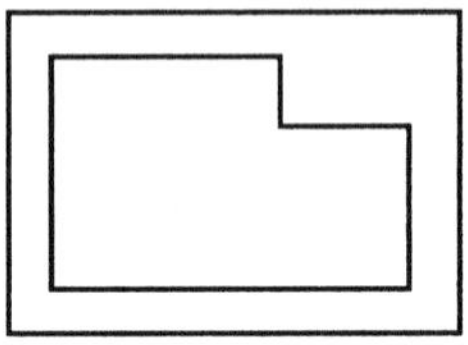	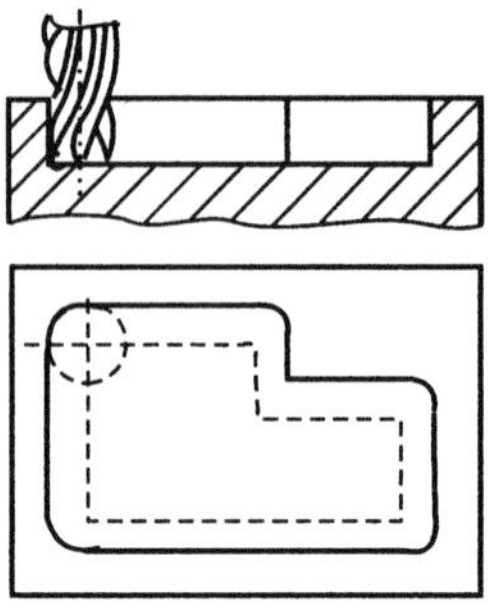	需要铣削的凹面内圆角的直径应等于标准立铣刀直径，并且下凹表面越深，内圆角直径越大，以增强刀具刚性

表 4-3　提高生产效率的零件结构举例

设计准则		图例		说明
		不合理的结构	合理的结构	
减少加工辅助时间	减少刀具种类和换刀次数	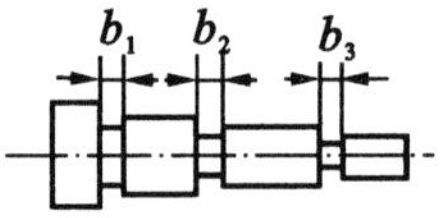 b_1　b_2　b_3	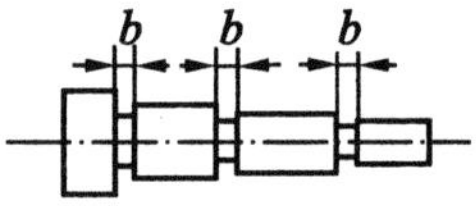 b　b　b	同一零件上结构相同的槽（键槽、刀槽），其宽度（包括内圆角半径）应尽可能一致，以减少刀具种类和换刀次数
		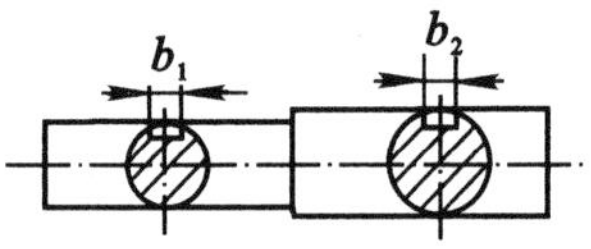 b_1　b_2	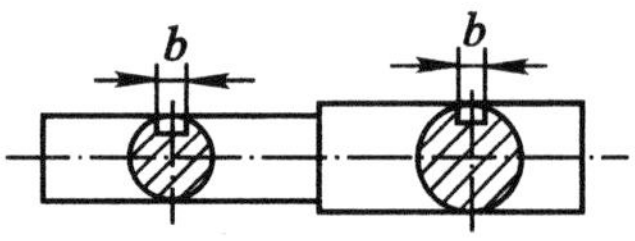 b　b	
		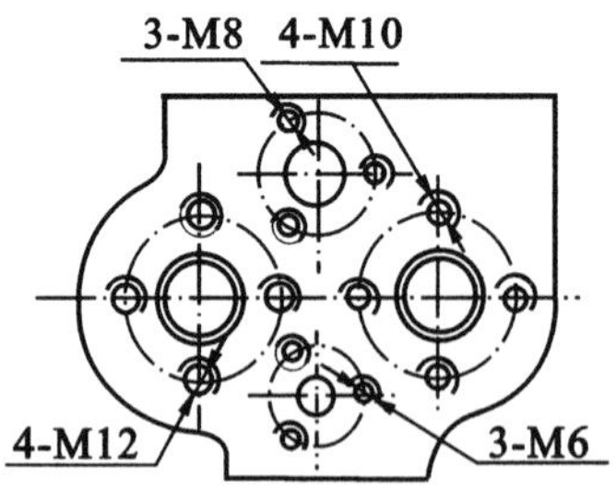 3-M8　4-M10　4-M12　3-M6	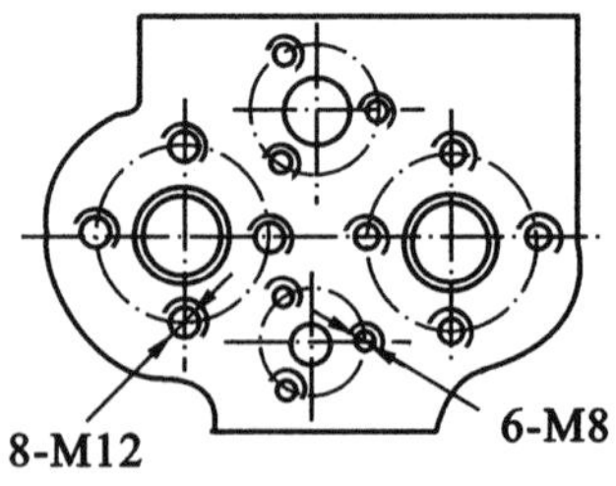 8-M12　6-M8	箱体上的螺纹孔直径应尽量一致或减少种类，以便采用同一丝锥或减少丝锥规格
	减少操作时间	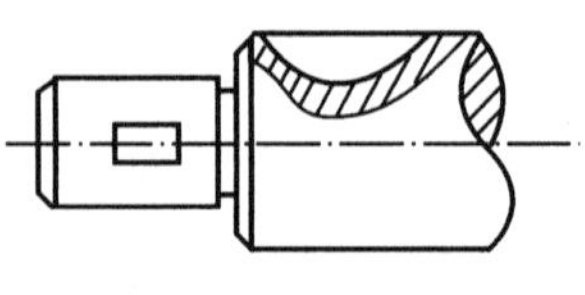	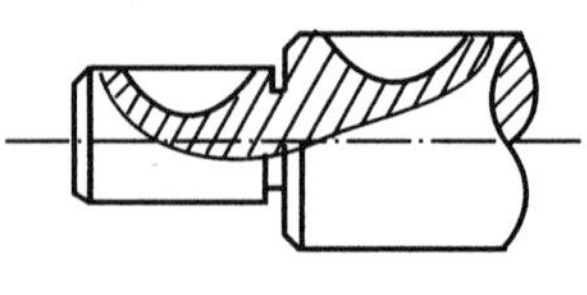	键槽的尺寸、方位应尽量一致，便于在一次走刀中铣出各键槽

续　表

设计准则		图例：不合理的结构	图例：合理的结构	说明
减少加工辅助时间	减少安装次数	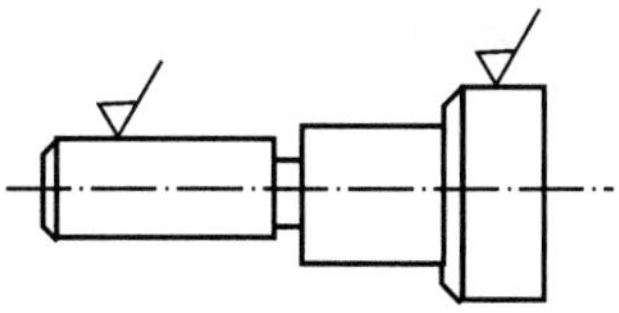	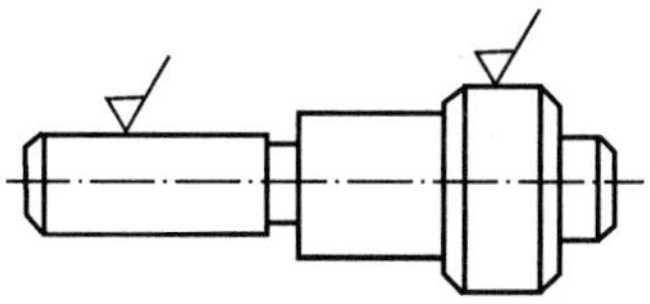	需要磨削或精车的零件，应考虑在一次安装中完成，以保证加工精度和节省工时
		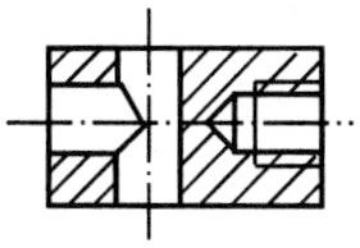	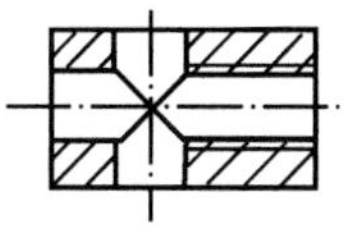	原设计需要二次装夹，改进设计后一次装夹即可，且易于保证孔的同轴度
	减少对刀次数	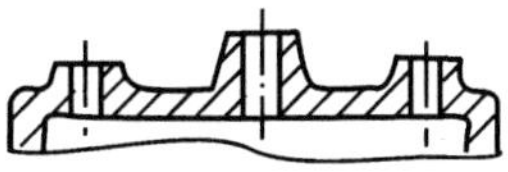	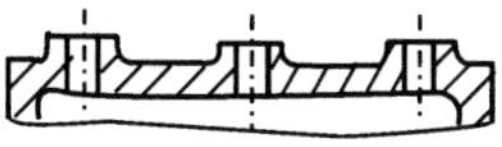	零件表面上的凸台，应尽可能布置在同一平面上，以便在一次对刀中加工出各凸台
使零件有足够的刚度	考虑夹紧力	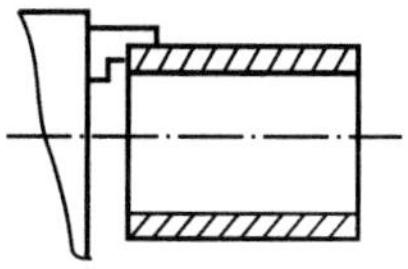	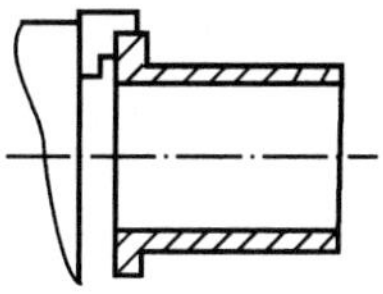	薄壁、套筒类零件夹紧时易变形，若一端加凸缘，可提高工件刚度
	考虑加工时冲击力	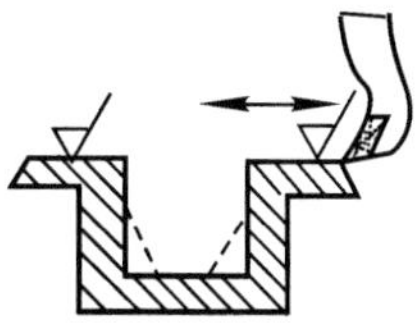	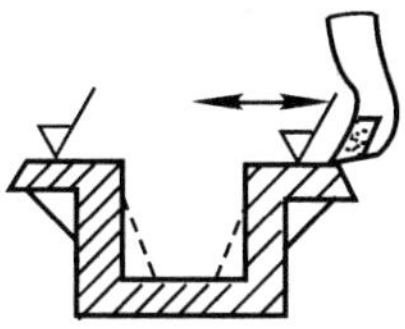	设置加强筋，可提高零件刚度，减少刨削或铣削时的振动或变形
		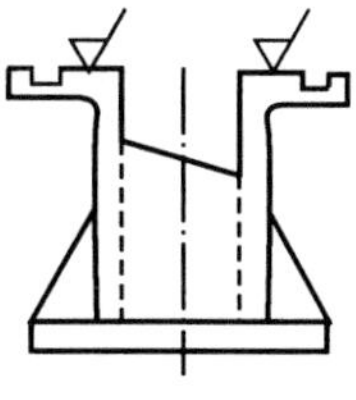	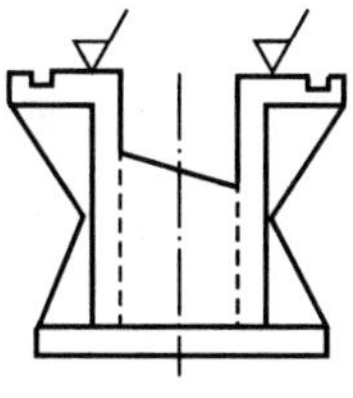	

第5章　机械加工工艺过程的基础知识

5.1　机械加工工艺过程的基本概念

5.1.1　生产过程与工艺过程

1. 生产过程

在制造机器时，由原材料制成各种零件，并装配成机器的全部劳动过程，称为生产过程。一台机器往往由几十个甚至上千个零件组成，其生产过程相当复杂。它包括原材料的运输和保管、生产准备、毛坯制造、机械加工、热处理、产品装配、检验、调试以及油漆和包装等。

2. 工艺过程与工艺规程

在生产过程中，直接改变原材料或毛坯的形状、尺寸、性能以及相互位置关系，使之成为成品的过程，称为工艺过程。工艺过程主要包括毛坯的制造（铸造、锻造、冲压等）、热处理、机械加工和装配。因此，工艺过程可分为机械加工工艺过程、铸造工艺过程、锻造工艺过程、焊接工艺过程、热处理工艺过程、装配工艺过程等。

通常把合理的工艺过程编写成技术文件（机械加工工艺过程卡片、机械加工工序卡片或机械加工工艺卡片），用于指导生产，这类文件称为工艺规程。

3. 机械加工工艺过程及其组成

用机械加工的方法逐步改变毛坯的形状、尺寸和表面完整性，使之成为合格零件的过程，称为机械加工工艺过程。

（1）工序：机械加工工艺过程是由一系列的工序组成的。所谓工序就是一个（或一组）工人在一台机床（或一个工作场地）上，对一个（或一组）工件连续进行的那一部分工艺过程。在单件生产条件下，图5-1的零件的工艺过程见表5-1。

表5-1　半连轴器的加工工艺过程

工序号	工序内容	设备
1	车外圆、车端面、镗孔、内孔倒角	车床
2	钳工划键槽线与6个均布孔线	钳工工作台
3	钻6个均布孔	摇臂钻床
4	插键槽	插床
5	检验	检验台

(2)安装：在同一道工序中，工件可能要安装几次。工件在机床上每装卸一次所完成的那部分工序，称为安装。图 5－1 的零件的第一道工序包括两次安装。第一次安装：用三爪卡盘夹住 $\phi102$ 外圆，车端面 C，镗内孔 $\phi60^{+0.03}_{0}$，内孔倒角，车 $\phi223$ 外圆。第二次安装：调头用三爪卡盘夹住 $\phi223$ 外圆，车端面 A 和 B，内孔倒角。

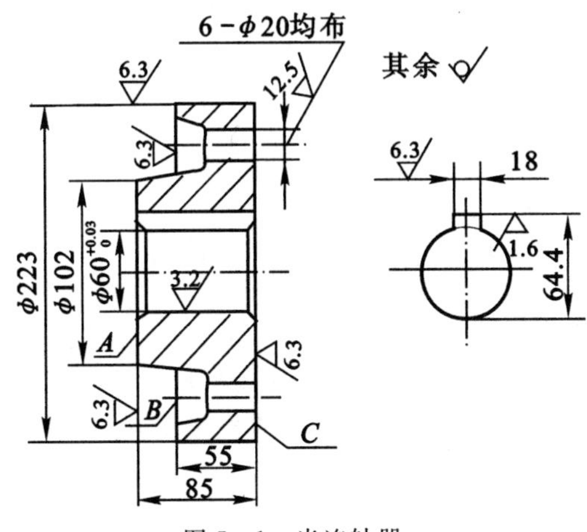

图 5－1　半连轴器

(3)工位：在一次安装中，工件在机床上所占的位置。在这个位置上所完成的那部分工序，称为工位。工位分单工位和多工位。

(4)工步：在一次安装或一个工位中，当加工表面、切削工具、切削速度和进给量都不变的情况下所完成的那部分工序，称为工步。

(5)走刀：在一个工步中，由于余量较大，须分几次切削，每次切削所完成的那部分工序，称为走刀。

综上所述，机械加工工艺过程、工序、安装、工位、工步、走刀之间的关系如下：

机械加工工艺过程≥工序≥安装≥工位≥工步≥走刀

5.1.2　生产类型

在制订机械加工工艺的过程中，工序的安排不仅与零件的技术要求有关，而且与生产类型有关。根据产品的大小和生产纲领(即年产量)的不同，机械制造可分为三种不同的类型，即单件生产、成批生产(小批、中批、大批)和大量生产。生产类型的划分见表 5－2。其工艺特征见表 5－3。

表 5－2　生产类型的划分

生产类型		零件的年产量/件		
		重型零件	中型零件	轻型零件
单件生产		<5	<10	<100
成批生产	小批	5～100	10～200	100～500
	中批	100～300	200～500	500～5 000
	大批	300～1 000	500～5 000	5 000～5 0000
大量生产		>1 000	>5 000	>50 000

表 5-3　各种生产类型的工艺特征

	单件生产	成批生产	大量生产
机床设备	通用设备	通用和部分专用设备	广泛使用高效率专用设备
夹　　具	通用夹具	广泛使用专用夹具	广泛使用高效率专用夹具
刀具和量具	一般刀具,通用量具	部分采用专用刀具和量具	使用高效率专用刀具和量具
毛　　坯	木模铸造,自由锻	部分采用金属模铸造和模锻	金属模铸造,模锻等
工艺规程	工艺路线卡片	简单工艺规程	详细工艺规程
对工人的要求	需要技术熟练的工人	需要技术比较熟练的工人	调整工要求技术熟练,操作工要求熟练程度较低

在制订零件工艺时,单件、小批量生产由于使用通用机床、通用夹具和量具,工序安排通常尽可能集中。当生产固定且产量很大时,由于有条件采用高生产率的专用工、夹、量具,所以常常采用工序分散的原则。

5.2　工件的定位与夹具的基本知识

5.2.1　工件的定位

在机床上加工工件时,必须使工件在机床或夹具上处于某一正确位置,这一过程称为定位。为了使工件在切削力的作用下仍能保持其正确位置,工件定位之后还需要夹紧、夹牢,这一过程称为夹紧。所以,工件在机床(或夹具)上的安装一般经过定位和夹紧两个过程。

1. 工件的定位原理

不受任何约束的物体,在空间具有 6 个自由度,即沿 3 个互相垂直的坐标轴的移动(用 $\overrightarrow{X}$, $\overrightarrow{Y}$, $\overrightarrow{Z}$ 表示)和绕这 3 个坐标轴的转动(用 $\widehat{X}$, $\widehat{Y}$, $\widehat{Z}$ 表示),如图 5-2 所示。因此,要使物体在空间具有确定的位置(即定位),就必须约束这 6 个自由度。

在机床上要确定工件的正确位置,同样要限制工件的 6 个自由度。一般情况下,是用支承点来限制工件的自由度,1 个支承点限制工件的 1 个自由度,要限制工件上的 6 个自由度,最少需要 6 个支承点,而且必须按一定的规律分布。工件的定位原理是指用按照一定的规律分布在 3 个相互垂直表面内的 6 个支承点来限制工件上的 6 个自由度。由于采用 6 个支承点,所以也称“六点定则”,如图 5-3 所示。XOY 平面上的 3 个支承点限制 $\widehat{X}$, $\widehat{Y}$ 和 $\overrightarrow{Z}$ 共 3 个自由度;XOZ 平面上的 2 个支承点限制 $\overrightarrow{Y}$ 和 $\widehat{Z}$ 共 2 个自由度;YOZ 平面上的 1 个支承点限制 $\overrightarrow{X}$ 共 1 个自由度。

2. 六点定则的应用

工件在夹具上定位时,并非在任何情况下都必须限制 6 个自由度,究竟哪几个自由度需要限制,主要取决于工件的技术要求、结构尺寸和加工方法等。

(1) 完全定位:工件上的 6 个自由度全部被限制的定位称为完全定位。如图 5-4 所示零件,在铣床上给一批长方体工件上铣一槽,保证 x, y, z 这 3 个尺寸,就必须限制工件上的 6 个自由度。其实现方法如图 5 - 5 所示。

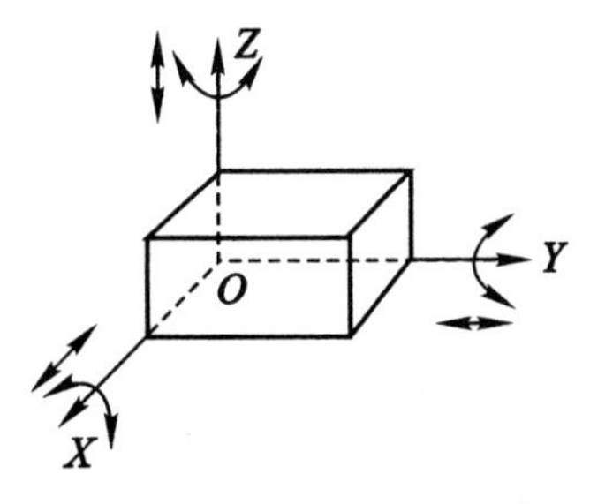

图 5 - 2　物体的 6 个自由度

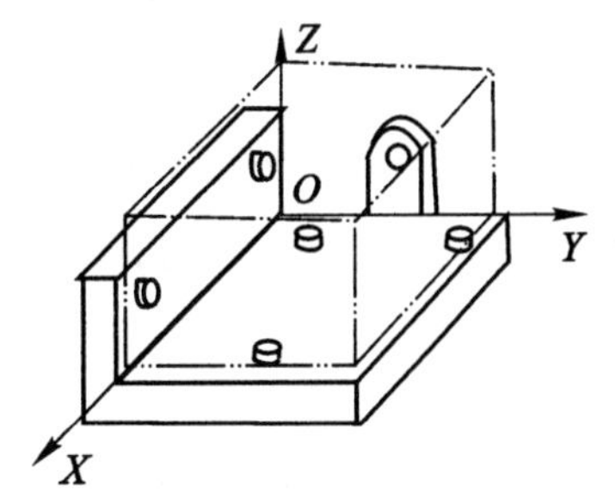

图 5 - 3　六点定位原理简图

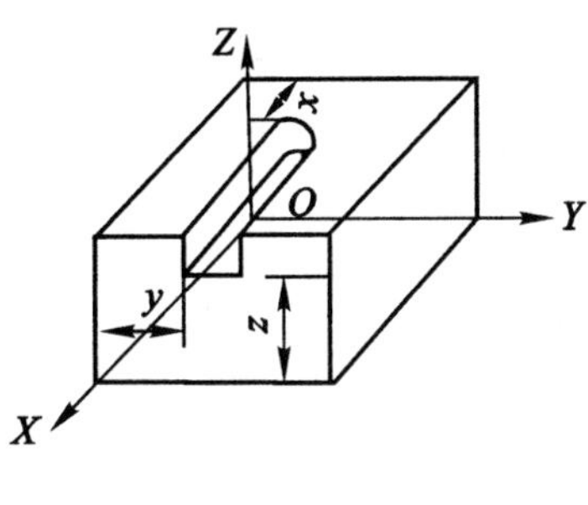

图 5 - 4　铣槽零件

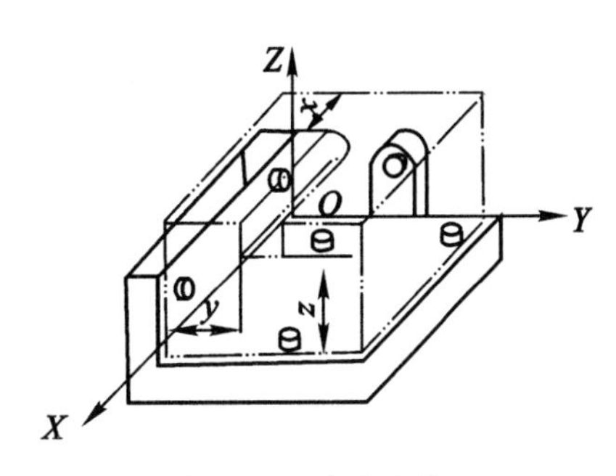

图 5 - 5　完全定位

(2) 不完全定位：工件上的 6 个自由度没有被全部限制的定位称为不完全定位。如图5 - 6 所示零件。在铣床上给一批长方体工件上铣一台阶，保证 z，y 两个尺寸，只须限制工件上的 5 个自由度，沿 X 移动的自由度($\vec{X}$) 没有被限制，并不影响工件的加工精度。其实现方法如图5 - 7 所示。

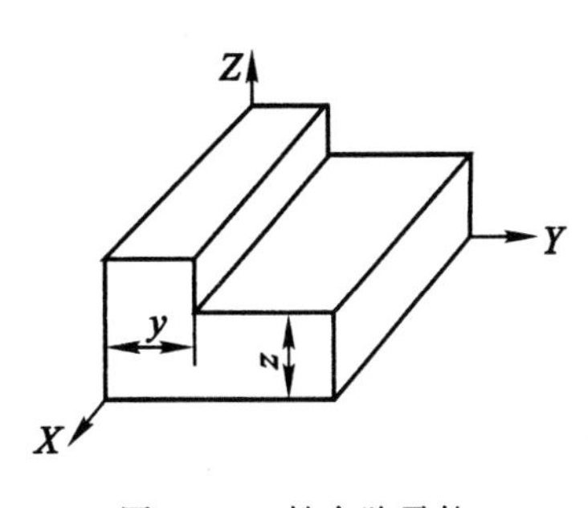

图 5 - 6　铣台阶零件

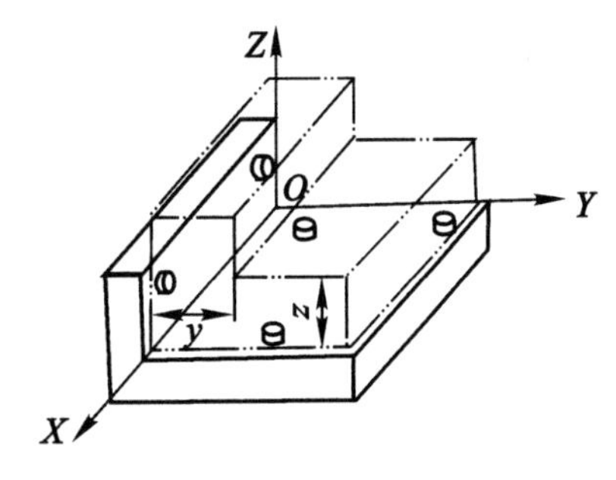

图 5 - 7　不完全定位

(3) 欠定位：应该限制的自由度，定位时未被限制的定位称为欠定位(定位不足)。如果把图 5 - 5 的 YOZ 平面内的支承点去掉，沿 X 轴移动的自由度即为应该限制而未被限制，这样在加工沟槽时，就无法保证长度 x 尺寸。因此，欠定位在加工过程中是不允许出现的。

(4)过定位：有 1 个或 1 个以上的自由度被重复限制了两次或两次以上的定位称为过定位(或超定位)。图 5 - 8(a)为加工连杆大头孔的一种定位情况。连杆以其 1 个端面和小头孔在夹具的支承板和长销上定位，支承板限制了 3 个自由度($\widehat{X}$，$\widehat{Y}$，$\vec{Z}$)，长销限制了 4 个自由度($\vec{X}$，$\vec{Y}$，$\widehat{X}$，$\widehat{Y}$)，其中 $\widehat{X}$，$\widehat{Y}$ 被重复限制，产生过定位。由于夹具的定位件和工件都不可避免地存在位置误差，使工件的位置不确定，在夹紧力的作用下，会造成长销或连杆弯曲变形。另外，连杆的$\overrightarrow{Z}$未被限制，使连杆在此方向的位置不确定，产生欠定位。因此，图 5－8(a)的定位必须改进。图 5－8(b)为加工连杆大头孔的正确定位方案。支承板限制了 3 个自由度($\widehat{X}$,$\widehat{Y}$,$\overrightarrow{Z}$)，短销限制了两个自由度($\overrightarrow{X}$,$\overrightarrow{Y}$)，在大端侧面的止动销限制了 1 个自由度($\widehat{Z}$)，使连杆获得完全定位。过定位一般情况下不允许采用。

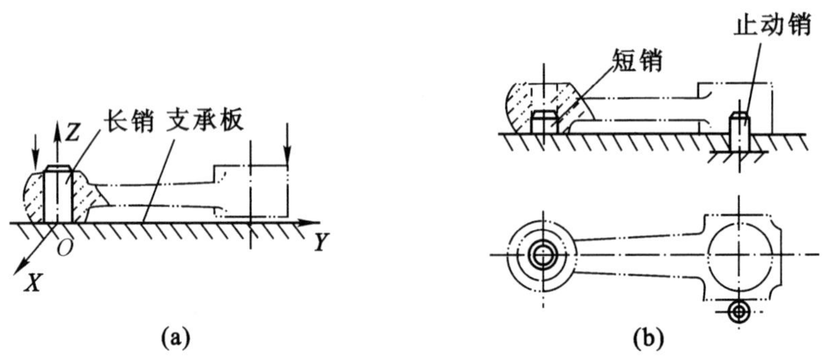

图 5－8　连杆的定位

5.2.2　基准的概念

在零件或部件的设计、制造和装配过程中，必须根据一些点、线或面来确定另一些点、线或面的位置，这些作为根据的点、线或面称为基准。基准按其作用可分为设计基准和工艺基准。

1. 设计基准

在零件图上用以标注尺寸和表面相互位置关系时所用的基准(点、线或面)称为设计基准。例如，在图 5－9 中，表面 2,3 和孔 1 的设计基准是表面 1;孔 2 的设计基准是孔 1 的中心线。

2. 工艺基准

在制造零件和装配机器的过程中所使用的基准称为工艺基准。按用途不同，工艺基准又分为定位基准、测量基准和装配基准 3 种。

(1)定位基准：在机械加工中用来确定工件在机床或夹具上正确位置的基准(点、线或面)称为定位基准。如图 5－10 所示齿轮，在切齿时，利用已经过精加工的孔和端面，将工件安装在机床夹具上，所以孔的轴线和端面是加工齿形时的定位基准。要说明的是，工件上作为定位基准的点、线和面，通常是由具体的表面来体现的。例如，如图 5－10 所示齿轮孔的轴线实际上是由孔的表面来体现的。因此，定位基准可称为定位基面。

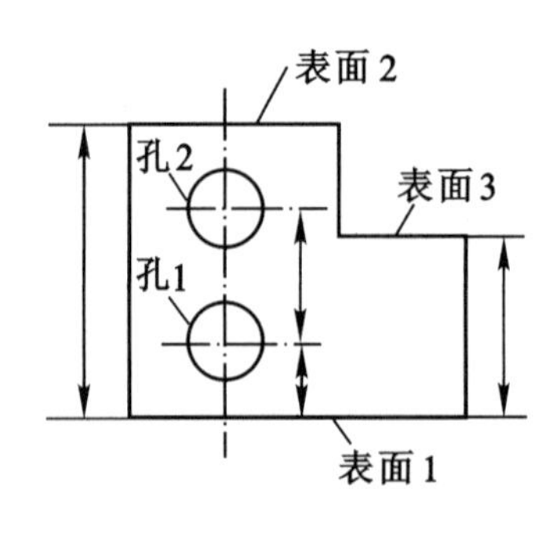

图 5－9　机体示意图

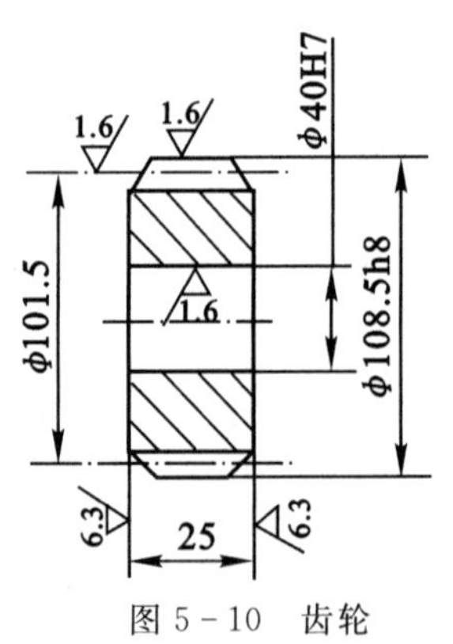

图 5－10　齿轮

(2)测量基准：检验已加工表面的尺寸及位置精度时所使用的基准称为度量基准。如图5-10所示的齿轮，其内孔就是检验端面圆跳动和径向圆跳动的测量基准。

(3)装配基准：装配时用以确定零件或部件在机器中位置的基准称为装配基准。如图5-10所示的齿轮是以孔作为装配基准的。

5.2.3　定位基准的选择

对毛坯进行机械加工时，第一道工序只能以毛坯表面作为定位基准，这种以毛坯表面作为定位基准称为粗基准。以加工过的表面作为定位基准称为精基准。在拟订零件工艺过程时，首先利用合适的粗基准，加工出将要作为精基准的表面。

1. 粗基准的选择

选择粗基准一般要遵循以下原则。

(1)选取不加工的表面作为粗基准：这样可以保证零件的加工表面与不加工表面之间的相互位置关系，并可能在一次装夹中加工出更多的表面。如图5-11所示，以不需要加工的小外圆面作为粗基准，可以在一次安装中把绝大部分需要加工的表面加工出来，并能保证大外圆面与内孔的同轴度，端面与内孔轴线的垂直度。

如果零件上有多个不加工表面，则应选取与加工表面有相互位置要求的表面作粗基准。

(2)选取要求加工余量均匀的表面作为粗基准：图5-12为车床床身，要求导轨面A耐磨性好，希望在加工时能均匀地切去较薄的一层金属，以保证铸件表面耐磨性好、硬度高的特点。若先选择导轨面A作为粗基准，加工床身底面B[见图5-12(a)]，再以底面B为精基准加工导轨面A[见图5-12(b)]，就能达到此目的。

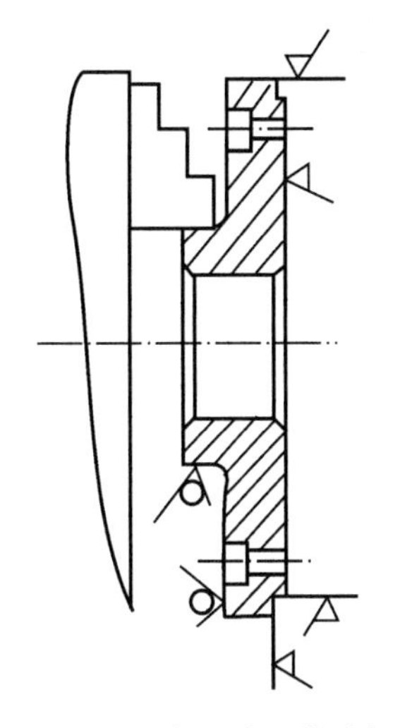

图5-11　不加工表面作为粗基准

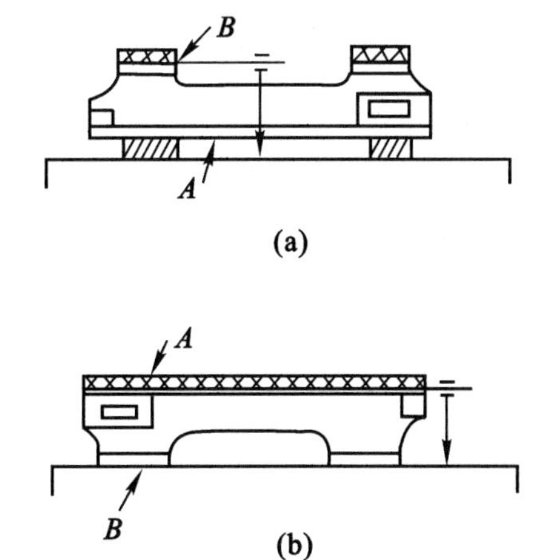

图5-12　加工余量要求均匀的表面作为粗基准

(3)应选取余量和公差最小的表面作为粗基准：这样可以避免因余量不足而造成废品。如图5-13所示的柱塞毛坯简图，柱塞头部ϕA的余量比柱塞杆ϕB的余量大，所以采用柱塞杆ϕB作为粗基准。

(4)选作粗基准的表面应尽可能平整，并有足够大的面积：这样使定位准确，夹紧可靠。

(5)粗基准在一个方向上只使用一次，应尽量避免重复使用：因为粗基准表面粗糙，定位精度不高，若重复使用，在两次装夹中会使加工表面产生较大的位置误差，对于相互位置精度要求较高的表面，常常会造成超差而使零件报废。

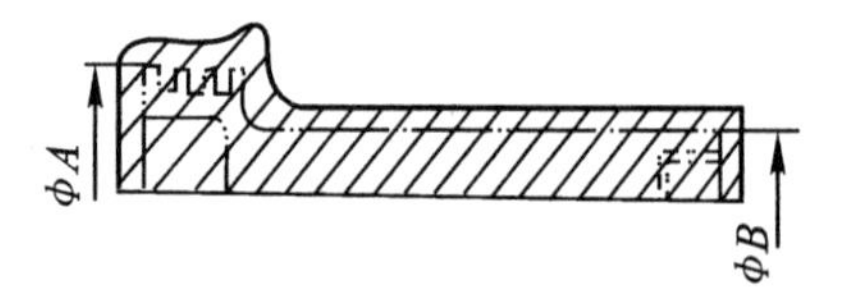

图 5-13　加工余量小的表面作为粗基准

2.精基准的选择

选择精基准应保证加工精度，使装夹方便可靠。具体原则如下。

(1)基准重合原则：应尽可能选用设计基准作为定位基准。这样就可以避免定位基准与设计基准不重合而引起的定基误差。例如，图 5-14(a)的轴承座，1，2，3 面已经加工，现要加工孔 4 的轴线与其设计基准 1 之间的尺寸为 $A^{+\delta_a}_{0}$。如果按图 5-14(b)，用 2 面作为精基准，则因 2 面与 3 面之间的尺寸有公差 δ_c，3 面与 1 面之间的尺寸有公差 δ_b。当加工一批零件时，孔 4 轴线与 1 面之间尺寸 A 的误差中，除了因其他原因产生的加工误差外，还要包括由于定位基准与设计基准不重合而引起的定基误差。这项误差可能的最大值为 $\varepsilon_{定基}=\delta_b+\delta_c$。如果按图 5-14(c)所示，用 3 面作为定位基准，则因基准不重合而引起的定基误差为 $\varepsilon_{定基}=\delta_b$。如果按图 5-14(d)所示，用 1 面作为精基准，则定基误差 $\varepsilon_{定基}=0$。由此可见，选择精基准时，应尽量与设计基准重合，否则会因基准不重合而产生定基误差，甚至造成零件尺寸超差。

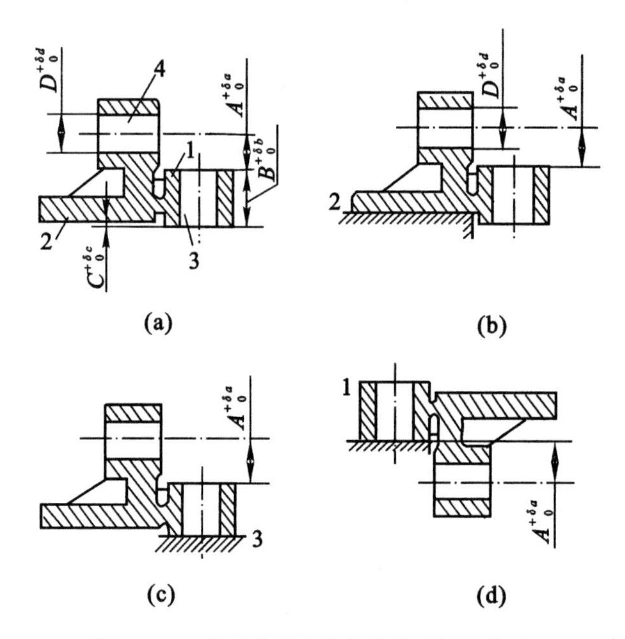

图 5-14　定基误差与定位基准选择的关系

(2)基准同一原则：加工位置精度较高的某些表面时，应尽可能选用一个精基准。例如，精加工图 5-10 中的齿轮，一般总是先精加工孔，然后以孔作为精基准分别精加工外圆、端面和齿形，这样可以保证每个表面的位置精度，如同轴度、垂直度。

(3)一次安装原则：在一次安装中加工出有相互位置要求的所有表面，这样加工表面之间的相互位置精度只与机床精度有关，而与定位误差和定基误差无关。如图 5-15 所示的零件，以 A，G 表面定位，加工 B，C，H 及 K 面，则 B 与 C 的同轴度、H 对 B 与 K 对 C 面的垂直度、H 对 K 面的平行度、H 与 K 面之间的距离都不受定基误差与定位误差的影响。

(4)互为基准原则:有位置精度要求的两个表面在加工时,用其中任意一个表面作为定位基准来加工另一表面,用这种方法来保证两个表面之间的位置精度称为互为基准。如图5-15所示零件,A 面与 F 面有较高的同轴度要求,在加工中采用互为基准可保证同轴度要求。

(5)选择精度较高、安装方便且稳定可靠的表面作为精基准。

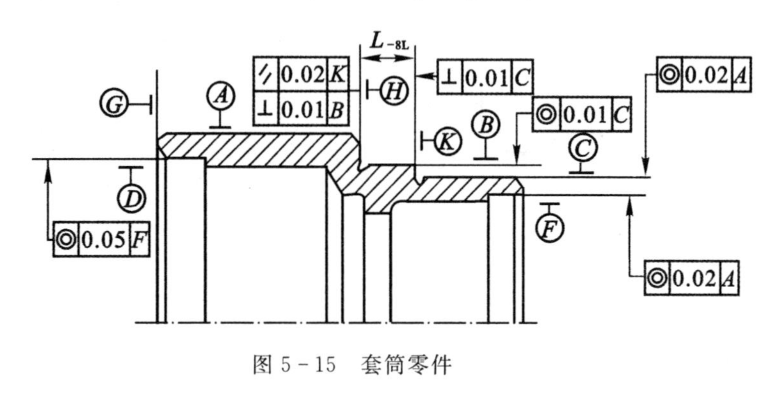

图5-15　套筒零件

应当指出,在实际工作中,精基准的选择要完全符合上述原则,有时是不可能的。这就要根据具体情况进行分析,选择最合理的方案。

5.2.4　夹具的基本概念

1. 夹具的分类

在切削加工中,用于安装工件的工艺装备称为夹具。根据夹具的通用程度可分为通用夹具、专用夹具等。

(1)通用夹具:已经标准化的且能较好地适应工序和工件变换的夹具称为通用夹具,如车床的三爪卡盘、四爪卡盘,铣床的平口钳、分度头,平面磨床的电磁吸盘等。

用通用夹具安装工件时,主要有直接找正安装和划线找正安装两种方式。

直接找正安装是由工人目测或用划针、百分表等方法来找正零件的正确位置,边检验边找正,经过多次反复确定出正确位置。定位精度取决于工人的水平、找正面的精度、找正方法及所用工具。缺点是找正时间长,要求工人技术高。因此,直接找正安装只适合单件、小批量生产。

划线找正安装是预先在毛坯上划出加工表面的轮廓线,再按所划轮廓线来找正工件在机床上的正确位置。此种方法需要增加划线工序,生产率低,精度低。因此,它适合于精度要求低,且不宜用专用夹具的场合。

(2)专用夹具:针对某一工件的某一工序的要求而专门设计制造的夹具。常用的有车床类夹具、铣床类夹具、钻床类夹具等。这些夹具上有专门的定位和夹紧装置,工件无须进行找正就能获得正确的位置。专用夹具一般用于大批、大量的生产中。

2. 专用夹具的组成

在图5-16(a)零件上加工孔 d,要求保证尺寸 l,且保证孔的轴线与工件轴线的垂直度及对称度。其所使用的专用夹具如图5-16(b)所示。钻模中平板支承和定位心轴起定位作用,加紧螺母起夹紧作用,钻套起引导刀具作用,夹具体起与机床的连接作用。根据夹具各部件的作用,专用夹具主要由以下部分组成。

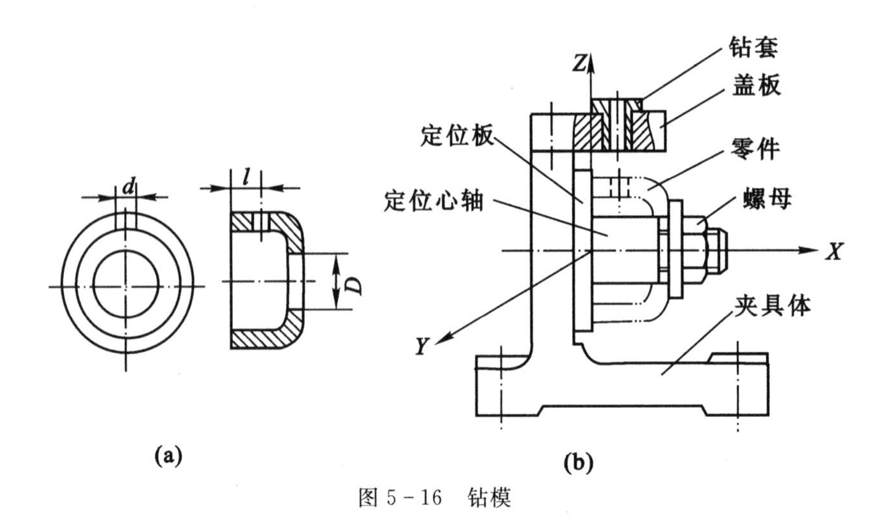

图 5－16　钻模

(1)定位元件:夹具上与工件的定位基准接触,用来确定工件正确位置的零件。如图 5－16(b)中所示的平板支承和定位心轴都是定位元件。常用的定位元件有:平面定位用的支承钉和支承板,如图 5－17 所示;内孔定位用的心轴和定位销,如图 5－18 所示;外圆定位用的 V 形块,如图 5－19 所示。

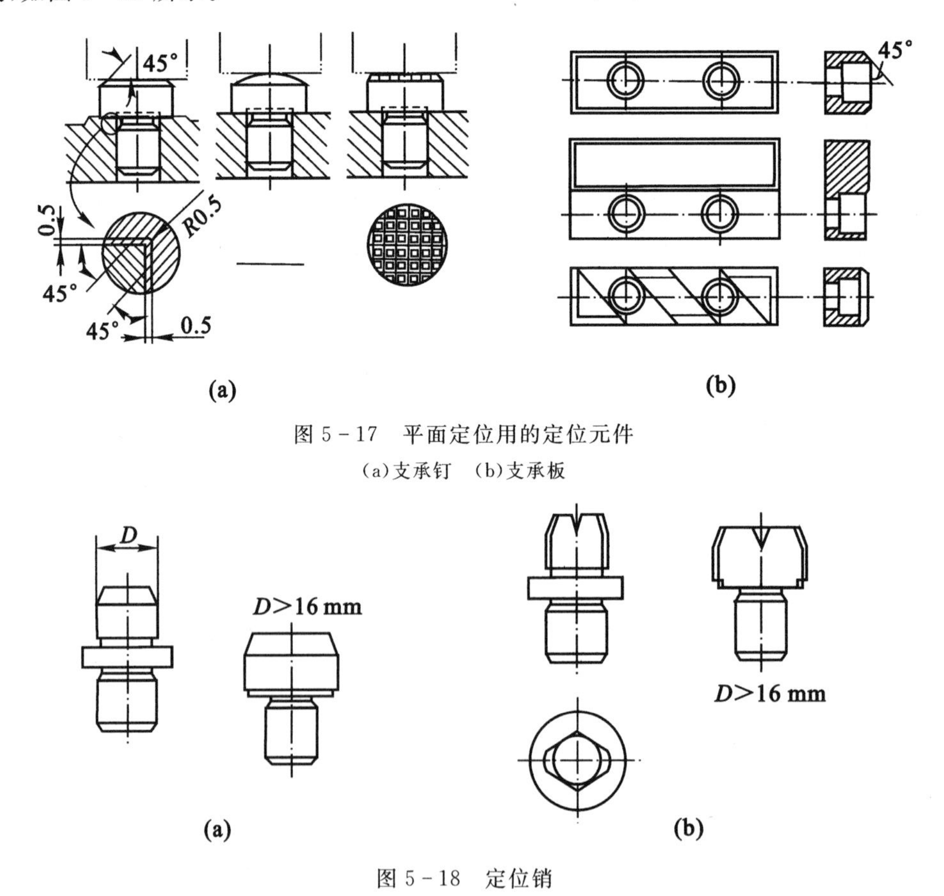

图 5－17　平面定位用的定位元件

(a)支承钉　(b)支承板

图 5－18　定位销

(a)圆柱销　(b)菱形销

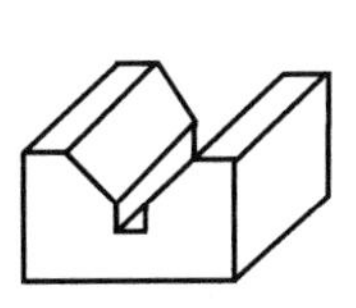
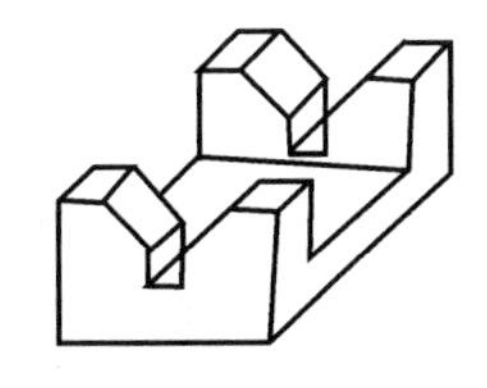

图 5-19　V 形块

(2)夹紧机构:把定位后的工件压紧在夹具上的机构。如图 5-16 所示的夹紧螺母和压板就是一种夹紧机构(螺母压板机构)。常用的夹紧机构还有螺钉压板夹紧机构和偏心压板夹紧机构,如图 5-20 所示。

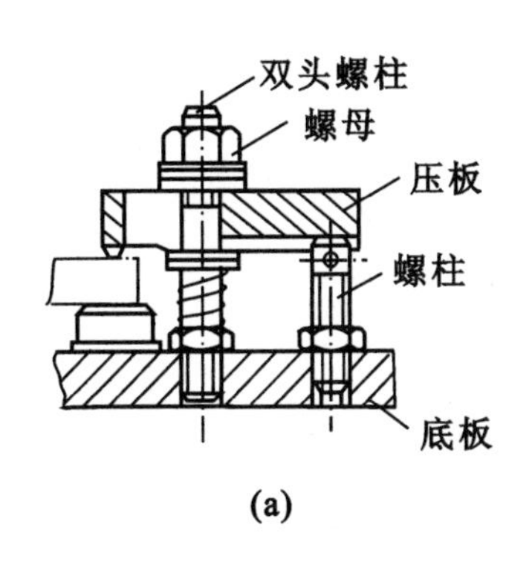

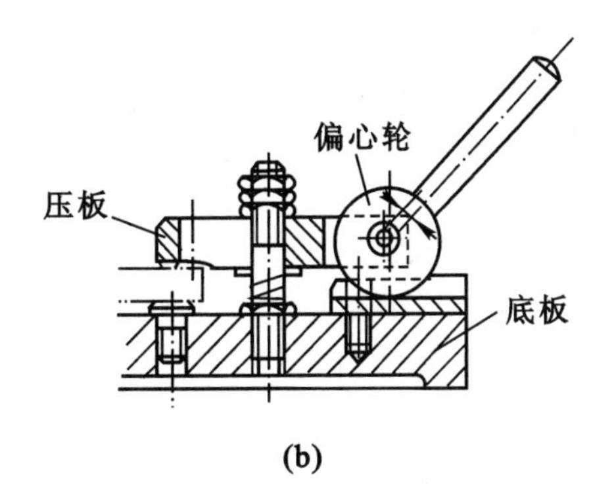

图 5-20　夹紧机构
(a)螺钉压板　(b)偏心压板

(3)导向元件:用来对刀和引导刀具进入正确加工位置的零件,如图 5-16(b)所示的钻套。其他导向件还有铣床夹具的对刀块和镗床夹具的导向套等。

(4)夹具体:用它来连接夹具上的各种元件及机构,使之成为一个夹具整体,并通过它将夹具安装在机床上。

(5)其他辅助元件:根据工件的加工要求,有时还需要在夹具上设有分度机构、导向键、平衡铁等。

5.3　工艺规程的拟订

工艺规程是指导生产的技术文件,它必须满足产品质量、生产率和经济性等多方面要求。工艺规程应适应生产发展的需要,尽可能采用先进的工艺方法。但先进的高生产率的设备成本较高,因此,所制订的工艺规程必须经济合理。

5.3.1　制订工艺规程的要求和步骤

零件的工艺规程就是零件的加工方法和步骤。它的内容包括:排列加工工艺(包括热处理工序),确定各工序所用的机床、装夹方法、度量方法、加工余量、切削用量和工时定额等。将各项内容填写在一定形式的卡片上,这就是机械加工工艺的规程,即通常所说的“机械加工工艺卡片”。

1. 制订工艺规程的要求

不同的零件，由于结构、尺寸、精度和表面粗糙度等要求不同，其加工工艺也随之不同。即使是同一零件，由于生产批量、机床设备以及工、夹、量具等条件的不同，其加工工艺也不尽相同。在一定生产条件下，一个零件可能有几种工艺方案，但其中总有一个是更为合理的。

合理的加工工艺必须能保证零件的全部技术要求；在一定的生产条件下，使生产率最高，成本最低；有良好、安全的劳动条件。因此，制订一个合理的加工工艺，并非轻而易举。除须具备一定的工艺理论知识和实践经验外，还要深入工厂或车间，了解生产的实际情况。一个较复杂零件的工艺，往往要经过反复实践、反复修改，使其逐步完善的过程。

2. 制订工艺规程的步骤

制订工艺规程的步骤大致如下：

(1)对零件进行工艺分析；

(2)毛坯的选择；

(3)定位基准的选择；

(4)工艺路线的制订；

(5)选择或设计、制造机床设备；

(6)选择或设计、制造刀具、夹具、量具及其他辅助工具；

(7)确定工序的加工余量、工序尺寸及公差；

(8)确定工序的切削用量；

(9)估算时间定额；

(10)填写工艺文件。

5.3.2 制订工艺规程时所要解决的主要问题

1. 零件的工艺分析

最好先熟悉一下有关产品的装配图，了解产品的用途、性能、工作条件以及该零件在产品中的地位和作用。然后根据零件图对其全部技术要求做全面的分析，既要了解全局，又要抓住关键。最后从加工的角度出发，对零件进行工艺分析，其主要内容如下：

(1)检查零件的图纸是否完整和正确，分析零件主要表面的精度、表面完整性、技术要求等在现有生产条件下能否达到。

(2)检查零件材料的选择是否恰当，是否会使工艺变得困难和复杂。

(3)审查零件的结构工艺性，检查零件结构是否能经济、有效地加工出来。

如果发现问题，应及时提出，并与有关设计人员共同研究，按规定程序对原图纸进行必要的修改与补充。

2. 毛坯的选择

毛坯的选择对经济效益影响很大。因为工序的安排、材料的消耗、加工工时的多少等，都在一定程度上取决于所选择的毛坯。毛坯的类型一般有型材、铸件、锻件、焊接件等。具体选择要根据零件的材料、形状、尺寸、数量和生产条件等因素综合考虑决定。单件、小批量生产轴类零件时，一般采用自由锻毛坯；成批生产中小轴类零件时，一般采用模锻毛坯；单件、小批量生产箱体零件时，一般采用砂型铸造毛坯；成批生产中小箱体零件时，一般采用金属型铸造毛坯。

3. 定位基准的选择

在拟订加工路线之前，先要选择工件的粗基准与主要精基准。粗基准与精基准的选择必须遵循 5.2 节所述原则。以下是几种常见零件的主要精基准。

（1）轴类零件的主要精基准：传动用的阶梯轴，一般选用两端的中心孔作为主要精基准，如图5－21所示。因为阶梯轴的主要位置精度是各外圆之间的同轴度或径向圆跳动及各轴肩对轴线的垂直度或端面圆跳动。以两端中心孔作为精基准加工各段外圆及端面，符合基准同一原则，能较好地保证它们之间的位置精度。轴线是各外圆的设计基准，两端的中心孔是基准轴线的体现，选用中心孔作为定位精基准，符合基准重合原则。在磨削前，一般要修研中心孔，目的是提高定位精度，从而提高被加工表面的位置精度。

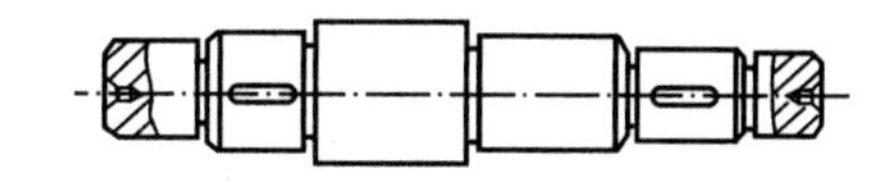

图 5－21　阶梯轴的主要精基准

（2）盘套类零件的主要精基准：盘套类零件一般以中心部位的孔作为主要精基准，具体应用时有以下三种情况。

1）在一次装夹中精车齿轮坯的孔、大外圆和大端面，以保证这些表面的位置精度要求，如图 5－22 所示。

2）先精加工孔，然后以孔作为精基准，加工其他各表面。如图 5－22 所示的齿轮坯，也能较好地保证其位置精度。

3）外圆与孔互为基准。如图 5－23 所示的套类零件，因小端外圆和孔的精度以及小端外圆对孔的同轴度要求都很高，表面粗糙度要求很低，在车削后均须磨削。车削后可先以外圆和小端面作为精基准，用百分表找正后磨孔；再以孔作为精基准，用心轴装夹磨外圆。由于内、外圆互为基准，每一工序都为下一工序准备了精度更高的定位基准，因此可以得到较高的同轴度要求。

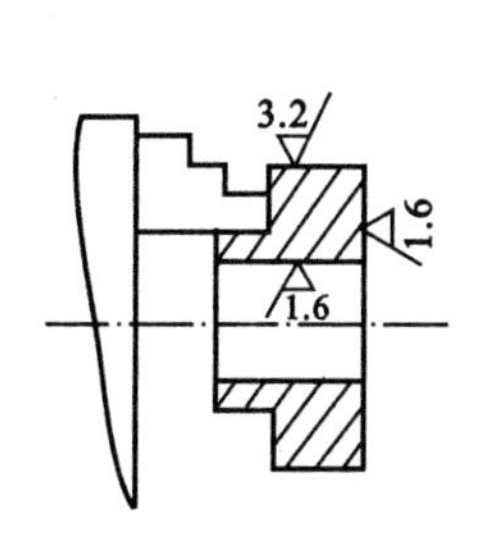

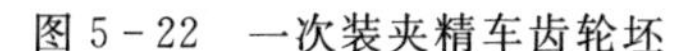

图 5－22　一次装夹精车齿轮坯

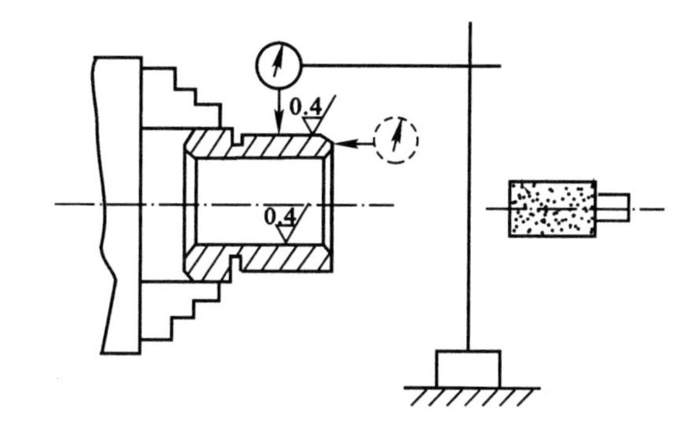

图 5－23　以外圆找正磨内孔

（3）支架箱体类零件的主要精基准：对于支架箱体类零件，一般采用机座上的主要平面（即轴承支承孔的设计基准）作为主要精基准加工各轴承支承孔，以保证各轴承支承孔之间以及轴承支承孔与主要平面的位置精度要求。

4. 工艺路线的拟订

拟订工艺路线就是把加工零件所需要的各个工序按顺序排列起来，它主要包括以下几个方面。

(1)加工方案的确定:根据零件每个加工表面(特别是主要表面)的精度、粗糙度及技术要求,选择合理的加工方案,确定每个表面的加工方法和加工次数。常见典型表面的加工方案可参照第三章来确定。在确定加工方案时还应考虑以下几方面的内容。

1)被加工材料的性能及热处理要求。例如,强度低、韧性高的有色金属不宜磨削,而钢件淬火后一般要采用磨削加工。

2)生产批量的大小。如图 5-1 所示的齿轮孔,在单件、小批量生产中应选择镗削的方法,而在大批、大量生产中,则须选用拉削的方法。

3)加工表面的形状和尺寸。不同形状的表面,有各种特定的加工方法。同时,加工方法的选择与加工表面的尺寸有直接关系。如大于 $\phi80$ mm 的孔采用镗孔或磨孔进行精加工。

4)还应考虑本厂和本车间的现有设备情况、技术条件和工人技术水平。

(2)加工阶段的划分:当零件的精度要求较高或零件形状较复杂时,应将整个工艺过程划分为以下几个阶段。

1)粗加工阶段。其主要目的是切除绝大部分余量。

2)半精加工阶段。使次要表面达到图纸要求,并为主要表面的精加工提供基准。

3)精加工阶段。保证各主要表面达到图纸要求。

如果零件主要表面的表面粗糙度 Ra 值不大于 0.1 μm 时,需要将加工阶段划分为粗加工阶段、半精加工阶段、精加工阶段和光整加工阶段。光整加工阶段的目的是提高尺寸精度和降低表面粗糙度。

划分加工阶段的目的:

1)有利于保证加工质量。由于粗加工余量大,切削力大,切削温度高,工件变形大,变形恢复时间长,如果不划分加工阶段,连续进行粗、精加工,会使已加工好的表面精度因变形恢复而受到破坏。

2)有利于合理使用设备。粗加工采用精度低、功率大、刚性好的机床,有利于提高生产率。精加工采用精度高的机床,既有利于保证加工质量,也有利于长期保持设备精度。

3)有利于安排热处理工序。

4)可避免损伤已加工好的主要表面,也可及时发现毛坯缺陷,及时采取补救措施或报废,以免浪费过多工时。

但是,加工阶段的划分并不是绝对的,在有些情况(如精度要求较低的重型零件)下,可以不划分加工阶段。在实际生产中,是否划分加工阶段,要根据具体情况而定。

(3)加工顺序的安排:就是要合理地安排机械加工工序、热处理工序、检验工序和其他辅助工序,以便保证加工质量,提高生产率,提高经济效益。

1)机械加工工序的安排。在安排机械加工工序时,必须遵循以下几项原则。

(i)基准先行。作为精基准的表面应首先加工出来,以便用它作为定位基准加工其他表面。

(ii)先粗后精。先进行粗加工,后进行精加工,有利于保证加工精度和提高生产率。

(iii)先主后次。先安排主要表面的加工,然后根据情况相应安排次要表面的加工。主要表面就是要求精度高、表面粗糙度低的一些表面,次要表面是除主要表面以外的其他表面。因为主要表面是零件上最难加工且加工次数最多的表面,因此安排好了主要表面的加工,也就容易安排次要表面的加工。

(iv)先面后孔。在加工箱体零件时,应先加工平面,然后以平面定位加工各个孔,这样有利于保证孔与平面之间的位置精度。

2)热处理工序的安排。根据热处理工序的目的不同,可将热处理工序分为以下几项。

(i)预备热处理。是为了改善工件的组织和切削性能而进行的热处理,如低碳钢的正火和高碳钢的退火。

(ii)时效处理。是为了消除工件内部因毛坯制造或切削加工所产生的残余应力而进行的热处理。

(iii)最终热处理。是为了提高零件表面层的硬度和强度而进行的热处理,如调质、淬火、渗碳、氮化等。

上述热处理的安排位置如图 5-24 所示。退火和正火安排在毛坯制造之后,粗加工之前。时效处理一般安排一次,通常安排在毛坯制造之后,粗加工之前,也可安排在粗加工之后,半精加工之前。对于复杂零件时效处理可安排两次。调质工序安排在粗加工之后,半精加工之前。淬火工序和渗碳(渗碳+淬火)工序安排在半精加工之后,精加工之前。因为淬火后零件表面会产生脱碳层,需要继续加工以去除零件表面上的脱碳层。氮化工序安排在精加工之后,因为氮化后的零件不需要淬火,零件表面没有脱碳层,不需要再加工。如果零件的精度要求较高,则可在氮化后再精磨一次。

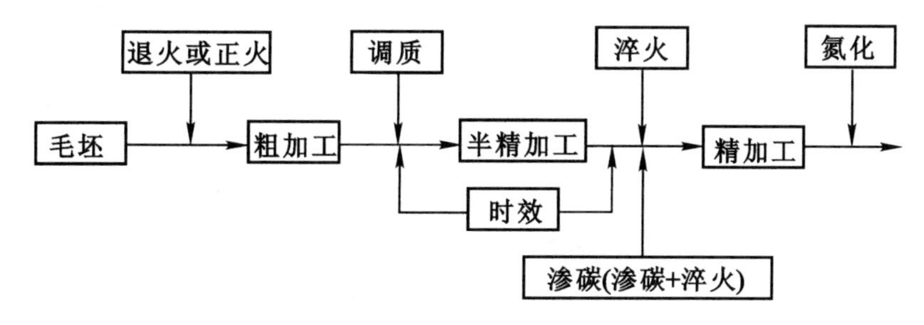

图 5-24　热处理工序安排位置

3)检验工序的安排。为了保证产品的质量,除每道工序由操作人员自检以外,还应在下列情况下安排检验工序。

(i)粗加工之后。毛坯表面层有无缺陷,粗加工之后就能看见,如果能及时发现毛坯缺陷,就能有效降低生产成本。

(ii)工件在转换车间之前。在工件转换车间之前,工件是否合格,需要进行检验,以避免扯皮现象的发生。

(iii)关键工序的前后。关键工序是最难加工的工序,加工时间长,加工成本高,如果能在关键工序之前发现工件已经超差,可避免不必要的加工,从而降低生产成本。另外,关键工序是最难保证的工序,工件容易超差。因此,关键工序的前后要安排检验工序。

(iv)特种检验之前。因为特种检验费用较高,所以,在特种检验之前必须知道工件是否合格。

(v)全部加工结束之后。工件加工完后是否符合零件图纸要求,需要按图纸进行检验。

4)辅助工序的安排。辅助工序主要有表面处理、特种检验、去毛刺、去磁、清洗等。

(i)零件表面处理工序。为了提高零件表面的耐蚀性、耐磨性等而采取的一些工艺措施,主要包括电镀、氧化、油漆等,一般均安排在加工过程的最后。

(ii)特种检验。为了特殊目的而进行的非常规检验。最常用的是无损探伤,例如:X 射线探伤、γ射线探伤、超声波探伤等用于检验工件内部质量，一般安排在毛坯制造之后，粗加工之前；磁力探伤、荧光探伤等用于检验工件表面层的质量，通常安排在精加工阶段；密封性检验根据情况而定；平衡检验安排在工艺过程的最后。

(iii)去毛刺、去磁、清洗等。根据加工过程的具体情况而定。

(4)工序的集中与分散：在制订工艺路线时，在确定了加工方案以后，就要确定零件加工工序的数目和每道工序所要加工的内容。可以采用工序集中原则，也可以采用工序分散原则。

1)工序集中原则。使每道工序包括尽可能多的加工内容，因而工序数目减少。工序集中到极限时，只有一道加工工序。其特点是工序数目少，工序内容复杂，工件安装次数少，生产设备少，易于生产组织管理，但生产准备工作量大。

2)工序分散原则。使每道工序包括尽可能少的加工内容，因而使工序数目增加。工序分散到极限时，每道工序只包括一个工步。其特点是工序数目多，工序内容少，工件安装次数多，生产设备多，生产组织管理复杂。

在制订工艺路线时，是采用工序集中，还是采用工序分散，要根据下列条件确定：

1)生产类型。单件、小批量生产时，采用工序集中原则；大批、大量生产时，采用工序分散原则，有利于组织流水线生产。

2)工件的尺寸和重量。对于大尺寸和大重量的工件，由于安装和运输的问题，一般采用工序集中原则。

3)工艺设备条件。自动化程度高的设备一般采用工序集中原则，如加工中心、柔性制造系统。

5.确定加工余量

要使毛坯变成合格零件，从毛坯表面上所切除的金属层称为加工余量。加工余量分为总余量和工序余量。从毛坯到成品总共需要切除的余量称为总余量。在某工序中所要切除的余量称为该工序的工序余量。总余量应等于各工序的余量之和。工序余量的大小应按加工要求来确定。余量过大，既浪费材料，又增加切削工时；余量过小，会使工件的局部表面切削不到，不能修正前道工序的误差，从而影响加工质量，甚至造成废品。

6.填写工艺文件

工艺过程拟订之后，将工序号、工序内容、工艺简图、所用机床等项目内容用图表的方式填写成技术文件。工艺文件的繁简程度主要取决于生产类型和加工质量。常用的工艺文件有以下几种。

(1)机械加工工艺过程卡片：其主要作用是简要说明机械加工的工艺路线。实际生产中，机械加工工艺过程卡片的内容也不完全一样，最简单的只有工序目录，较详细的则附有关键工序的工序卡片。主要用于单件、小批量生产中。

(2)机械加工工序卡片：要求工艺文件尽可能地详细、完整，除了有工序目录以外，还有每道工序的工序卡片。工序卡片的主要内容有加工简图、机床、刀具、夹具、定位基准、夹紧方案、加工要求等。填写工序卡片的工作量很大，因此，主要用于大批、大量生产中。

(3)机械加工工艺(综合)卡片：对于成批生产而言，机械加工工艺过程卡片太简单，而机械加工工序卡片太复杂且没有必要。因此，应采用一种比机械加工工艺过程卡片详细，比械加工工序卡片简单且灵活的机械加工工艺卡片。工艺卡片既要说明工艺路线，又要说明各工序的主要内容，甚至要加上关键工序的工序卡片。

5.4　典型零件的工艺过程

5.4.1　轴类零件

轴类零件是机器中用来支承齿轮、皮带轮等传动零件并传递扭矩的零件，是最常见的典型零件之一。按结构的不同，轴类零件一般可分为简单轴、阶梯轴和异形轴三类。下面以图5-25中传动轴的加工过程为例，说明在单件、小批量生产中，一般轴类零件的工艺过程。

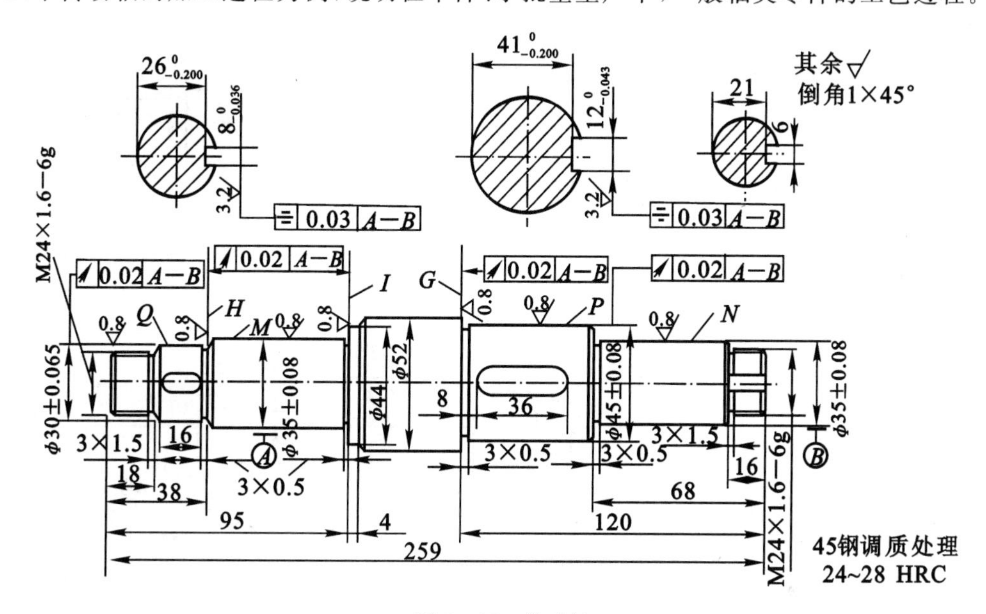

图 5-25　传动轴

1. 技术要求分析

(1)轴的主要加工表面分析：轴颈 P 和 Q 开有键槽，用于安装齿轮，传递运动和动力；轴颈 M 和 N 是轴的两个支承面；轴肩 G，H 和 I 是齿轮的安装面或轴本身的安装面，它们的精度要求很高，表面粗糙度较低(Ra 值为 0.8 μm)。所以，轴颈 P，Q，M 和 N 以及轴肩 G，H 和 I 为主要加工表面。

(2)各段配合圆柱表面对轴线的径向圆跳动允差为 0.02 mm。

(3)工件材料为 45 钢，热处理(调质)硬度为 24～28 HRC。

2. 工艺分析

(1)轴的各配合表面除本身有一定精度和表面粗糙度要求以外，对轴线的径向圆跳动还有一定的要求。

根据对各表面的具体要求，可采用如下加工方案：

粗车——→调质——→半精车——→粗磨——→精磨

(2)轴上的键槽可在立式铣床上用键槽铣刀铣出。

3. 基准选择

根据基准重合与基准同一原则，可选用轴两端中心孔作为粗、精加工的定位基准。这样，既有利于保证各配合表面的位置精度，也有利于提高生产率。另外，为了保证基准的精度和表面粗糙度，热处理后应修研中心孔。

4. 工艺过程

轴的毛坯选用 ϕ60 mm 的热轧钢。在单件、小批量生产中，其工艺过程见表 5-4。

表 5-4　传动轴工艺卡片

工序号	工 种	工 序 内 容	加 工 简 图	设 备
5	下 料	ϕ60 mm×265 mm		锯 床
10	车 削	1. 车端面； 2. 打中心孔； 3. 调头； 4. 车另一端面； 5. 打中心孔	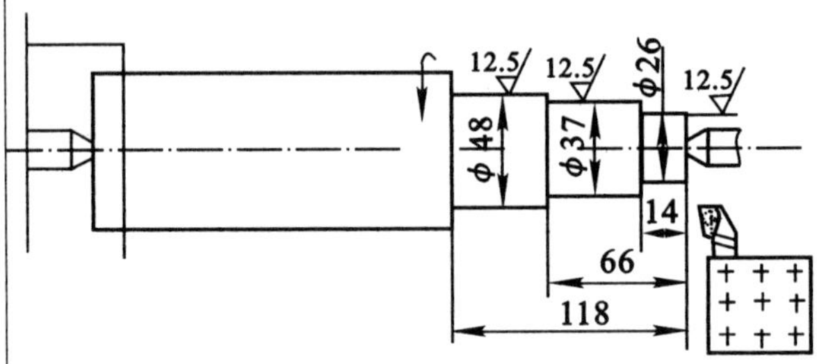 12.5　12.5　ϕ26　12.5　ϕ48　ϕ37　14　66　118	车 床
15	车 削	1. 粗车外圆； 2. 调头； 3. 粗车另一端	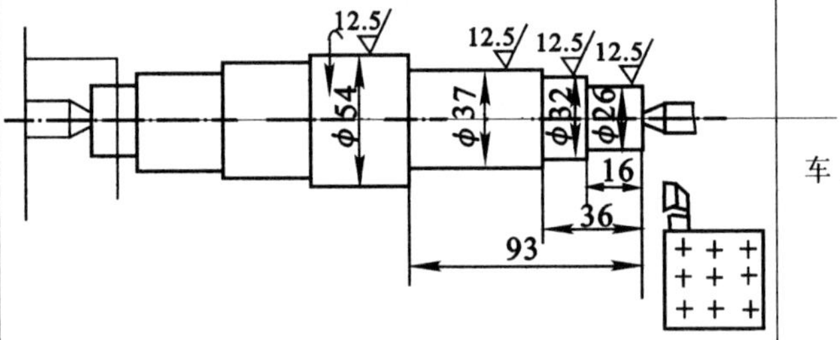 12.5　12.5　12.5　12.5　ϕ54　ϕ37　ϕ32　ϕ26　16　36　93	车 床
20	热处理	调质处理； 24～28 HRC		
25	钳 工	修研两端中心孔	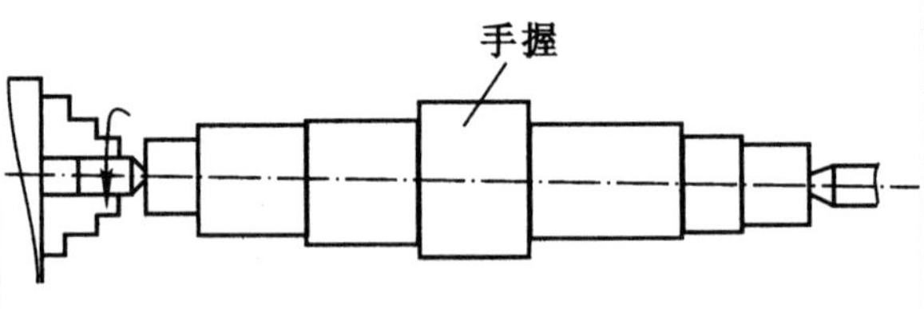 手握	车 床
30	车 削	1. 半精车一端外圆； 2. 切槽； 3. 倒角； 4. 调头	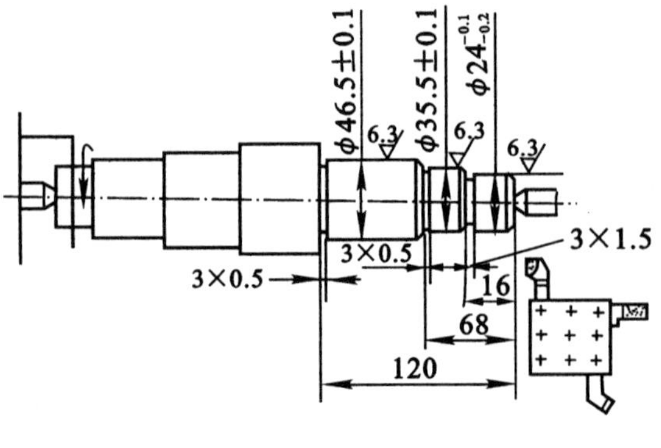 ϕ46.5±0.1　ϕ35.5±0.1　$\phi24^{-0.1}_{-0.2}$　6.3　6.3　6.3　3×0.5　3×1.5　3×0.5　16　68　120	车 床

续　表

工序号	工 种	工 序 内 容	加 工 简 图	设 备
30	车削	5.半精车另一端外圆； 6.切槽； 7.倒角	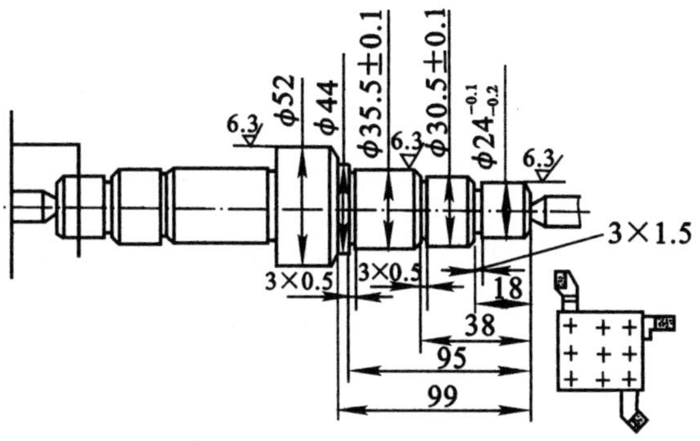 ϕ52 ϕ44 ϕ35.5±0.1 ϕ30.5±0.1 $\phi 24^{-0.1}_{-0.2}$ 6.3 6.3 6.3 3×1.5 3×0.5 3×0.5 18 38 95 99	
35	车 削	1.车螺纹； 2.调头； 3.车另一螺纹	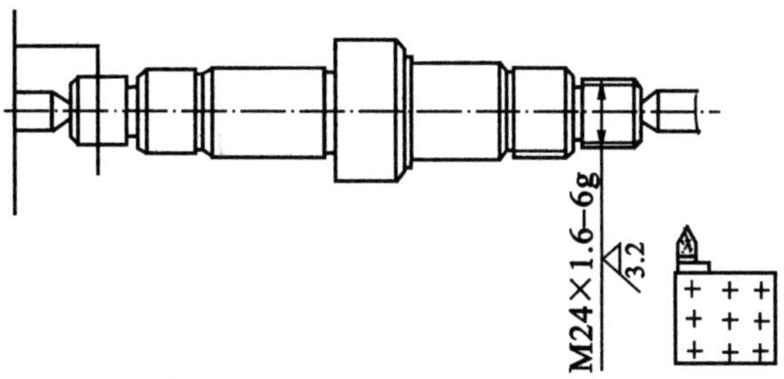 M24×1.6-6g 3.2	车 床
40	钳 工	1.划两键槽加工线； 2.划止动垫圈槽加工线		钳工台
45	铣 削	1.铣两键槽； 2.铣止动垫圈槽	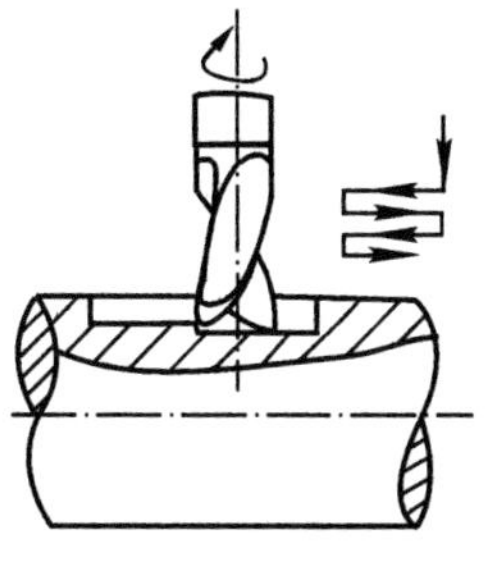	立式铣床
50	钳 工	修研中心孔	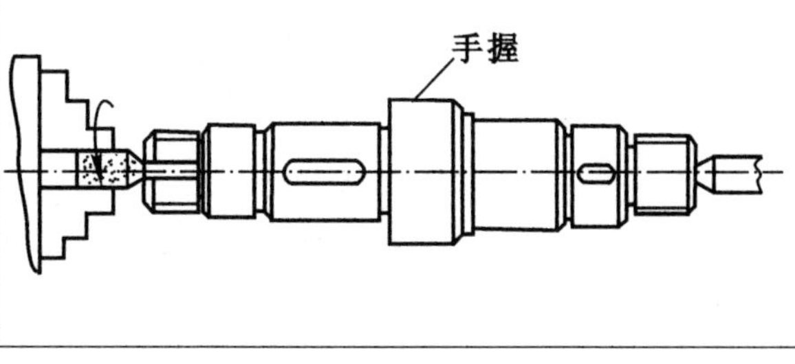 手握	车 床

续　表

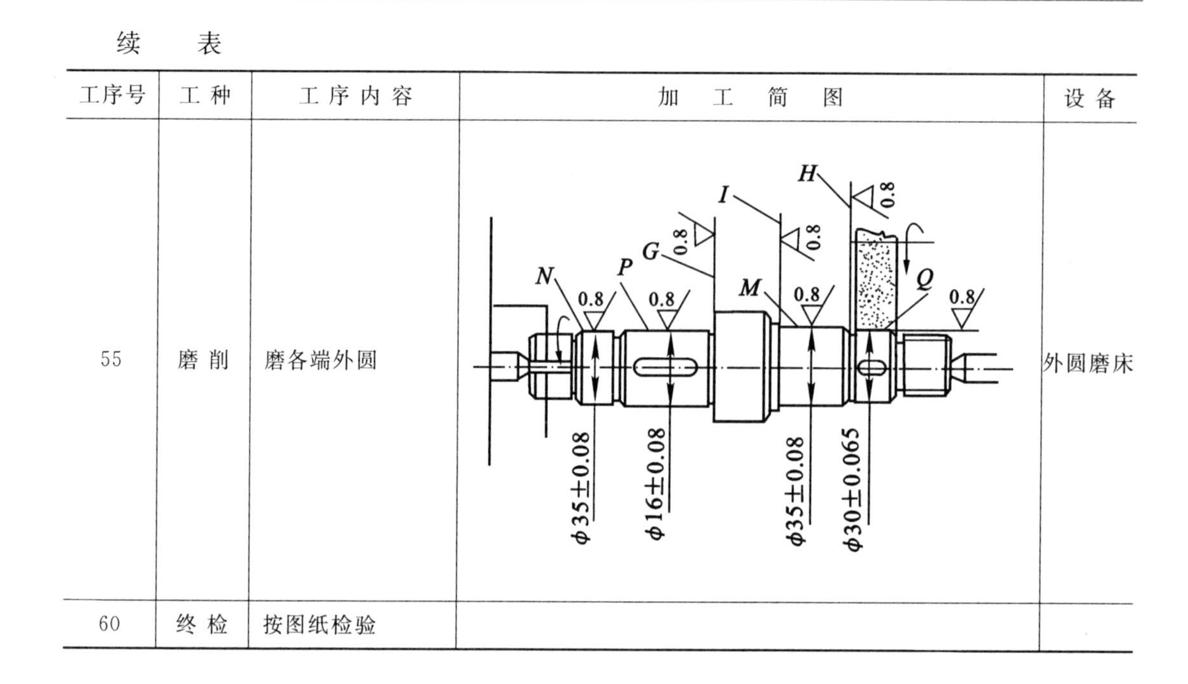

工序号	工　种	工 序 内 容	加　工　简　图	设 备
55	磨 削	磨各端外圆		外圆磨床
60	终 检	按图纸检验		

5.4.2　盘套类零件

盘套类零件是机器中使用最多的零件。盘套类零件的结构一般由孔、外圆、端面和沟槽等组成，其位置精度主要有外圆轴线对内孔轴线的同轴度（或径向圆跳动）、端面对内孔轴线的垂直度（或端面跳动）等。盘套类零件的结构基本类似，工艺过程基本相仿，因此，以图 5-26 所示零件加工过程为例，介绍一般盘套类零件的工艺过程。

1. 技术要求分析

（1）$\phi65^{+0.065}_{+0.045}$ mm 和 $\phi(45\pm0.08)$ mm 对 $\phi52^{+0.02}_{-0.01}$ mm 轴线的同轴度允差 $\phi0.04$ mm；

（2）端面 B 和 C 对 $\phi52^{+0.02}_{-0.01}$ mm 轴线的垂直度允差 0.02 mm；

（3）工件材料为 HT200，毛坯为铸件。

2. 工艺分析

（1）该零件的主要表面是孔 $\phi52^{+0.02}_{-0.01}$ mm、外圆面 $\phi65^{+0.065}_{+0.045}$ mm 和 $\phi(45\pm0.08)$ mm、台阶端面 C 和内端面 B。孔和外圆面除本身要求精度较高、表面粗糙度较低外，还有一定的位置精度要求。端面 B 和 C 也有表面粗糙度和位置精度的要求。

（2）根据工件材料的性质、具体零件精度和表面粗糙度的要求，可采用以下加工方案：

粗车──→半精车──→精车

采用一次安装保证 $\phi65^{+0.065}_{+0.045}$ mm 对 $\phi52^{+0.02}_{-0.01}$ mm 轴线的同轴度，以及端面 B 对 $\phi52^{+0.02}_{-0.01}$ mm轴线的垂直度要求。采用图 5-27 可胀心轴安装工件，加工 $\phi(45\pm0.08)$ mm 外圆面，可胀心轴保证 $\phi(45\pm0.08)$ mm 对 $\phi52^{+0.02}_{-0.01}$ mm 轴线的同轴度的要求。

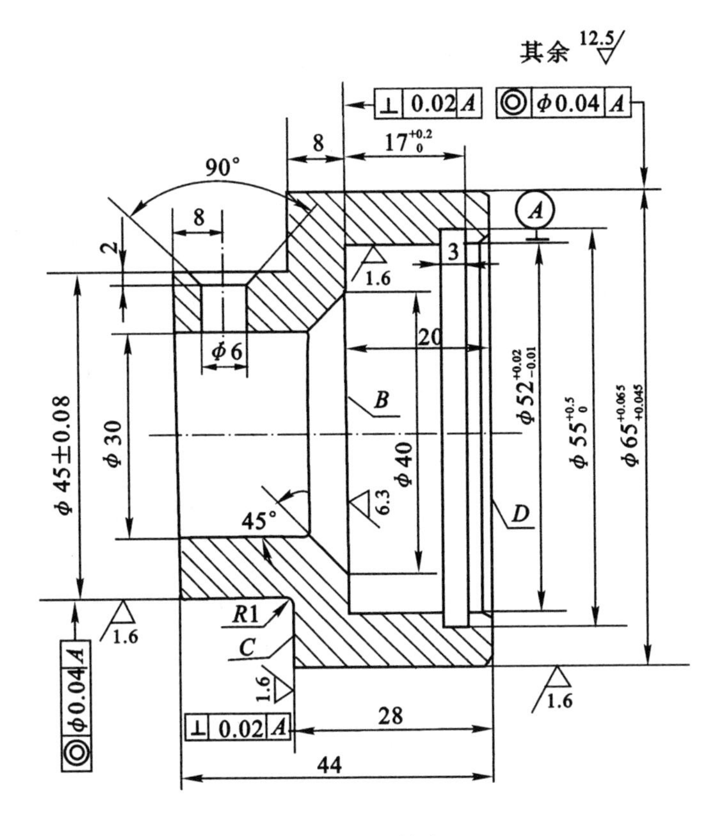

图 5-26　轴套

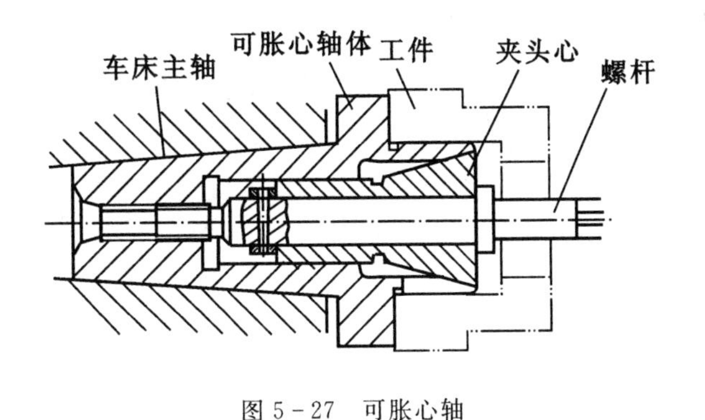

图 5-27　可胀心轴

3. 基准选择

(1)根据“基准先行”的原则,首先以毛坯大端外圆面作为粗基准,粗车小端外圆面和端面。

(2)以粗车后的小端外圆面和台阶面 C 为定位基准(精基准),在一次安装中加工大端各表面,以保证所要求的位置精度。

(3)以孔 $\phi52^{+0.02}_{-0.01}$ mm 和大端面为定位基准,利用可胀心轴安装,精车小端外圆。

4. 工艺过程

在单件、小批量生产中,该套类零件的工艺过程见表 5-5。

表 5－5　单件、小批量生产套类零件的工艺过程

工序号	工 种	工 序 内 容	加 工 简 图	设 备
5	铸 造		φ71 φ51 34 50	
10	车 削	1. 粗车小端外圆和端面； 2. 钻孔； 3. 调头； 4. 粗车大端外圆和端面； 5. 镗通孔； 6. 镗大端孔与粗车内端面； 7. 倒内角； 8. 精车大端外圆和端面； 9. 精镗大端孔与精车内端面； 10. 切槽、倒角	12.5 φ28 φ47 16 其余 12.5 倒角1×45° 1.6 φ30 φ40 3.2 45° $\phi52^{+0.02}_{-0.01}$ $\phi55^{+0.5}_{0}$ $\phi65^{+0.065}_{+0.045}$ 3 $17^{+0.2}_{0}$ 20 29	车 床
15	车 削	1. 精车小端外圆； 2. 精车两端面； 3. 倒角	1.6 1×45° φ45±0.08 1.6 12.5 28 44	车 床

续　表

工序号	工 种	工 序 内 容	加 工 简 图	设 备
20	钳 工	划径向孔加工线		工作台
25	钻 削	钻孔	12.5 90° 8 2 φ6	钻 床
30	终 检	按图纸检验		

5.4.3　箱体支架类零件

箱体支架类零件是机器的基础零件，用以支承和装配轴系零件，并使各零件之间保证正确的位置关系，以满足机器的工作性能要求。因此，箱体支架类零件的加工质量对机器的质量影响很大。现以图 5－28 的零件加工过程为例，介绍一般箱体支架零件的工艺过程。

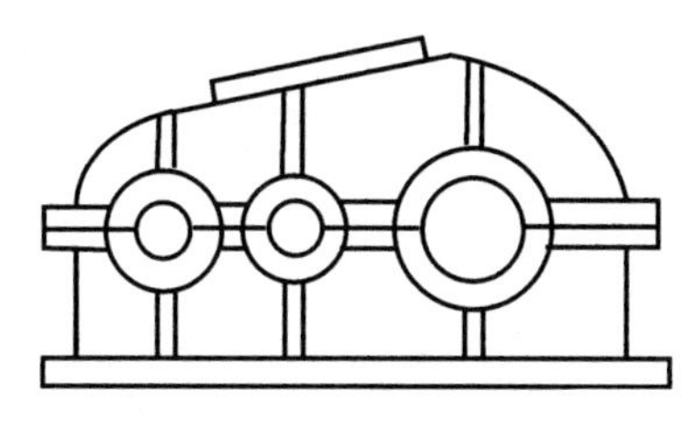

图 5－28　减速箱

1. 技术要求分析

(1)箱座底面与对合面的平行度在 1 m 长度内不大于 0.5 mm。

(2)结合面加工后，其表面不能有条纹、划痕及毛刺。结合面结合间隙不大于 0.03 mm。

(3)3 个主要孔(轴承孔)的轴线必须保持在结合面内，其偏差不大于±0.2 mm。

(4)主要孔的距离误差应保持在±0.03～±0.05 mm 的范围内。

(5)主要孔的精度为 IT6 级，其圆度与圆柱度误差不超过其孔径公差的 1/2。

(6)加工后，箱体内部需要清理。

(7)工件材料为 HT150，毛坯为铸件去应力退火。

2. 工艺分析

减速箱的主要加工表面有：

(1)箱座的底平面和结合面、箱盖的结合面和顶部方孔的端面，可采用龙门铣床或龙门刨床加工。

(2)3 个轴承孔及孔内环槽，可采用坐标镗床镗孔。

3. 基准选择

(1)粗基准的选择：为了保证对合面的加工精度和表面完整性，选择对合面法兰的不加工面为粗基准加工对合面。

(2)精基准的选择：箱座的对合面与底面互为基准，箱盖的对合面与顶面互为基准。

4. 工艺过程

大批、大量生产减速箱的机械加工工艺过程见表 5－6。

表 5－6　减速箱机械加工工艺过程(大批、大量生产)

工序号	工种	工序内容	加工简图	加工设备
5	铸造			
10	热处理	去应力退火		
15	刨削	粗刨对合面	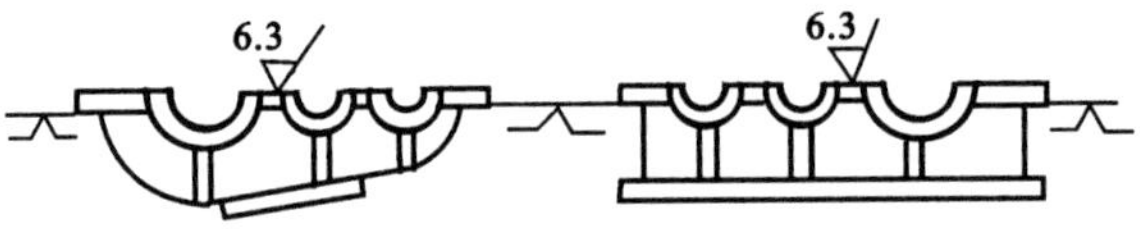 6.3　6.3	龙门刨床
20	刨削	1. 粗、精刨箱座的底面及两侧面； 2. 粗、精刨箱盖的方孔端面及两侧面	 3.2　6.3　6.3	龙门刨床
25	刨削	精刨对合面	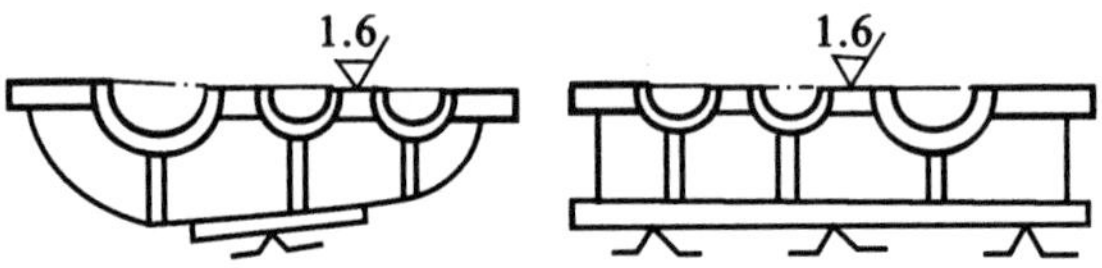 1.6　1.6	龙门刨床
30	钻削	1. 钻连接孔； 2. 钻螺纹孔； 3. 钻销孔		摇臂钻床
35	钳工	1. 攻螺纹孔； 2. 铰削孔； 3. 连接箱体		
40	镗孔	1. 粗镗 3 个主要孔； 2. 半精镗 3 个主要孔； 3. 精镗 3 个主要孔； 4. 精细镗 3 个主要孔		镗床
45	终检	按图纸检验		

5.5 综合工程案例分析

图5-29为某飞机轴承套,用于支撑飞机某型轴承。该零件由异形孔、内外圆面和端面等组成,结构复杂。底部异形法兰用于连接轴承套,顶部法兰用于定位轴承,零件整体为薄壁件,以减轻质量,轴承套中部斜面上需均布5个倾斜角为45°的孔。下面详细介绍该轴承套的加工工艺过程。

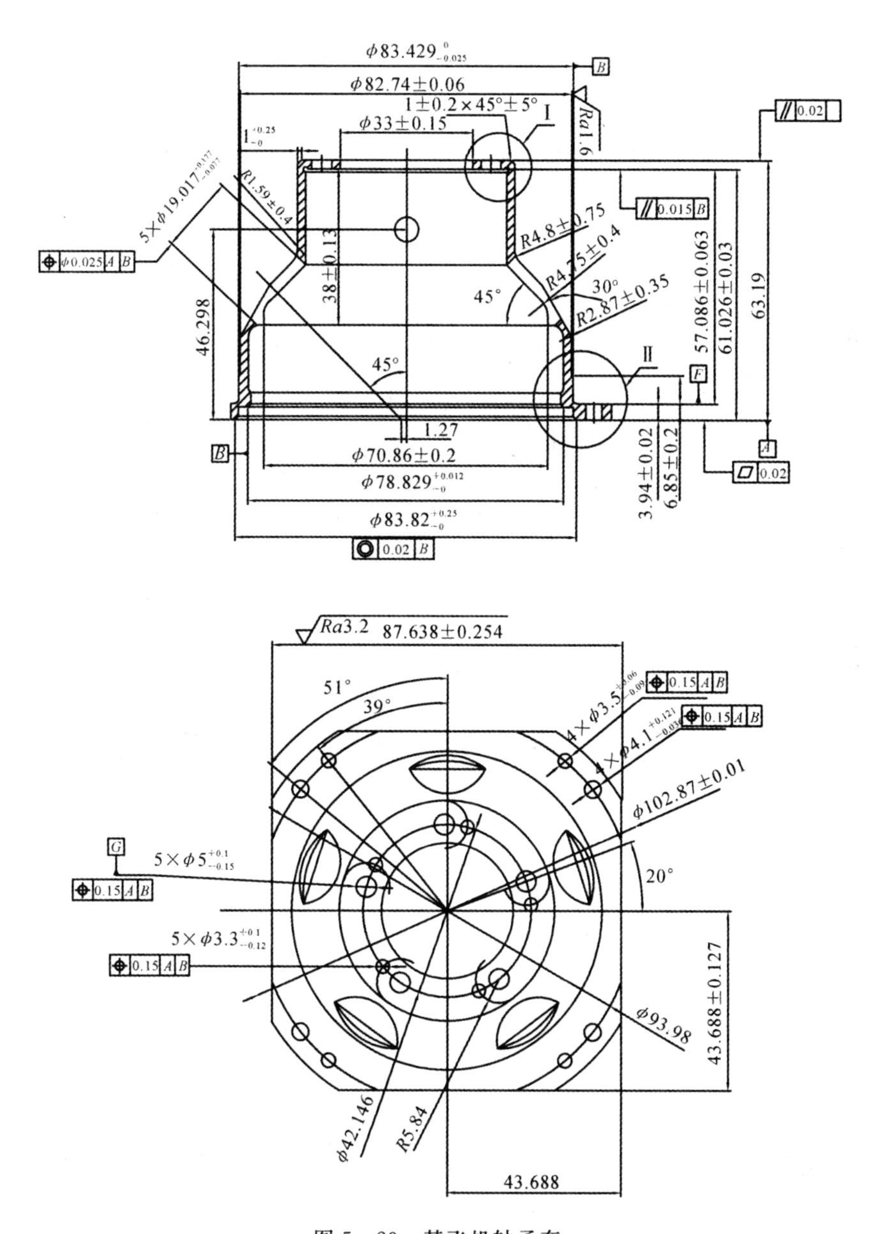

图5-29 某飞机轴承套

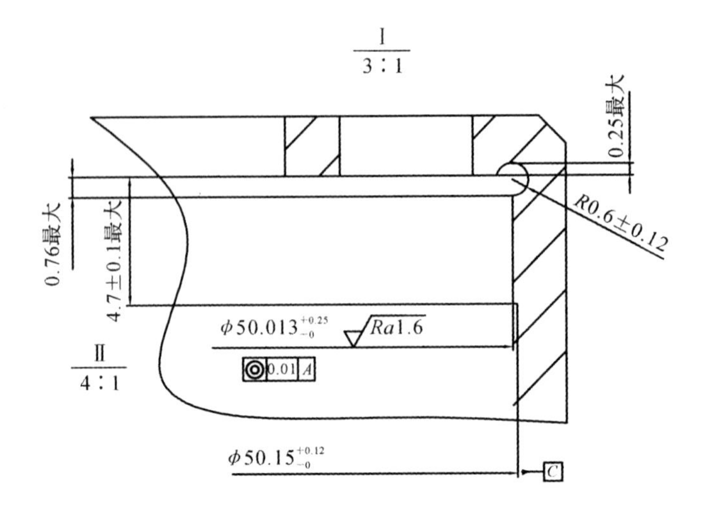

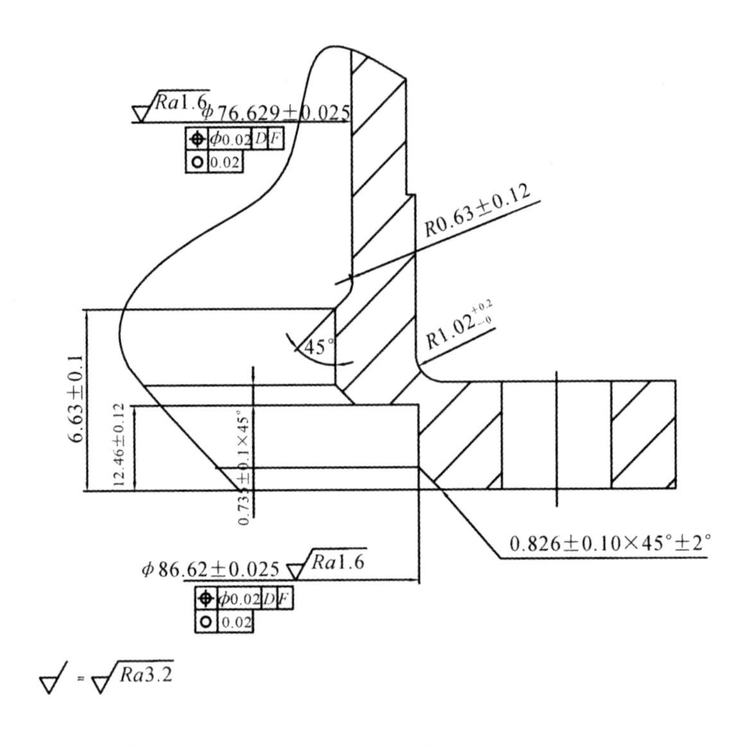

续图 5-29 某飞机轴承套

1. 选择基准

根据“先基准后其他”的原则，在粗加工阶段，首先以毛坯大端外圆作为粗基准，粗车轴承套大端中间部分 $\phi(87\pm0.01)$ mm 外圆面和小端通孔。然后以粗车后的大端中间外圆面作为精基准，车轴承套大圆外表面和大端端面，保证大端外圆表面粗糙度的 Ra 值为 3.2 μm。

在半精加工阶段，以大端外圆表面作为基准，通过一次装夹，完成对轴承套外表面的加工；

然后以 $\phi(85.7\pm0.05)$ mm 外圆表面作为基准，通过一次装夹，完成对轴承套内表面阶梯孔的加工。

在精加工阶段，以轴承套大端外圆柱面作为基准，通过一次装夹，完成轴承套外圆表面及小端端面的加工，以保证外表面尺寸精度；再以小端外圆表面作为基准，通过一次装夹，完成轴承套外表面及内表面阶梯孔和倒角等加工，以保证各尺寸精度要求、小端端面与基准 F 的平行度要求、$\phi83.429_{-0.025}^{\ 0}$ mm 外圆圆度要求、两端面平行度的要求和 $\phi83.82_{\ 0}^{+0.25}$ mm、$\phi50.013_{\ 0}^{+0.25}$ mm内孔的同轴度要求等。

最后，采用专用夹具进行装夹定位，加工轴承中间过渡处的斜孔和轴承套外表面的其他各孔系，保证零件尺寸精度和几何精度要求。

2. 技术要求分析

(1) 轴承套上下圆筒过渡处孔系中心线相对于基准 A 和的位置度允差为 $\phi0.025$ mm。

(2) $\phi83.82_{\ 0}^{+0.25}$ mm 内圆轴线相对于基准轴线 B 的同轴度允差为 0.02 mm。

(3) 轴承套上表面相对于基准面 F 的平行度允差为 0.02 mm。

(4) 轴承套上下表面的平面度允差为 0.02 mm。

(5) 尺寸 $\phi(76.629\pm0.025)$ mm 及 $\phi(83.62\pm0.025)$ mm 处内圆相对于基准 D、F 的位置度允差为 $\phi0.02$ mm，圆度允差为 0.02 mm。

(6) 尺寸 $\phi50.013_{\ 0}^{+0.25}$ mm 内孔相对于基准 A 的同轴度允差为 0.01 mm。

(7) 轴承套材料为 AMS5647，未注明表面粗糙度的 Ra 值为 3.2 μm。

3. 工艺分析

(1) 由于工件为盘套类零件，其尺寸精度、表面粗糙度以及几何精度要求较高，为保证 $\phi50.013_{\ 0}^{+0.25}$ mm 内孔、圆筒过渡处孔系中心线相对于基准 A、B 以及 $\phi(76.629\pm0.025)$ mm、$\phi(83.62\pm0.025)$ mm 内圆相对于基准 D、F 的位置度要求，应在一次装夹过程中完成其相关表面的加工，以保证其位置精度。

(2) 该零件壁厚较薄，加工中常因为夹紧力、切削力、内应力和切削热等因素的影响而产生变形影响。因此，要粗精加工分开进行，使粗加工时产生的变形在精加工中得到纠正。

(3) 根据工件材料的性质、具体零件精度及表面粗糙度要求，轴承套内外表面的加工可采用粗车→半精车→精车的加工顺序进行加工，之后对于零件上的孔系采用铣削加工；最后，采用钳工去除毛刺、精磨来保证零件表面粗糙度要求。

(4) 工件加工要求较高，工艺过程复杂，可采用数控机床进行加工，需设计专用柔性软爪对轴承套进行夹装。

4. 工艺过程

工序号	工种	工序内容	加工简图	设备
5	备料	模锻		

续　表

工序号	工种	工序内容	加工简图	设备
10	车	车外圆 $\phi(87.0\pm0.1)$mm，钻$\phi(26.0\pm0.2)$ mm通孔	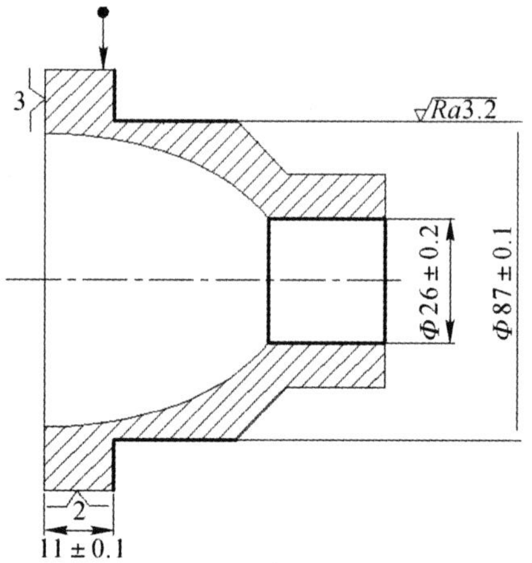 3 Ra3.2 Φ26±0.2 Φ87±0.1 2 11±0.1	三爪卡盘
15	车	车大端面及外圆 $\phi107.00_{-0.05}^{0}$ mm	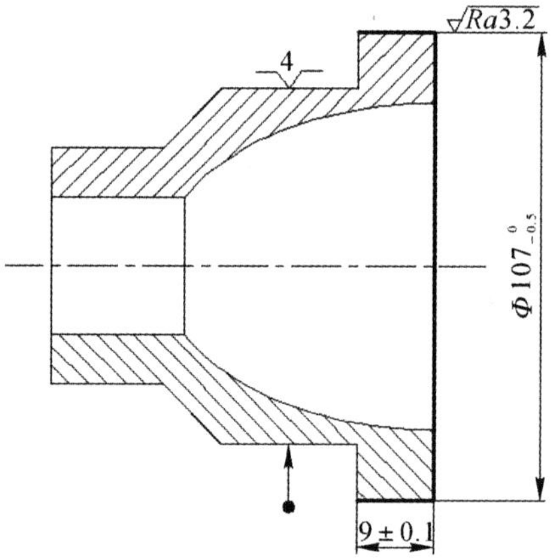 Ra3.2 4 $\Phi107_{-0.5}^{0}$ 9±0.1	专用软爪
20	数控车	车小端面、法兰右端面及外圆$\phi(57.2\pm0.03)$ mm和$\phi(85.7\pm0.05)$ mm，斜面锥度45°，倒圆角$R(2\pm0.2)$ mm	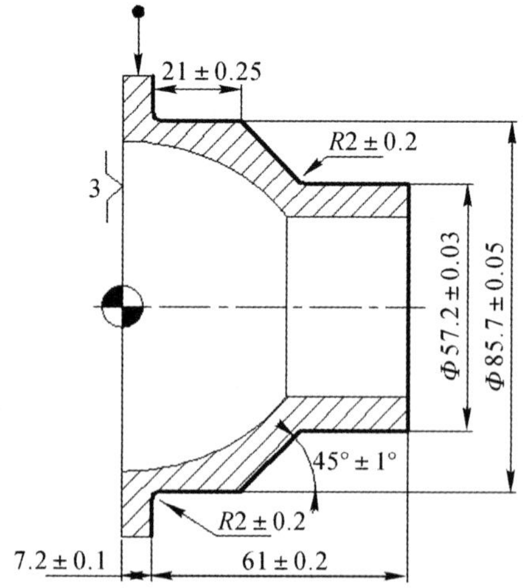 21±0.25 R2±0.2 3 Φ57.2±0.03 Φ85.7±0.05 45°±1° R2±0.2 7.2±0.1 61±0.2	专用软爪

续　表

工序号	工种	工序内容	加工简图	设备
25	数控车	车端面及外圆 ϕ104.9 mm，镗孔 ϕ76.80 mm，ϕ68.9 mm，ϕ48.1 mm 及 ϕ30.0 mm，并保证斜面锥度 45°	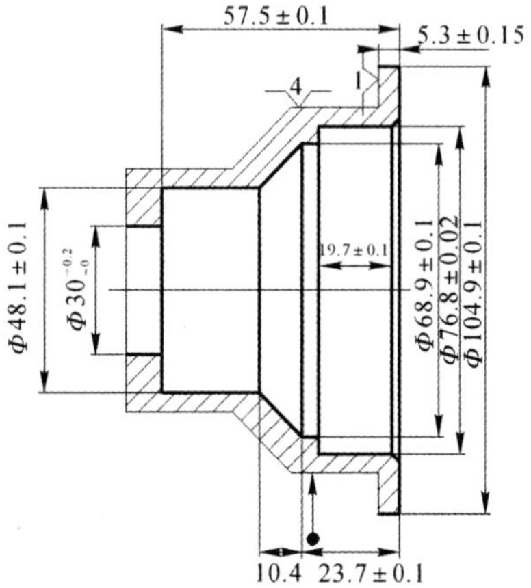	专用软爪
30	数控车	车端面及外圆 ϕ56.00 mm，倒角 C1 mm，ϕ32.1 mm，ϕ84.15mm，倒圆角 R1.0 mm	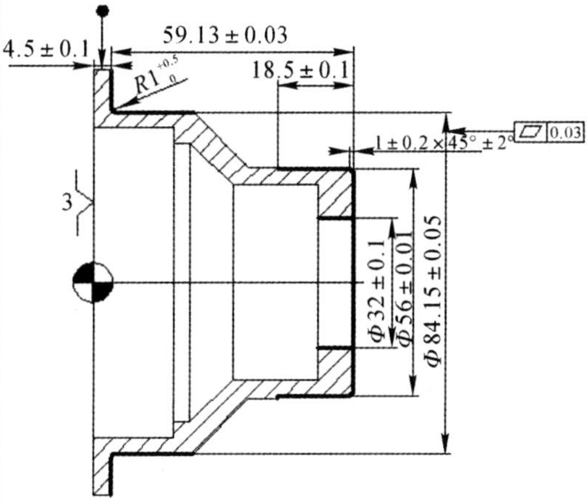	专用软爪
35	数控车	车端面及外圆 ϕ82.74 mm，ϕ83.439 mm，精车内孔，倒角 C 0.862 mm，ϕ78.629 mm，ϕ70.86 mm，ϕ33.0 mm，ϕ50.55 mm，ϕ49.9mm 和倒圆角 R0.6 mm，R1.02 mm，R0.63 mm，R4.76 mm，R2.87 mm，R0.8 mm	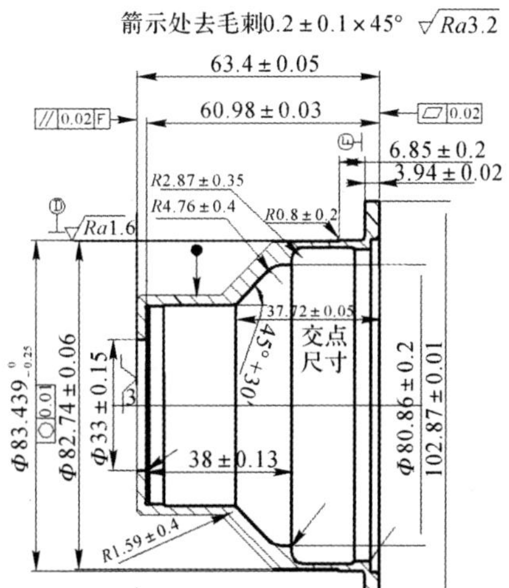	专用软爪

续　　表

工序号	工种	工序内容	加工简图	设备
40	数控车	精镗内孔 ϕ(83.820＋0.025) mm 至尺寸，保证与端面同轴度 ϕ0.02 mm，ϕ(78.829＋0.012) mm 至尺寸，ϕ(50.013＋0.025) mm，保证与端面同轴度 ϕ0.01 mm，内槽及内圆角 R(0.6±0.1) mm，保证与端面平行度 0.015 mm	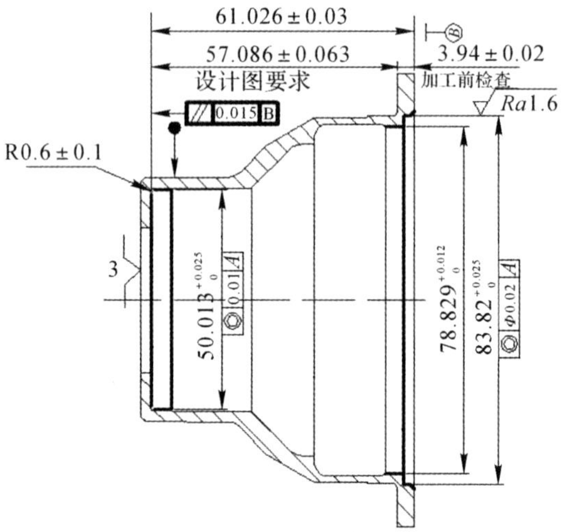	专用软爪
45	数控车	精车外圆 ϕ53.93 mm，倒角 C1 mm，30°及 45°圆锥面	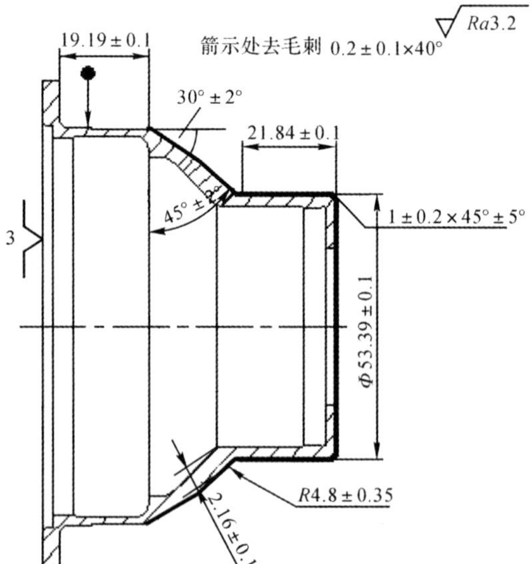	专用软爪

续　表

工序号	工种	工序内容	加工简图	设备
50	数控铣	铣圆 ϕ19.00 mm，ϕ7.10 mm，钻孔 ϕ3.50 mm，ϕ5.00 mm，ϕ3.30 mm，ϕ4.10 mm	5×Φ19.000$^{+0.177}_{-0.077}$ ⊕ Φ0.025 A B Φ7.1$^{+0.16}_{-0.08}$ ⊕ Φ0.02 A B Φ78.629±0.025 1.27 45° 3 46.298	专用软爪
55	钳	去毛刺		
60	磨	保证表面粗糙度		磨工夹具
65	钳	攻丝 ϕ4.10 mm 及 ϕ3.5 mm 孔，倒角，未注锐边磨圆，去除所有毛刺		
70	清洗	清洗		
75	检验	终检		

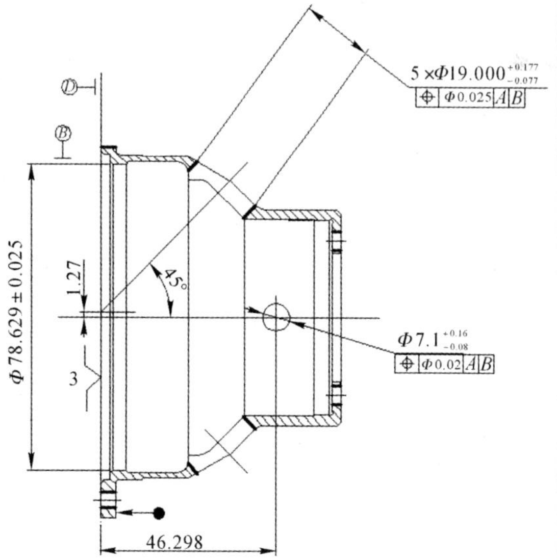

第6章　新工艺、新技术简介

计算机科学和信息科学的迅速发展已经使人类的生活方式和生产方式发生了革命性的变化。全球正经历着由传统经济向知识经济、网络经济的转变。将信息技术应用于制造业已成为现代制造业发展的必由之路，信息技术已成为现代制造业的技术基础。

6.1　数控技术及其发展

6.1.1　数控机床概论

1. 数控及数控机床的概念

数控是数字控制(Numerical Control，NC)的简称，是利用数字化信息控制机床运动及其加工过程的一种方法。数控机床是用数控技术实施加工控制的机床，或是装备了数控系统的机床。

数控系统包括数控装置、可编程控制器、主轴驱动及进给等部分。数控机床是机电液高度一体化的产品，要实现对零件的控制，需要用几何信息描述刀具和工件间的相对运动以及用工艺信息来描述机床加工必具的工艺参数(如进给速度、主轴转速、主轴正反转换刀和切削液的开关)等。这些信息按一定的格式形成加工文件，存放在信息载体(如硬盘、U 盘等)上，然后由机床上的数控系统读入(直接通过数控系统的键盘输入或通过通信方式输入)，通过译码，使机床加工出零件。

2. 数控机床的工作流程

数控机床在工作时，首先根据零件图样及加工工艺要求编制数控加工程序，然后将其输入数控系统，驱动数控机床运动部件运动，以加工出一定形状的零件，工作流程简述如下。

(1)编制数控加工程序。

在零件加工前，首先根据被加工零件图样所规定的零件形状、尺寸、材料及技术要求等，确定零件的工艺过程、工艺参数、几何参数以及切削用量等，然后根据数控机床编程手册规定的代码和程序格式，编写零件加工程序单。

对于较简单的零件，通常采用手工编程；对于形状复杂的零件，则在编程机上进行自动编程，或者在计算机上用 CAD/CAM 软件自动生成零件加工程序。

(2)输入。

输入是把零件程序、控制参数和补偿数据输入到数控装置中去。输入的方法因输入设备而异，有键盘输入、U 盘和磁盘输入以及通信方式输入。输入的工能普通作方式通常有两种：一种是边输入边加工，即在前一个程序段加工时，输入后一个程序段的内容；另一种是一次性地将整个零件加工程序输入到数控装置的内部存储器中，加工时再把一个个程序段从存储器中调出执行。

(3)译码。

数控装置接收的程序是由程序段组成的，程序段中包含零件的轮廓信息(如是直线还是圆弧、线段的起点和终点等)、加工进给速度(F代码)等加工工艺信息和其他辅助信息(M、S、T代码等)。计算机不能直接识别程序段，译码程序就像一个翻译，按照一定的语法规则程序段信息解释成计算机能够识别的数据形式，并按一定的数据格式存放在指定的内存专用区域。在译码过程中对程序段还要进行语法检查，有错则立即报警。

(4)刀具补偿。

零件加工程序通常是按零件轮廓轨迹编制的。刀具补偿的作用是把零件轮廓轨迹转换成刀具中心轨迹运动，加工出所要求的零件轮廓。刀具补偿包括刀具半径补偿和刀具长度补偿。

(5)插补。

插补是数控装置根据零件轮廓数据，通过某种算法，计算轮廓起点和终点间中间轮廓点的方法，也称为"数据点密化"，其目的是控制加工运动，使刀具相对于工件的相对运动轨迹符合零件轮廓要求。插补过程通常是边计算边根据计算结果向各坐标轴发运动指令，使机床在设定的坐标方向上移动一个单位位移，以加工出所需轮廓形状。在每个插补周期内运行一次差补程序，产生若干个微小直线段。插补完一个程序段(即加工一条曲线)通常需要经过若干次插补周期。需要说明的是，只有辅助功能(换刀、换档、切削液等)完成之后才能能进行插补。

(6)位置控制和机床加工。

位置控制的任务是在每个采样周期内，将插补计算出的指令位置与实际反馈位置相比较，用其差值去控制伺服电动机，电动机使机床的运动部件带动刀具相对于工件按规定的轨迹和速度进行加工。在位置控制中通常还应完成位置回路的增量调整、各坐标方向的螺距误差补偿和方向间隙补偿，以提高机床的定位精度。

6.1.2　数控机床的组成和分类

1. 数控机床的组成

数控机床是是数字控制机的简称，是一种装有程序控制系统的自动化机床，一般由输入输出设备、数控装置、伺服系统、测量反馈装置和机床本体组成，如图6-1所示。

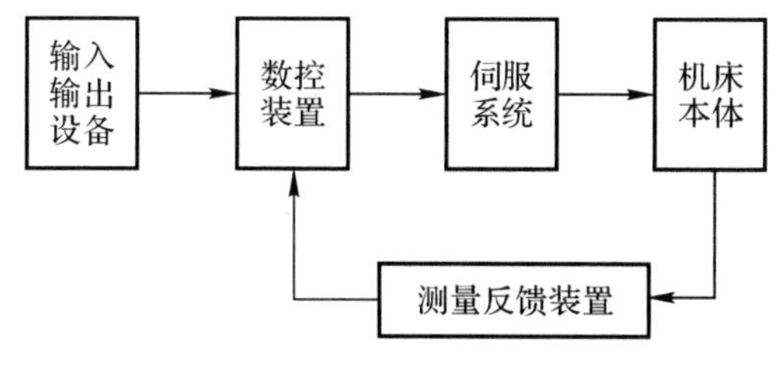

图6-1　数控机床的组成框图

(1)输入输出设备。

输入输出设备主要实现程序编制、程序和数据的输入以及显示、存储和打印。这一部分的硬件配置视需要而定，功能简单的机床可能只配有键盘和发光二极管(LED)显示器；功能普通的机床则可能加上U盘和磁盘读入器、人机对话编程操作键盘和视频信号显示器(CRT);功能较强的可能还包含有一套自动编程机或计算机辅助设计/计算机辅助制造(CAD/CAM)系统。

(2)数控装置。

数控装置是指由一台专用计算机或通用计算机与输入输出接口板以及机床控制器(可编程序控制器)等所组成的控制装置。数控装置是数控机床的核心,其用于接受来自输入设备的程序和数据,并按输入信息的要求完成数值计算、逻辑判断和输入输出控制等功能。机床控制器的主要作用是实现对机床辅助功能、主轴转速功能和刀具功能的控制。

数控装置的主要功能如下:

1)多坐标控制。

2)插补功能,如直线、圆弧和其他曲线插补。

3)程序输入、编辑和修改功能,如手动数据输入、上位机通信输入等。

4)故障自诊断功能。由于数控系统是一个十分复杂的系统,为使系统故障停机时间减至最少,数控装置中设有各种诊断软件,对系统运动情况进行监视,及时发现故障并迅速查明故障类型和部位,发出报警,把故障源隔离到最小范围。

5)补偿功能。主要包括刀具半径补偿、刀具长度补偿、传动间隙补偿和螺距误差补偿等。

6)信息转换功能。主要包括EIA/ISO代码转换、英制/米制转换、坐标转换和绝对值/增量值转换等。

7)多种加工方式选择。实现多种加工方式循环、重复加工、凸凹模加工和镜像加工等。

8)辅助功能。也称M功能,用来规定主轴的起停和转向、切削液的接通和断开及刀具的更换等。

9)显示功能。用液晶屏显示程序、参数、各种补偿量、坐标位置、故障源以及图形等。

10)通信和联网功能。

(3)伺服系统。

伺服系统是依据数控装置发送的指令驱动机床执行机构运动的驱动部件(如主轴驱动、进给驱动),包括伺服控制电路、功率放大电路和伺服电动机等。常用的伺服电动机有步进电动机、电液马达、直流伺服电动机和交流伺服电动机。数控机床伺服驱动要求有好的快速响应性能,能灵敏而准确地跟踪由数控装置发出的指令信号。

(4)测量反馈装置。

测量反馈装置由测量部件和测量电路组成,其作用是检测速度和位移,并将信息反馈给数控装置,构成闭环控制系统。没有测量反馈装置的系统称为开环控制系统。常用的测量部件有脉冲编码器、旋转变压器、感应同步器、光栅和磁尺等。

(5)机床本体。

机床本体是数控机床的主体,是用于完成各种切削加工的机械部分,包括床身、立柱主轴、进给机构等机械部件。机床控制的对象包括运动台的位移、速度以及各种开关量。

2.数控机床的分类

数控机床品种繁多、功能各异,可以从不同的角度对其进行分类。

(1)按机械加工的运动轨迹分类。

1)点位控制数控机床。点位控制是指刀具从某一位置移到下一个位置的过程中,不考虑其运动轨迹，只要求刀具能最终准确到达目标位置。刀具在移动过程中不切削，一般采用随时快速运动，其移动过程可以是先沿一个坐标方向移动，再沿另一个坐标方向移动到目标位置，也可沿两个坐标同时移动。为保证定位精度和减少移动时间，一般采用先高速运行，当接近目标位置时，再分级降速，以慢速趋近目标位置。

这类数控机床主要有数控钻床、数控镗床和数控冲床等。

2)直线控制数控机床。这类数控机床不仅要保证点与点之间的准确定位，还要控制两相关点之间的位移速度和路线。其路线一般由与各坐标轴平行的直线段或与坐标轴成 45°角的斜线组成。由于刀具在移动过程中要切削工件，所以对于不同的刀具和工件，需要选用不同的切削用量。这类数控机床通常具备刀具半径和长度补偿功能，以及主轴转速控制功能，以便在刀具磨损或更换刀具后仍能得到合格的零件。

3)轮廓控制数控机床。这类数据机床的数控装置能够同时控制两个轴或两个以上的轴，对位置和速度进行严格的不间断控制。其具有直线和圆弧插补功能、刀具补偿功能、机床轴向运动误差补偿、丝杠的螺距误差和齿轮的反向间隙误差补偿等功能。该类机床可加工曲面、叶轮等复杂形状的零件。

这类数控机床有数控车床、数控铣床、加工中心等。

(2)按伺服系统的控制原理分类。

1)开环控制的数控机床。这类数控机床不带有位置检测装置，数控装置将零件程序处理后，输出数字指令信号给伺服系统，驱动机床运动。指令信号的流程是单向的，如图 6-2 所示。

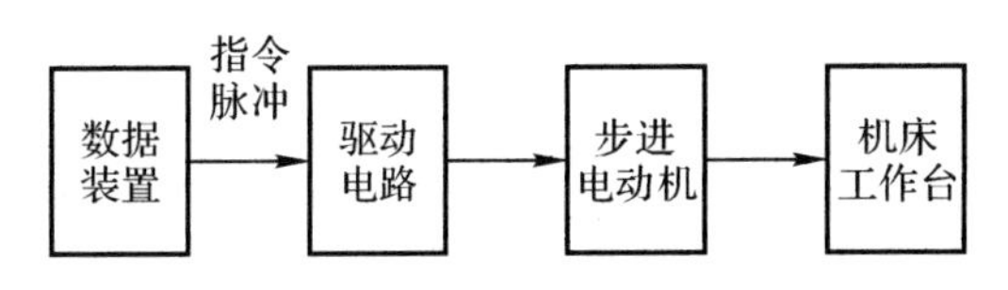

图 6-2　开环控制的数控机床

这类数控机床的伺服驱动部件通常选用步进电动机，受步进电动机的步距精度和工作频率以及传动机构的传动精度的影响，开环控制的数控机床的速度和精度都较低。但由于其结构简单、成本较低、调试维修方便等优点，所以被广泛应用于经济型、中小型数控机床。

2)闭环控制数控机床。闭环控制数控机床将工作台纳入控制环，在工作台上装有增加系统阻尼的速度测量元件，将实际速度与进给速度相比较，通过速度控制电路对电动机的运动状态进行实时校正，以减小因负载变动等因素而引起的进给速度波动，从而提高位置控制的稳定性、准确性和快速性。

图 6-3 为闭环控制的数控机床的原理框图。传感器(比如光栅)安装在工作台上，把机械位移转变为电量，反馈到位置比较电路后，与指令位置值速度反馈相比较，得到的差值经过放大和变换，驱动工作台向减小误差的方向移动。如果不断有指令信号输入，那么工作台就不断地跟随信号移动，只有在指令信号与反馈信号的差值为零时，工作台才停止。

闭环控制可以消除包括工作台传动链在内的误差，从而定位精度高、速度调节快，但由于工作台惯量大，给系统的设计和调整带来很大的困难，主要是对系统的稳定性造成不利影响。闭环控制系统主要用于一些精度要求高的数控铣床、超精车床和超精铣床等。

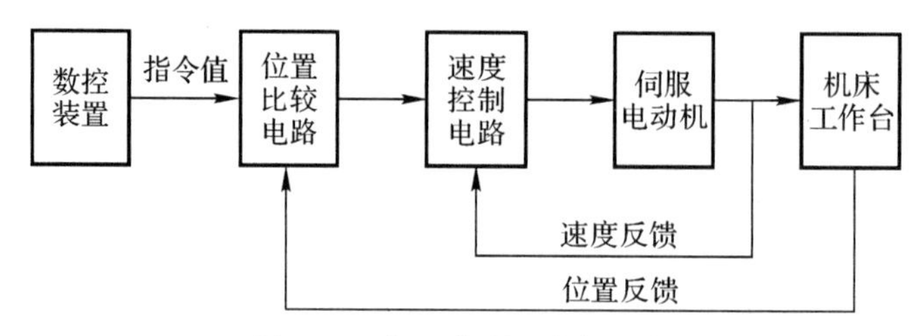

图 6-3　闭环控制的数控机床

3)半闭环控制的数控机床。半闭环控制的数控机床与闭环控制的数控机床的区别在于检测反馈信号不是来自工作台，而是来自电动机端或丝杠端连接的测量元件(见图 6-4)。实际位置反馈值是通过间接测得的伺服电动机的角位移算出来的，因而控制精度没有闭环控制数控系统高，但机床工作的稳定性却由于不包含大惯量工作台在控制环在内而得以提升，调试方便，因而广泛用于数控机床中。

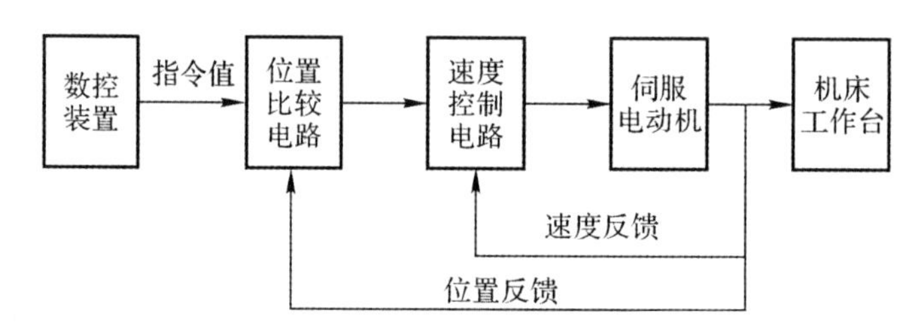

图 6-4　半闭环控制数控机床

(3)按功能水平分类。数控机床按所使用的数控系统的配置及功能的不同，可分为高级型、普通型和经济型数控机床。数控机床的分类主要取决于其主要技术参数、功能指标和关键部件的功能水平，见表 6-1。

表 6-1　数控机床的分类

类型	主控机	进给	联动轴数	进给分辨率 μm	进给速度 $m \cdot min^{-1}$	自动化程度
高级型	32 位以上处理器	交流伺服驱动	5 轴以上联动	0.1	≥24	具有通信、联网、监控管理功能
普通型	16 位或 432 位微处理器	交流或直流伺服驱动	4 轴以下	1	≤24	具有人机对话接口
经济型	单片机	步进电动机	3 轴及以下	10	6～8	功能较简单

6.1.3　数控机床的特点及适用范围

1. 数控机床的持点

与其他加工设备相比，数控机床具有如下特点：

(1)加工零件的适应性强且灵活性好。由于数控机床具有多坐标轴联动功能，并可按零件加工的要求变换加工程序，故数控机床能完成很多普通机床难以胜任的或者不能加工的复杂零件。因此，数控机床在航空航天等领域应用广泛，常用于加工复杂曲面的模具、螺旋桨及涡轮叶片等。

(2)加工精度高且产品质量稳定。由于数控机床可按照预定程序自动加工，不受人为因素影响，其加工精度由机床保证，还可利用软件来校正和补偿误差，故数控机床加工精度高且产品质量稳定。

(3)生产率高。数控机床的生产率较普通机床的生产率高2～3倍。尤其是对某些复杂零件的加工，生产率可提高十几倍甚至几十倍。这是由于数控加工能合理选用切削用量，缩短机加工时间。又因为其定位精度高，停机检测次数少，其加工准备时间也因采用通用工夹具而大大缩短。

(4)减少工人劳动强度。数控机床能自动换刀、启停切削液供给、自动变速等，其大部分操作不需人工完成，因而改善了劳动条件，减少了操作失误，也降低了产品的废品率和次品率。

(5)生产管理水平提高。数控机床能准确地计算零件加工时间，加强了零件的计时性，有利于实现生产计划与调度，同时简化和减少了检验、工夹具准备、半成品调度等管理工作。数控机床可方便地实现计算机之间的连接，组成工业局部网络(LAN)，实现生产过程的计算机管理与控制。

2. 数控机床的适用范围

在机械加工业中，数控机床适宜于产品品种的变换频繁、批量小、加工方法的区别大的小批量产品生产。当零件生产批量大时，宜采用专用机床或自动线。当零件不太复杂，生产批量较小时，宜采用通用机床；通用机床、普通机床和数控机床的适用范围如图6-5所示。

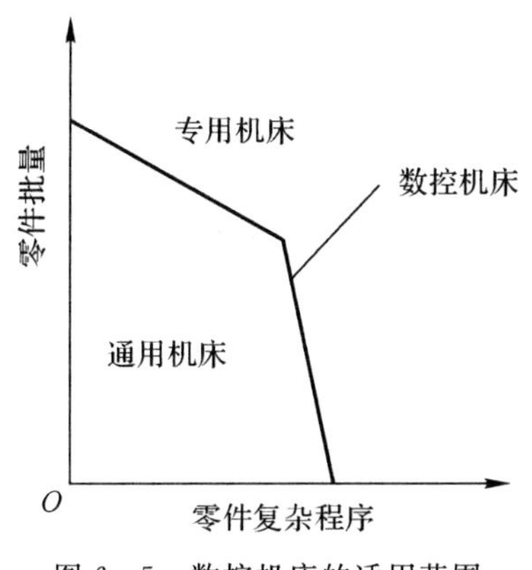

图6-5　数控机床的适用范围

6.2　计算机辅助制造与柔性制造系统概述

20世纪60年代以后，随着生产的发展和科学技术的进步，人们才逐渐认识到，只有把机械制造的各个组成部分看成是一个有机的整体，才能对机械制造过程实行最有效的控制，才能保证加工质量，提高生产率，获得最大的经济效益。

6.2.1 机械制造系统

机械制造系统是由经营管理、生产过程、机床设备、控制装置及工作人员所组成的有机整体。和其他生产系统一样，机械制造系统有输入、制造过程和输出，如图 6-6 所示。

机械制造系统的输入是指向系统输入具有一定几何参数（如形状、尺寸、精度、表面粗糙度等）和物理参数（如材料性质、表面状态等）的原材料、毛坯（或半成品）、刀具等。系统将工件输入参数与机床调整参数（v，f，a_p 等）相综合，从而决定加工条件和顺序。

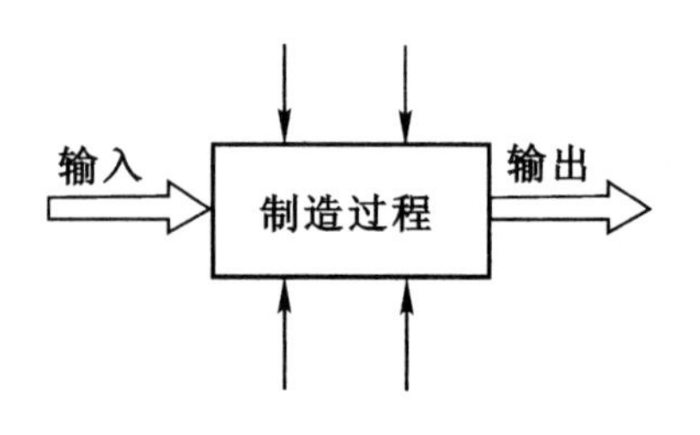

图 6-6　机械制造系统示意图

制造过程就是对输入的原材料（或毛坯）以及其他信息进行加工、转变的过程。

机械制造系统的输出是指经过制造过程的加工和转变，最后输出具有所有要求的形状、尺寸精度和表面完整性的零件，以及材料的切除量和刀具的磨损等。

根据系统的结构情况可以把系统分为常规机械制造系统和集成机械制造系统。常规系统所拥有的机床为常规机床。若是人工制造方式，系统所需要的控制信息，是以零件图纸或工艺文件的形式来提供的。集成制造系统所拥有的机床为数控机床。

6.2.2 计算机辅助制造及 CAD/CAM/CAPP 一体化的概念

1. 计算机辅助设计（Computer Aided Design，CAD）

CAD 是指利用计算机辅助设计一个零件或一个系统。CAD 系统是一个设计工具，它支持设计过程的所有阶段（方案设计、初步设计和最后设计）。大部分 CAD 系统使用交互式图形系统，其最终产品是设计图样。

2. 计算机辅助制造（Computer Aided Manufacture，CAM）

CAM 是指用计算机辅助制造一个零件。具体说，CAM 是指采用计算机分级结构监控制造的各个阶段，从而多方面管理制造过程。它通过人机联系，利用计算机进行工艺设计、加工管理、加工控制等，按信息化的作业程序进行生产活动。

一个理想的 CAM 系统，在制造过程的每个阶段应具有以下特点：

(1)整个制造过程应受到监控，尽量减少人的介入；

(2)系统应灵活可调，并允许各个过程单独编写程序；

(3)应与计算机辅助设计系统和计算机辅助工艺过程设计（Computer Aided Process Planning，CAPP）系统结合成一体。

3. 计算机辅助工艺过程设计（CAPP）

CAPP 是利用计算机对零件的输入信息进行分析和推理，自动获得零件的工艺规程。根据工艺过程生成的原理，CAPP 可分为派生式、生成式和派生与生成的折中式。

派生式计算机辅助工艺过程设计系统的基本原理是利用零件的相似性（相似零件有相似的工艺过程），通过检索相似零件的工艺规程并加以筛选或编辑而成，也称为检索式。其特点是只能获得相似零件的工艺过程，而对无相似性的零件无法进行工艺过程设计。

生成式计算机辅助工艺过程设计系统的基本原理与派生式不同，它是依靠系统所提供的决策逻辑和制造工程数据库信息自动生成零件的工艺规程。其特点是工艺规程从无到有，但系统复杂。

派生与生成的折中式的基本思想是利用分类编码将零件的特点和加工要求输入到计算机中，利用预先编好的若干种典型加工顺序确定零件的加工顺序，由加工表面和成本确定加工机床。

CAPP是连接CAD与CAM的桥梁。

4. CAD/CAM/CAPP一体化的概念

以前，CAD，CAM和CAPP系统都是单独发展、单独生产的。其缺点是：零件信息的输入要重新进行，劳动强度大；在零件设计时不能考虑工艺问题。为了使零件信息一次输入、多次利用，并且在零件设计时还能考虑工艺问题，必须把CAD，CAM和CAPP组成一个有机整体。

CAD，CAM和CAPP的有机结合，形成了CAD/CAM/CAPP一体化系统，它可以充分发挥和利用计算机的资源和功能，根据应用要求的不同，选用不同的硬件和软件系统。它们除具有CAD，CAM，CAPP原有的功能外，还能在整个生产过程中，根据定货合同的要求设计产品，组织生产，控制物流，省去了一些中间环节，降低辅助时间，缩短产品生产周期，节省人力，降低成本。相信CAD/CAM/CAPP一体化将给机械制造业带来质的飞跃。

6.2.3　柔性制造系统（FMS）

柔性制造系统是在DNC基础上发展起来的一种机械制造系统。

1. 柔性制造系统（FMS）的概念

柔性制造系统（Flexible Manufacture System，FMS）是20世纪70年代发展起来的一种新型制造系统。FMS至今尚无公认的统一定义，美国查尔斯·斯塔克·德雷伯研究所给它的定义为：FMS是“用于高效率地制造多于一个品种零件的中小批生产的、计算机控制的、具有多个半独立工作工位的一个物料运储系统的体系。”国内一些资料定义为：FMS是由公共计算机控制系统和物料运储系统连接起来的一系列加工设备（有时包括测量机和装配机），不仅能进行自动化生产，还能在一定范围内完成不同工件的不同加工任务。即FMS是由多台单机组成的，没有固定加工顺序和节拍的，在加工某种工件一定批量后能在不停机调整的条件下自动向另一种工件加工转换的制造系统。

2. FMS的基本类型和应用

根据FMS所完成加工工序的多少、拥有机床的数量、运储系统的完整程度等，可以将FMS分为三种基本类型，图6-7为它们的示意图。

（1）柔性制造单元（Flexible Manufacturing Cell，FMC）：它是由存储工件的自动仓库、输送系统及加工中心所构成的自动化系统，即带有工件库系统的加工中心。零件的全部加工一般是在一台机床上完成，常用于箱体类复杂零件的加工。当零件形状很复杂时，可以采用自动更换主轴箱及刀库的数控机床进行加工。FMC能够加工多品种的零件，而且同一品种零件的数量可多可少，因此，特别适于多品种、小批量生产。

（2）柔性制造系统（Flexible Manufacturing System，FMS）：它与FMC不同的是采用几台加工中心构成。它的规模比FMC大，自动化程度和生产率比FMC高，能完成更复杂的加工。在FMS中，每台机床既可用来完成一种或多种零件的加工，也可以和系统中的其他机床配合，按程序对工件进行顺序加工。所以，FMS特别适于多品种小批量或中批量生产的复杂零件的加工。

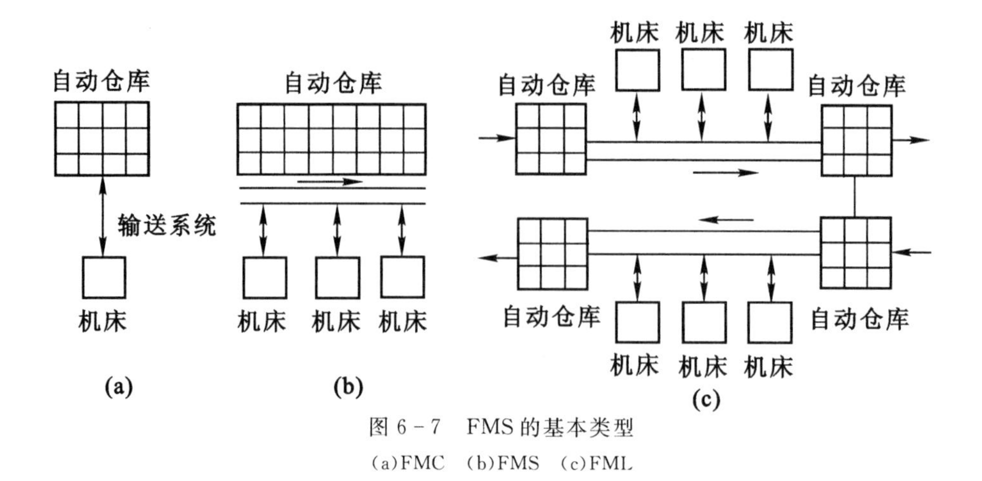

图 6－7　FMS 的基本类型

(a)FMC　(b)FMS　(c)FML

(3)柔性生产线(Flexible Manufacture Line, FML):它是由更多的数控机床、输送和存储系统等所组成的柔性制造系统。每 2～4 台机床间设置一个自动仓库,工件和随行夹具按直线式输送。整个生产线可以分成几段,完成不同的加工任务,以便减少因停电带来的损失。自动仓库还能起到供储料的"缓冲"作用,以协调各机床的加工。FML 的生产率比较高,但柔性较差,特别适合于生产中批或大批几何形状、加工工艺和节拍都相似的不同品种的复杂零件。

3. FMS 系统的构成

FMS 由加工系统、信息流系统和物流系统 3 个子系统组成,如图 6－8 所示。

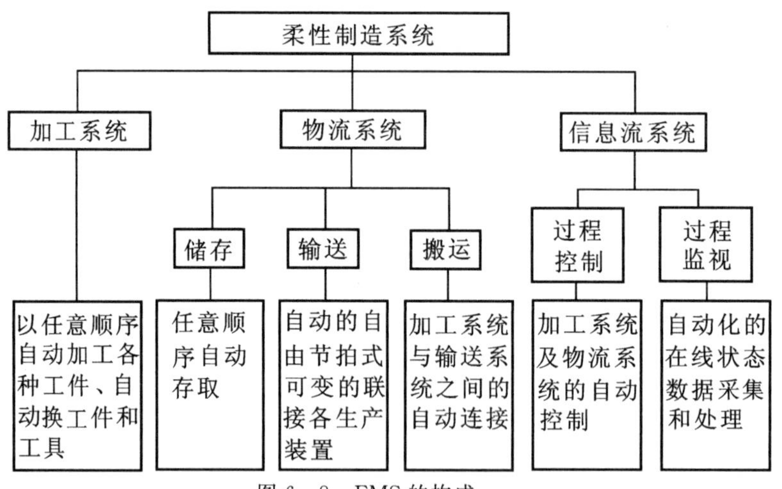

图 6－8　FMS 的构成

6.3　先进制造技术

20 世纪 80 年代初,以信息集成为核心的计算机集成制造系统(Computer Integrated Manufacturing System, CIMS)的概念开始得到实施,80 年代末,以过程集成为核心的并行工程(Concurrent Engineering, CE)进一步提高了制造水平,进入 90 年代,虚拟现实技术的迅猛发展，促进了虚拟制造(Virtual Manufacturing, VM)的形成和发展，并进而推进了敏捷制造、智能制造、绿色制造、虚拟企业等新概念的形成和实现。

6.3.1　虚拟制造

1. 虚拟制造的概念

(1)虚拟制造的定义：关于虚拟制造的定义，目前还没有广泛认识，不同学者对虚拟制造概念的理解还有某些差异。

日本大阪大学的Onosato和Iwata是最早研究虚拟制造系统的学者，他们认为“虚拟制造是用模型和仿真代替真实世界中的实体及其操作的计算机化的制造活动的综合概念”。他们把真实制造系统分解为真实物理系统(Real Physical System, RPS)和真实信息系统(Real Information System, RIS)两部分。

真实物理系统由实际存在的实体组成，例如材料、机床、工具、机器人、夹具、工件、产品、控制器、传感器等。真实信息系统包括有关信息处理和决策的全部活动，例如设计、规划、调度、控制、评价等，它不仅包括计算机，还包括制造系统中的人员。制造系统中真实信息系统的活动和真实物理系统中的实体有明显的物理界面，同时通过信息交换又互相关联。真实物理系统通过传感器、数据终端和其他通信渠道将状态报告传送给真实信息系统，信息系统将控制命令又返回物理系统，以控制设备，即信息系统通过状态报告了解物理系统，通过控制命令驱动物理系统。

Iwata等提出：假如有一台计算机系统可以翻译解释来自真实信息系统的控制命令，并可以返回状态报告，其响应完全与真实物理系统的响应等价，那么，这台计算机系统就可称为“虚拟物理系统”(Virtual Physical System, VPS)。

同样，如果一个计算机系统可以模拟真实信息系统的功能，而真实物理系统中的机器甚至无法区分控制命令是来自真实信息系统还是来自计算机，那么这个计算机系统称为虚拟信息系统(Virtual Information System, VIS)。通过选择不同的物理系统和不同的信息系统，就可以得到四种类型的制造系统。

1)RPS＋RIS＝真实制造系统；

2)RPS＋VIS＝自动化制造系统；

3)VPS＋RIS＝虚拟制造系统(物理的)；

4)VPS＋VIS＝虚拟制造系统(虚拟的)。

Iwata将3)和4)类型的系统称为虚拟制造系统，其共同特征是物理系统并非真实存在，而是一种虚拟模型。因此，虚拟制造系统是一种不消耗物质和能量，不产生真实产品，只产生信息的系统。虚拟制造系统应当是与真实制造系统等价的系统，虚拟物理系统是实现虚拟制造系统的关键。第3)类虚拟制造系统称为半开放(或半封闭)系统，第4)类虚拟制造系统称为全封闭制造系统。

由于Iwata等定义的真实信息系统中包括人，因此，对虚拟物理系统的评价中也必然包括操作者的感受。真实感就成为虚拟物理系统与其他系统仿真模型的重要区别之一。

国内外许多学者，如Hitchcock，Nahavandi，G. J. Wiens，朱名铨等人对虚拟制造也做了相应的定义。

综上所述，虚拟制造是实际制造过程在计算机上的本质实现，即利用计算机仿真和虚拟现实技术，在计算机网络上模拟出产品整个制造过程，从而对产品设计、加工制造、性能分析、生产管理和调度、销售及售后服务做出综合评价，以增强制造过程各个层次的决策与控制能力。

从这些定义可以看出，虚拟制造涉及多个学科领域，它是对制造领域知识的综合继承与应用，是对制造过程中各个环节，包括产品设计、加工、装配，以及企业的生产管理与调度进行统一建模形成的一个可运行的虚拟环境，以对实际制造过程进行动态模拟。

虚拟制造并不是真实的制造过程，它不产生真实产品，不消耗材料和能量，而是利用制造对象、制造资源和制造过程模型实现制造的本质过程。

(2)虚拟制造的特点：与真实制造过程相比，虚拟制造具有以下特征。

1)虚拟性。基于计算机的虚拟制造环境进行产品的设计、制造和测试。设计人员和用户可进入虚拟环境，“直接”改变产品的尺寸形状、装配和结构，并从不同的视点观察评价。观察者还可以和过去的、现在的，甚至未来的工厂设备进行交互，通过对工厂或产品的全生命周期的预演，对制造过程进行体验和构想。

2)数字化集成性。虚拟制造系统实际上是一个各种仿真软件的公共通信平台，也是各种相互独立的制造技术(CAD, CAM,CAE,CAPP)的数字化集成环境，实现各种相关技术的无缝连接。

3)分布性。可使分布在不同地点、不同部门的不同专业人员在同一个产品模型上同时工作、相互交流，实现信息共享，减少大量的文档生成及其传递时间，也减少了由此产生的相应误差，从而加快了产品开发过程。

4)依赖性。虚拟制造的运行及对制造过程的描述和评价是基于人们对真实物理过程的理解和认识的，因此虚拟制造的运行只是人类对制造过程认识的综合演练，它不能产生关于实际物理过程的新的知识，其仿真的精度也不可能高于仿真模型与真实模型的近似程度。

虚拟制造过程研究绝不能代替真实制造过程的试验研究。正如西安交通大学的谢友柏院士在1998年“虚拟制造技术研讨与演示会”论文集中指出的那样：“任何模型都是建立在已有知识基础上的。当我们把屏幕做得很漂亮，输入输出做得很逼真，色、香、味俱全时，千万不要忘记：创新面对的是未知世界，而由已有知识构成的模型，并不能完全反映这个世界。还要运用其他获取知识的途径，如物理模型试验、样机试验、产品现场运行记录等等，才能获取比较完整和真实的知识。”

(3)虚拟制造的作用：利用虚拟制造系统可以进行两方面的仿真。

1)产品全生命周期仿真：仿真产品的生命全程。在设计阶段，通过性能仿真、装配过程仿真，评价产品的可适用性、宜人性和可装配性；在制造阶段进行制造性分析及工艺过程可行性分析；在使用阶段进行维修性分析与评价。

2)企业行为仿真：在真实制造过程发生之前，对生产的组织过程进行仿真，评价虚拟企业内各伙伴的可合作性。

(4)虚拟制造与实际制造的关系：虚拟制造不是无源之水，无本之木，而是现实制造过程在计算机上的映射，即采用计算机仿真与虚拟现实技术，在高性能计算机及高速网络的支持下，在计算机上群组协同工作，实现产品设计、工艺规划、加工制造、性能分析、质量检验，以及企业各级过程的管理与控制等的制造过程，以增强制造过程各级的决策与控制能力。

虚拟制造系统是通过对实际制造系统进行抽象、分析、综合，得到实际生产的全部数字化模型。虚拟制造的最终目标是指导实际生产。因此，虚拟制造是实际制造的抽象，实际制造是虚拟制造的实例。

2. 虚拟制造的相关技术

计算机仿真优化技术、三维建模技术和网络技术是虚拟制造的核心与关键技术。

(1)软件方面:

1)可视化技术。以含义丰富的、便于理解的、直觉的方式给用户提供信息。

2)环境构造技术。开发虚拟制造工作环境,使其在原理上如同计算机操作系统一样,使可视化和虚拟制造的其他功能便于实现。

3)信息描述技术。有关方法、语义、语法的信息表达。

4)宏模型技术。构造、定义、开发能包容模型间交互作用的宏模型。

5)基础结构与体系结构集成技术。硬件的基础结构与软件系统结构的集成。

6)仿真技术。真实系统的计算机建模。

7)方法论。开发和应用虚拟制造系统的方法。

8)制造的特征化技术。提取、测量与分析影响虚拟制造过程中物料处理(加工)的特征。

9)虚拟制造系统验证与评价。包括评价虚拟制造环境有效性的方法。

10)虚拟制造系统中人与人、人与机器相互关系的测度与优化。

(2)硬件方面:

1)输入输出设备。如基于阴极射线管或液晶显示的头盔式显示器、计算机显示器、投影系统、立体眼镜、具有柔性光纤的数据手套、数据衣、听觉与语音系统。

2)与输入输出设备相关的信息存取系统及计算机接口。

3)高速数据计算系统与高质量的图像处理系统。

4)网络结构(星型、总线型、环型),在不同节点的硬件系统及通信设施。

3. 虚拟制造系统模式

实际制造过程不仅包括了产品的设计、加工、装配,而且包含企业的生产管理组织与控制。因此,虚拟制造可分为三类:①面向设计的虚拟制造(Design-Centered VM),即向设计者提供产品设计的工具,以满足设计准则(DFX);②面向生产的虚拟制造(Production-Centered VM),即提供开发和分析各种生产计划、过程计划的工具;③面向控制的虚拟制造(Control-Centered VM),即用以评价产品设计、生产计划和控制策略,并通过控制过程仿真不断改进。

但实际上,上述分类还不能概括虚拟制造系统的各种类型,例如面向虚拟企业的虚拟制造系统和面向加工过程仿真的虚拟制造系统都具有各自的特点,西北工业大学的朱名铨等认为以制造为中心和以虚拟企业为中心的虚拟制造也是虚拟制造的重要模式。由于虚拟制造在概念上强调全生命周期过程的仿真,因此将几种模式的虚拟制造系统实现集成,将是虚拟制造发展的趋势。

(1)以设计为中心的虚拟制造(Design-Centered VM, DCVM):DCVM 目标是进行产品设计及产品的适用性分析和宜人性评价,其主要内容包括:①产品外形设计;②产品布局设计,如管道布置、设备布置、面板设计等;③产品装配仿真;④产品运动学、动力学仿真,如运动协调、运动干涉检验、运动范围确定及强度校验等。以设计为中心的虚拟制造可在设计阶段对所设计的零件甚至整机进行可制造性分析,这包括加工过程的工艺分析、铸造过程的热力学分析以及整机的动力学分析等,甚至包括加工时间、加工费用、加工精度分析等,以便及早发现设计中的失误。

(2)以加工为中心的虚拟制造(Machining-Centered VM, MCVM):MCVM研究的是产品的可加工性,即产品(包括零件、部件和整机)的铸造、锻造、焊接、切削的可加工性和可装配性,零件精度要求与材料、设备资源的匹配,以优化工艺过程,可支持零件或部件的并行设计、工艺规划及工艺过程分析。

以加工为中心的虚拟制造系统可以全面逼真地反映加工环境与加工过程;检测加工中的干涉与碰撞现象,进行刀具运动轨迹仿真,机床运动过程仿真和材料去除过程仿真,从而对工艺装备的设计正确性、合理性做出评价,对加工精度进行预测,对工艺规划合理性进行评估。其输出是优化工艺规划、工艺参数和加工精度预测,为动态工艺规划提供技术支持。

这类虚拟制造系统的主要特点是仿真精度要求高,图形界面精细,人机交互过程多。

(3)以生产为中心的虚拟制造(Production-Centered VM, PCVM):PCVM的目标是评价可生产性。它是在生产过程模型中融入仿真技术,对设计、生产、销售全过程进行仿真,以寻求资源的最佳配置和生产组织、调度的最佳方式。主要研究内容包括车间设备的配置及分布,生产调度及销售,可支持生产环境的布局设计、设备集成、生产组织调度等,其输出是资源需求规划、生产调度规划、供货计划及精确的成本信息等。

以生产为中心的虚拟制造技术使可生产性评价达到了更高的水平,这不但以动画或高真实感图像显示某一生产计划驱动下生产线的制造过程,还可考虑到各种资源约束(如机器故障,刀具、夹具数量有限、空间及人力有限等)情况下的动态调度过程,它采用虚拟现实技术,更进一步使用户能进入"未来"的系统或生产过程中,动态地预演生产过程。

(4)以控制为中心的虚拟制造(Control Centered VM,CCVM):CCVM是将仿真加到控制模型和信息处理中,以实现最优控制,例如CNC控制器和机器人路径规划的仿真,流程工业的控制研究,并提供过程监测,评价和实现用户定义的处理算法。

(5)以虚拟企业为中心的虚拟制造(Virtual Enterprise Centered VM,VECVM):VECVM是以为敏捷企业提供可合作性分析支持为目标,提供一个虚拟企业的生产过程仿真环境,为企业实现异地设计、异地制造和异地测试的协同工作和合作伙伴的动态组合提供技术和手段,以实现劳动力、资源、资本、技术、管理和信息的最优配置,使企业能够充分利用其虚拟组织的柔性和虚拟资源(即外部资源),迅速实现市场目标。

虚拟制造环境下的企业运行有以下主要特征:①快速地、并行地组织不同部门或集团成员将新产品从设计转入生产;②快速地将产品制造厂家和部件供应厂家组合成虚拟企业,形成高效经济的供应链;③在产品实现过程中各参加单位能够就用户需求、计划、设计、模型、生产进度、质量以及其他数据进行实时交换与通信。

6.3.2 计算机集成制造系统

计算机集成制造系统(Computer Integration Manufacturing System,CIMS)是当代生产自动化领域的前沿学科,是以企业内部资源为基础、以企业的运行总体最优化为目标的生产组织管理思想为指导、集多种高新技术为一体的现代化制造体系。

1. 计算机集成制造(CIM)

20世纪60年代以来,制造业应用了许多新技术,例如,数控(NC)、计算机数控(CNC)、原材料需求计划(MRP)、制造资源计划(MRP-Ⅱ)、计算机辅助设计和计算机辅助制造(CAD/CAM)、计算机辅助工程(CAE)、计算机辅助工艺过程设计(CAPP)和成组技术(GT)及机器人等，以解决企业所面临的一系列难题。但这些新技术的效率并没有人们想像的那样巨大，其主要原因是这些新技术只能使局部达到自动控制和最优化，不能使整个生产过程在最优化状态下长期运行。为此，1974年美国Joseph Harrington提出了CIM的思路，这是一种组织企业的哲理和思想。

目前对于CIM和CIMS尚没有一个确切的且被普遍接受的定义，比较流行的一种说法为，CIM是指使工厂综合生产自动化，在这样的工厂中每个生产过程都在计算机控制下完成其功能，并且每个过程之间仅有数字化信息相互联系。Joseph Harrington认为计算机集成制造(CIM)的核心内容是：制造企业从市场预测、产品设计、加工制造、经营管理直至售后服务是一个不可分割的整体，需要统筹考虑。整个制造过程的实质是信息采集、传递和处理过程，最终生产的产品可看做是信息的物质表现。集成是CIM的核心，这种集成不仅是物理系统的集成，更主要的是以信息集成为特征的技术集成和功能集成，计算机是集成的工具，计算机和辅助单元技术是集成的基础，信息交换是桥梁，信息共享是关键。集成的目的在于制造企业组织结构和运行方式的合理化和最优化，以提高企业对市场变化的动态响应速度，并追求最高整体效益和长期效益。

2. 计算机集成制造系统(CIMS)

CIMS是一个闭环反馈系统，它的主要输入是产品需求概念，主要输出是完全装配的、检测好的、可以使用的成品。大多数人认为，CIMS定义中应包含3个主要要素：①将制造工厂的生产经营活动都纳入到多模式、多层次、人机交互的自动化系统之中；②CIMS是由多个自动化子系统的有机组合；③CIMS的目的是提高经济效益，提高柔性和追求企业的动态总体优化。CIMS的宗旨是使一个企业的整体获益，而不是企业或公司的某项技术或生产中某一环节和管理机制的局部改进。集成的思想关键在于将企业视为一个整体，而不是各自独立的若干个单项功能的简单集合。在CIMS中“集成”是信息的集成。

CIMS必须包含下述两个特征：①在功能上包含了一个工厂的全部生产经营活动，即从市场预测、产品设计、加工制造、质量管理到售后服务的全部活动。CIMS比传统的工厂自动化范围大得多，也复杂得多。②涉及的自动化不是工厂各个环节的自动化或计算机及其网络(即“自动化孤岛”)的简单相加，而是有机地集成，不仅是物料、设备、人的集成，更主要的是体现以信息成为特征的技术集成。因此，CIMS是在自动化技术、信息技术、制造技术及经营管理科学的基础上，通过计算机及其软件，将企业全部生产活动所需的各分散自动化系统有机地集成起来，是适合于多品种、中小批量生产的总体高效益、高柔性的智能制造系统。

CIMS是CIM哲理的具体实现，它因企业和服务对象的不同而具有不同的结构形式。CIMS的核心在于集成，对于企业来说是人、生产经营和技术这三者之间的集成，以便组成一个统一的整体，保证整个企业范围内的工作流、物质流、信息流畅通无阻。CIMS通常由管理信息系统、工程设计自动化系统、制造自动化系统、质量保证系统、计算机网络系统和数据库系统6部分组成。

3. 计算机集成制造系统的组成

从功能角度看，CIMS包含企业的设计、制造及经营管理3种主要功能，要使这三者集成起来，需要一个支撑环境，即计算机网络和数据库及指导集成运行的系统技术。图6-9给出了CIMS工厂各个功能模块及其外部信息输入输出关系。要将上述3个功能模块集成起来运行，不仅需要一套系统分析设计和指导系统最优运行的方法，还要有实现集成所必须的手段即集成技术,采用分布式数据库管理系统及工厂局域网的支撑环境才能达到集成信息的要求。制造信息系统中有大量的数据需要存储和处理,这就要求在设计数据时慎重考虑。随着计算机在工厂中应用范围的不断扩大,将会涌现出大量需要处理的错综复杂的数据。在制造过程中需要处理的数据可分成两大类,一类是长期保存数据,另一类是短期保存数据。长期保存数据都是相对稳定的信息,只有在生产计划中引入或取消产品,或者生产设备有所变化时,才发生改变。长期保存数据包括:①关于产品的结构信息,它包括在材料清单中;②关于工艺能力和制造操作的信息,它们包含在工艺计划文件中;③关于描述所需机床的信息。短期保存数据主要用于处理定货单,这些信息集中在一起供加工零件时使用,完工后将被删除。它包括:①定货单规划和处理;②机床选择和工序安排;③车间调度;④材料调度;⑤工资单及其他有关计算。用于处理短期保存数据的数据库有分立数据库群、集中式数据库、关联式数据库、分布式数据库和工程数据库(包括 CAPP 用工艺数据库)。各种数据库都有各自的优缺点,建立 CIMS 数据库时常把他们结合在一起运用。

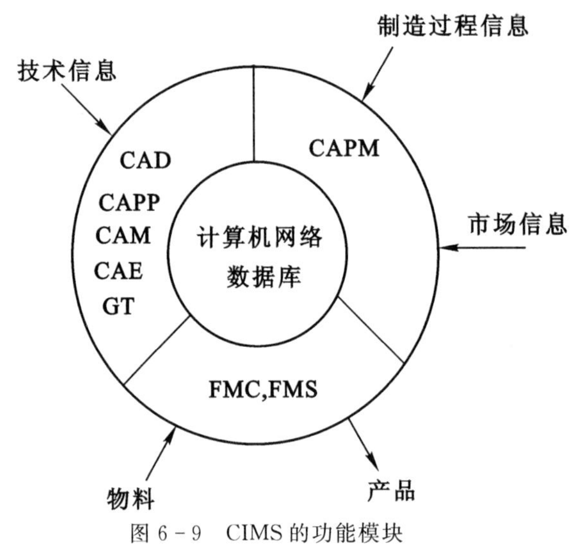

图 6-9 CIMS 的功能模块

6.3.3 敏捷制造

1.敏捷制造(Agile Manufacturing,AM)的含义

20 世纪 80 年代美国通用汽车公司与里海(Lehigh)大学提出了敏捷制造的概念。它是以竞争力和信誉度为基础,选择合作伙伴组成虚拟公司,实现信息共享、分工合作,以增强整体竞争能力,对市场变化作出快速反应,满足用户的需要。敏捷制造的含义包括:①改变传统的大批量生产方式;②利用信息技术和先进制造技术来改进生产过程;③通过建立动态联盟,将同一公司的不同部门及不同公司的生产过程迅速集成为一个系统的组织,实现生产过程的改进;④对迅速改变或无法预见的消费者要求和市场机遇做出快速响应。

2.敏捷制造的特征

敏捷制造的主要特征是:①通过先进的柔性生产技术、动态的组织结构和高素质的工作人员的集成,获取企业的长期利益。②企业间联作集成。充分发挥各企业的优势,针对市场的目标和要求共同合作完成任务。③具有高度的制造柔性。制造柔性是指制造企业针对市场需求迅速转产和快速实现产品多品种、变批量生产的能力。④多变的动态组织结构。当出现市场机遇时，迅速组建成虚拟公司；承接的产品或项目一旦完成，虚拟公司即行解体，公司各种人员立即转入其他项目。⑤不断提高企业职工素质和教育水平，充分发挥人的作用。

3. 动态联盟及其实现

组建动态联盟是实施敏捷制造战略的关键。动态联盟是指为了赢得某一机遇性的市场竞争，围绕某种新产品开发，通过选用不同组织/公司的优势资源，综合成单一的靠网络通信联系的临时性经营实体。动态联盟具有集成性和时效性两大特点，它实质上是不同组织/企业间动态集成，随市场机遇的存亡而聚散；在具体表现上，结盟的可以是同一个大公司的不同组织部门（以互利和信任为基础，而非上级意识），也可以是不同国家的不同公司。动态联盟的思想基础是共赢。联盟体中的各个组织/企业互补结盟，以整体优势来应付多变的市场，从而共同获利。动态联盟的建立基础和运作特点不同于现有的大公司集团，前者是面向机遇的临时结盟，是针对产品过程的部分有效资源的互补综合，后者则一般是各企业所有资源的永久简单叠加。

实现动态联盟需解决的技术问题：①计算机集成制造（CIM）技术。即将企业生产全过程中有关人、技术、经营管理三要素及其信息流与物流有机地集成并优化运行。②网络技术。利用企业网实现企业内部工作小组之间的交流和并行工作，利用全国网、全球网，共享资源，实现异地设计和异地制造，及时建立动态最佳联盟。③标准化技术。信息交流的前提要有统一的规则，产品数据交换标准STEP、电子数据交换标准EDI以及超文本数据交换标准SGML等的完善和贯彻是标准化工作的主要内容。④建模与仿真技术。对产品生命周期中的各项进行模拟和仿真，实现虚拟制造。⑤并行工程技术。通过组成多学科的产品开发小组协同工作，利用各种计算机辅助工具等手段，使产品开发的各阶段既有一定的顺序又能并行，在产品开发的早期及时发现设计和制造中的问题。此外，企业资源管理计划系统、人工智能、决策支持系统、集成平台技术等也是支持敏捷制造和动态联盟的重要技术。

单元制造是为了适应敏捷制造的组织结构而提出的新概念。单元制造的概念主要有：①成组制造单元。基于成组技术原理，使相似零件族在由不同机床构成的制造单元内加工，以减少物流，缩短时间。②虚拟制造单元。将制造资源视为共享的资源库，而要加工的产品或工件是多种多样的，并且在不断地变化。在待加工的对象改变时，就要在资源库选择合适的资源，形成制造单元。虽然构成单元的资源是存在的，但单元的具体实体在物理上并不存在。虚拟制造单元是一种生产管理和控制的技术和方法。③作业单元。为实现一定“作业目标”的对象集合，例如：定货、销售、设计、装配等。作业单元必须有一定的作业目标。④流程单元。流程是实现一个“完整”的生产经营任务全过程，是由作业单元组成的有序集合（如生产经营某一个产品），具有目标性、完整性、有序性、并行性等特点。

4. 敏捷制造概念中的产品工艺设计

产品制造过程离不开工艺过程设计理论的支持。产品工艺过程设计是联系设计和制造的桥梁和纽带，它既是制造企业准备工作的首要步骤，也是企业各部门产品信息交汇的重要环节。工艺规程不仅是指导生产的法规性文件，而且为企业的生产管理和计划调度提供原始信息。敏捷制造的实现必须获得工艺设计理论及其应用系统的充分支持。但目前的CAPP专家系统不能为以敏捷制造为代表的先进制造生产模式的实现提供充分的支持。敏捷制造概念中的工艺设计理论与方法，应包括以下功能。

（1）分布式工艺决策、柔性动态和快速简易的工艺规划理论及其专家系统：支持广义集成的并行式工艺决策方法。重点考虑如何将工艺设计系统分解为若干个功能的有限子系统，借助于网络，驻留于多台计算机终端，工作于不同的部门，并连接形成一个具有柔性的、功能更强的开放型系统。实现与工艺设计有关的人员和技术的集成以及设计与制造的异地化。

(2)支持制造资源动态重组和优化配置的工艺设计理论与应用系统，实现加工过程局部仿真。

(3)网络环境中的 CAPP 系统开发平台。

(4)敏捷、动态、多方案输出的并行式工艺设计系统：一方面，在详细的工艺设计之前，如何快速地进行针对产品设计的简略工艺规划，为 CAD 系统提供咨询数据；另一方面，为适应市场需求和制造环境变动提供多种工艺备选方案，生成适应性工艺。

6.3.4 并行工程

长期以来，人们在产品开发工作中一直采用串行工程的方法，即产品设计、工艺设计、制造过程和质量检测顺序进行，从而导致产品开发周期长，前端过程的失误不易发现，产品成本高等缺点。为了能以最快的速度制造出高质量的产品，提出了并行工程生产方法。

1. 并行工程(Concurrent Engineering，CE)的概念

并行工程通过集成企业的一切资源，使产品开发人员尽早地考虑产品生命周期中的所有因素(包括设计、分析、制造、装配、检验、维护、成本和质量等)，以达到提高产品质量、降低成本、缩短开发周期的目的，它的实施对提高企业在国际市场的竞争能力将起到重要作用。

并行工程是美国于 1989 年首先提出来的一种综合设计、制造、经营和管理的哲理、思想、方法论的生产模式。美国国防分析研究所给它下的定义为：并行工程是对产品及其相关过程(包括制造过程和支持过程)进行并行、一体化设计的一种系统化的工作模式。这种模式力图使开发者从一开始就考虑到产品生命周期(从概念形成到产品报废)中的所有因素，包括质量、成本、进度与用户需求等。

并行工程不是某一种系统或结构，不能像软件或硬件系统一样买来安装上即可运行。它是一种自顶向下进行规划、自底向上进行实施的一种哲理和方法论，有以下主要特点：①突出人的作用，强调人的协同工作；②一体化、并行地进行产品及其相关过程的设计，其中，尤其注重早期概念设计阶段的并行协调，重视产品方案设计和成本预测；③重视满足客户的要求，注重产品质量；④持续地改善产品有关过程，注重持续、尽早地交换、协调、完善关于产品有关制造支持等过程的约定和定义，重视过程的质量和效率；⑤注重信息与知识财富的开发、利用与管理；⑥注重目标的不变性；⑦并行工程不能省去串行工作中的任何一个环节；⑧并行工程不是使设计与制造重叠或同时进行。

2. 并行工程的目标

并行工程所追求的目标是提高企业市场竞争能力，赢得市场竞争。具体如下：

(1)提高质量：并行工程不仅提高产品本身的质量，而且提高设计、制造、经营、服务等系统的质量。

(2)降低成本：它是指降低产品整个生命周期中的消耗，强调“一次就达到目的”，有利于减少后续的生产、维护等过程的消耗。

(3)缩短产品开发周期和产品上市时间：并行工程强调“一次就达到目的”，缩短设计周期和产品上市时间。

3. 并行工程的核心问题

并行工程的核心问题主要有：①协同工作；②通信管理；③成本预估；④各种现代技术的集成与综合运用。

协同工作是并行工程的首要问题。如果没有解决好协同工作的问题，设计和制造过程将会由于产品不断地修改、出现错误和返工而变得令人乏味，结果是花费大量的时间和金钱并且延误产品推向市场的时间。

通信管理是并行工程的核心问题之一，要实现不同专业、不同部门的技术和管理人员的协同工作，要实现各种计算机技术的辅助工具的集成，并在此基础上实现人机集成，必须解决好通信问题。

降低成本是并行工程的目标之一。通过建立成本评估模型，实现在产品设计阶段对产品成本和生产制造的经济效益进行分析和预测。

并行工程的关键是在设计产品时考虑到相关过程，包括加工工艺、装配、检验、质量保证、销售、维护等。产品开发过程中各阶段工作交叉、并行进行。通过各项工作的仿真、分析、评价，不断改进。并行工程涉及产品整个生命周期中的方方面面，要使并行工程正常运行，必须集成并综合运用各种现代技术，如计算机技术、信息技术、通信技术、CAD/CAM 技术、人工智能技术、系统仿真技术等。

4. 实现并行工程的技术与方法

并行工程是一种崭新的工作模式，实现并行工程须用到很多现代技术与方法，主要有：①信息管理技术；②建模与仿真技术；③产品设计方法与技术；④CAPP 技术；⑤全面质量管理与控制技术；⑥人工智能技术；⑦决策支持技术；⑧分布式并行处理的智能协同求解技术；⑨成本预测技术。

5. 关键技术

(1)主模型技术：主模型是指一个几乎包括产品任何方面信息的核心数据库。

(2)基于知识的应用软件(软件工具)：为了使各部门之间进行信息交流，并协同工作，需要一些集成软件工具。

(3)产品数据管理：PDM 系统提供了一种综合管理和控制工程信息的方式。

由于并行工程调动了企业内部人员的各种智力因素，通过基于知识的应用软件来集成各类知识，通过对产品开发数据的存取把他们的设计思想统一在一个完整的产品开发过程中，从而显著提高产品的质量，缩短产品开发周期和降低开发费用。

6.3.5　精益生产

精益生产的概念首先是由美国麻省理工学院(MIT)根据日本丰田公司的生产模式提出来的。日本丰田汽车公司在 20 世纪 50 年代为解决所面临的市场小，产品品种多，而又缺乏资金购买西方最新生产技术的问题而创造的一种新的生产方式。其实质是在产品开发、生产过程中，通过项目组和生产小组的形式，把各方面的人才集成在一起，把生产、检验与修理等场地集成在一起，简化产品的开发、生产、销售过程，简化组织机构，实现最大限度的精简，获取最大效益，提高企业竞争力。

1. 精益生产(Lean Production，LP)方式的定义

精益生产方式既是先进制造技术，又是企业的组织管理方法。精益生产方式就是指以整

体优化的观点，以社会需求为依据，以发挥人的因素为根本，有效配置和合理使用企业资源，最大限度地为企业谋求利益的一种新型生产方式。

德国阿亨大学的 W. Eversheim 教授认为精益生产是以并行工程为基础，以适时生产、成组技术和全面质量管理为三根支柱的高效生产方式。三者相互制约、相互依存和相互协调。并行工程是流水线生产中用于生产准备(包括设计)和生产线中的基础技术，它既代表高速度，又代表高效率。

2.精益生产方式的内涵

精益生产方式是把丰田生产方式从生产制造领域扩展到产品开发、协作配套、销售服务、财务管理等各个领域，贯穿于企业生产经营的全过程，使其内涵更加全面和丰富。精益生产方式的核心思想在于消除浪费和不断改善。消除浪费就是要消除生产现场的浪费(过量制造的浪费、等活的浪费、运送的浪费、加工本身的浪费、库存的浪费、动作的浪费和制造次品的浪费)和职能部门的浪费(互相不配合、各自为政造成的内耗、管理不解决实际问题)。

3.精益生产方式的特征

精益生产的特征是：①重视客户需求，以最快的速度和适宜的价格提供质量优良的适销新产品去占领市场，并向客户提供优质服务；②重视人的作用，强调一职多能，推行小组自治工作制，赋予每个员工有一定的独立自主权，运行企业文化；③精简一切生产中不创造价值的工作，减少管理层次，精简组织结构，简化产品开发过程和生产过程，减少非生产费用，强调一体化质量保证；④精益求精、持续不断地改进生产、降低成本、零废品、零库存和产品品种多样化。

4.精益生产方式的模式

精益生产方式的革命性在于它将近 20 年出现的先进技术和思想集成化、系统化和理论化。其模式主要由以下几个方面构成。

(1)全面质量管理：全面质量管理是实现精益生产方式的重要保证。质量是企业生存之本，好的质量不是检验出来的，而是制造出来的。全面质量管理强调全员参与和关心质量工作，体现在质量发展、质量维护和质量改进等方面，从而使企业生产出成本低，用户满意的产品。

(2)准时化和自动化：准时化和自动化是支持精益生产方式的两大支柱。准时化是指在必要的时候生产必要数量的必要产品，超量生产是万恶之源。看板(Kanban)是保证准时生产的工具，用看板的生产指令、取贷指令和运输指令来控制和微调生产活动，使生产储备趋向于“零”。这种现场自律微调的生产，以多品种，高质量，低成本，零库存为目标，很好地响应了市场需求。自动化是指赋予机器人的智慧，出现故障就立即停机，防止错误的继续传递。这种“防止失误装置”能够防止次品和过量制造，还能自动控制现场发生的异常情况。

(3)并行工程：并行工程是精益生产方式的基础。这种方法要求产品开发人员从设计开始就考虑产品生命周期的全过程，还包括质量、成本、进度和用户要求。并行工程有两个特点：一是开发各阶段的时间是并联式的，开发周期大为缩短；二是信息交流及时，发现问题尽早解决，产品开发的质量高。

(4)成组流水线：成组流水线是精益生产方式的集中体现。成组技术已经成为现代化生产不可缺少的组成部分。当前流行的混流生产就是并行工程、适时生产、成组技术的综合运用。

(5)人的因素：精益生产方式把人作为最重要的生产要素，以前的“机器中心论”“全盘自动化”“无人化工厂”的思想已经过时。在精益生产方式中，人是这个体系的中心，以人这个具有最大柔性和最大潜力的因素为中心是先进制造技术发展的必然。

综上所述，全面质量管理强调精简机构，优化管理，赋予基层单位以高度自治权力；并行工程要求开展多功能、多学科的协调小组；适时生产要求工人成为“多面手”，强调集体协作，注重“团队”精神；在成组生产线上，这种基于合作的伙伴间的信任与协作，提高了整体的灵活性和竞争力，使生产向着更好、更有效的方向发展。

精益生产方式的优点是：生产率高，生产柔性大，产品质量高，响应市场变化快，更好地满足用户需要。

5. 精益生产方式的推广应用

美国是最先推广精益生产方式的国家，而且借助精益生产方式，重新夺回了其在制造业中国际霸主的地位。德国在1992年宣布要以精益生产方式统一制造技术的发展方向。我国的中国第一汽车集团公司、上海大众汽车有限公司等公司推广实行了精益生产，并取得了很好的效果。

6.3.6　绿色制造

20世纪60年代以来，全球经济以前所未有的高速度持续发展。但由于忽略了环境问题，结果带来了全球变暖、臭氧层破坏、酸雨、空气污染、水源污染、土地沙化等等恶果。与此同时，大量消费品因生命周期的缩短，造成废旧产品数量猛增。据统计，造成环境污染的排放物有70%以上来自制造业，它们每年约产生出5.5×10^{9} t无害废物和7×10^{8} t有害废物。传统的环境治理方法不能从根本上实现对环境的保护。要想彻底解决环境污染问题，必须从源头上进行治理。具体到制造业，就是要求考虑产品整个生命周期对环境的影响，最大限度地利用原材料、能源，减少有害废物和固体、液体、气体的排放物，改进操作安全，减轻对环境的污染。专家学者普遍认为，绿色制造是解决该问题的根本方法和途径，是21世纪制造业的必由之路。

1. 绿色制造(Green Manufacturing，GM)的概念

制造业对环境的影响贯穿于产品生命周期的各个阶段。L. Alting提出将产品的生命周期划分为六个阶段：需求识别、设计开发、制造、运输、使用以及处置或回收。R. Zust等人进一步将产品的生命周期划分为4个阶段：产品开发(从概念设计到详细设计)、产品制造(加工和装配)、产品使用及最后的产品处置(包括解体或拆卸、再使用、回收、开发、焚烧及掩埋)。基于生命周期的概念，绿色制造可定义为：在不牺牲产品功能、质量和成本的前提下，系统考虑产品开发制造及其活动对环境的影响，使产品在整个生命周期中对环境的负面影响最小，资源利用率最高。

2. 绿色制造研究现状

有关绿色制造的研究可以归纳为两大领域：一个领域是绿色制造的概念、定义和方法的研究。该领域主要研究有关的框架和理论，以及通用的工具和能量模型、材料流动模型、资源优化模型以及各种算法。另一个领域则是面向技术应用的研究，通常针对某一应用或产品生命周期的某一特殊阶段进行研究，如绿色材料、绿色设计、绿色工艺、绿色包装、产品使用及其用后处置等。

为了衡量各种设计和过程对环境的影响，首先必须定义各种评估的标准。一些通用的环境评估标准包括能量评估标准、排放评估标准、材料管理评估标准等。评估方法主要有定性评估法和定量评估法。

由于环境问题的复杂性，真正的通用绿色制造模型目前还不存在。理想的设计评估工具应满足以下要求：①功能支持，提供可靠的材料、回收能力评估和拆卸分析数据库；②结果易于理解；③与现有的各种标准兼容；④集成性要好，设计工具应能够在CAD等集成环境下工作，并能提供与现存的环境影响数据库的接口；⑤智能化。

3.绿色制造的应用

(1)绿色材料及其选择：绿色材料是指在满足一般功能要求的前提下，具有良好的环境兼容性的材料。绿色材料在制备、使用以及用后处置等生命周期的各阶段，具有最大的资源利用率和最小的环境影响。绿色材料也被称为生态材料(Eco-Material)。选择绿色材料是实现绿色制造的前提和关键因素之一。绿色制造要求选择材料应遵循以下几个原则：①优先选用可再生材料，尽量选用回收材料，提高资源利用率，实现可持续发展；②尽量选用低能耗、少污染的材料；③尽量选择环境兼容性好的材料及零部件，避免选用有毒、有害和有辐射特性的材料，所用材料应易于再利用、回收、再制造或易于分解。

(2)绿色工艺：采用绿色工艺是实现绿色制造的重要一环，绿色工艺与清洁生产密不可分。1992年在里约联合国环境发展大会上，清洁生产被正式认定为可持续发展的先决条件，《中国21世纪议程》也将其列入其中。清洁生产要求对产品及其工艺不断实施综合的预防性措施，其实现途径包括清洁材料、清洁工艺和清洁产品。绿色工艺是指既能提高经济效益，又能减少对环境影响的工艺技术。它要求在提高生产效率的同时必须兼顾削减或消除危险废物及其他有毒化学品的用量，改善劳动条件，减少对操作者的健康威胁，并能生产出安全的与环境兼容的产品。实现绿色工艺的途径：①改变原材料投入，有用副产品的利用，回收产品的再利用以及对原材料的就地再利用，特别是在工艺过程中的循环利用；②改变生产工艺或制造技术，改善工艺控制，改造原有设备，将原材料消耗量、废物产生量、能源消耗、健康与安全风险以及生态的破坏减小到最低程度；③加强对自然资源使用以及空气、土壤、水质和废物排放的环境评价，根据环境负荷的相对尺度，确定其对生物多样性、人体健康、自然资源的影响评价。

(3)绿色包装：产品的包装应摒弃求新、求异的消费理念，简化包装，这样既可减少资源的浪费，又可减少环境的污染和废弃物的处置费用。另外，产品包装应尽量选择无毒、无公害、可回收或易于处理的材料，如纸、可复用产品及可回收材料。

绿色制造是一个综合考虑环境影响和资源效率的现代制造模式，其目标是使得产品从设计、制造、包装、运输、使用到报废的整个产品生命周期中，对环境的影响(负作用)最小，资源的使用效率最高。绿色制造的提出是人们日益重视环境保护的必然选择。国际制造业的实践表明，通过改进制造工艺来减少废弃物，要比处理已经排放的废弃物大大节省开支，因此，绿色制造是制造业必须普遍重视的课题。但是，由于绿色制造的研究还刚刚开始，制造过程的环境影响模型还未能建立，在虚拟制造研究中目前还未见到对制造过程环境影响的评价方法，但绿色制造仿真必定是未来虚拟制造系统的重要内容之一。

6.3.7 智能制造系统

新技术革命的结果是建立一个后工业社会——信息社会。随着信息革命的发展我们进入了信息时代。20世纪50年代末，机械制造技术进入现代制造技术阶段，60年代末形成了机床的数控技术，实现了机床加工过程自动化，这就是最初的直接数字控制技术(DNC)。随后数控机床增加了工件和刀具的自动更换系统，出现了加工中心和柔性制造系统(FMS)。到了80

年代，以取代制造中人的脑力劳动为目标的自动化技术出现了。首先是对 CAD，CAPP 和 CAM 技术的综合以及管理、经营、计划等上层生产活动的集成而形成的计算机集成制造系统(CIMS)。80 年代末，激烈的全球化市场竞争对制造系统提出了更高的要求——要求制造系统可以在不完全确定或不能预测的环境下完成制造任务，因此西方发达国家提出了智能制造技术(IMT)与智能制造系统(IMS)。

新技术革命将使人类形成一种新的制造观，即信息制造观。这种观点将制造过程视为“赋予信息与知识的过程”，而产品则视为“在原始资源上赋予信息与知识的产物”。

1. 智能制造技术(Intelligent Manufacturing Technology，IMT)的概念

智能制造尚无公认的定义。目前比较通行的定义是：智能制造技术是指在制造工业的各个环节，以一种高度柔性与高度集成的方式，通过计算机来模拟人类专家的制造智能活动，对制造问题进行分析、判断、推理、构思和决策，旨在取代或延伸制造环境中人的部分脑力劳动，并对人类专家的制造智能进行收集、存储、完善、共享、继承和发展。因此，智能制造是以整个制造业为研究对象，其主要研究开发目标有：①制造业的全面智能化，以机器智能取代人的部分脑力劳动，强调整个企业生产经营过程大范围的自组织能力；②信息和制造智能的集成与共享，强调智能型的集成自动化。

2. 智能制造系统(Intelligent Manufacturing System，IMS)的概念

智能制造系统是一个信息处理系统，它的原料、能量和信息都是开放的，因此智能制造系统是一个开放的信息系统，如图 6-10 所示。具体地说，智能制造系统就是要通过集成知识工程、制造软件系统、机器人视觉与机器人控制等来对制造技术的技能与专家知识进行模拟，使智能机器在没有人工干预的情况下进行生产。简单地说，智能制造系统就是要把人的智力活动变为制造机器的智能活动。

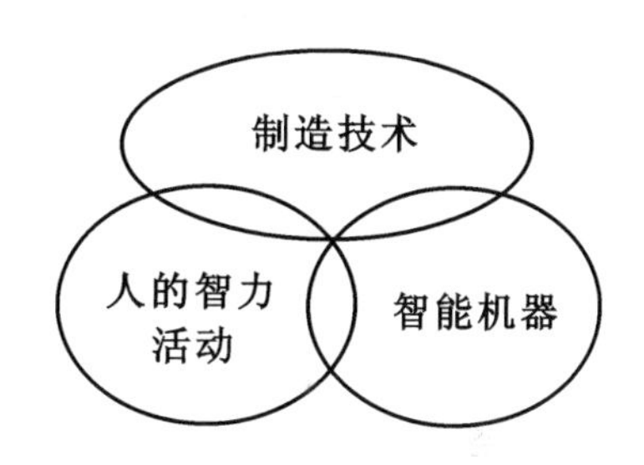

图 6-10　智能制造系统的构成

智能制造系统的物理基础是智能机器，它包括具有各种程序的智能加工机床，工具和材料传送、准备装置，检测和试验装置，以及装配装置等。智能制造技术是制造技术、自动化技术、系统工程与人机智能等学科互相渗透、互相交织而形成的一门综合技术。

6.3.8　虚拟制造与其他先进制造技术的关系

1. 计算机集成制造系统与虚拟制造系统的关系

CIMS 通过局域网和以计算机系统为中心的各个自动化子系统把企业的全部生产、经营和管理活动结合起来，实现制造资源的集成。CIMS 的集成是通过物理的、逻辑的联系将企业活动的各个“节点”连接在一起，以便在各节点之间传递信息。虚拟制造系统则是数字模型的集成，提供了有别于 CIMS 物理集成的虚拟集成方案，将相互孤立的 CAD，CAM，CAE，CAPP 等集成在一个统一的虚拟制造环境下，实现制造过程的模型化映射。虚拟制造系统的虚拟性、易创建性以及虚拟现实技术的应用，使虚拟制造系统又具有 CIMS 所不具备的优点。

CIMS 研究为虚拟制造系统中的信息转换与传输提供了方便，虚拟制造系统为 CIMS 的实现提供了完备的仿真环境，为提高 CIMS 运行效率、消除设计缺陷提供技术支持。

2.敏捷制造与虚拟制造的关系

敏捷制造的核心功能是快速应变，为了达到快速应变，关键是迅速选择合作伙伴，建立虚拟企业。虚拟制造技术为选择合作伙伴、设计合作进程及评价可合作性提供技术支持和仿真环境。而虚拟企业的核心是虚拟制造技术，以虚拟制造为核心的合作伙伴选择系统研究已成为敏捷制造研究的热点问题。

3.并行工程与虚拟制造的关系

并行工程是集成地、并行地进行设计产品及其相关过程(包括制造过程和支持过程)的系统方法。为了达到并行的目的，必须建立高度集成的主模型，通过它来实现不同部门人员的协同工作；为了达到产品的一次设计成功，减少反复，它在许多部分应用了仿真技术；主模型的建立、局部仿真的应用等都是虚拟制造的重要研究内容。

并行工程是虚拟制造的出发点和实施目标，虚拟制造是并行工程的体现和主要技术手段之一。虚拟制造使设计和制造的并行成为可能。在设计过程中，可以通过虚拟环境下的制造过程仿真和检测仿真检验产品的结构造型和产品性能，从而为并行工程提供质量保证。虚拟制造技术建立的产品和生产过程模型也为并行工程模式提供了工作基础和工作环境。

实际上，我国在20世纪50年代倡导的“边设计，边制造”的生产模式就属于并行工程的范畴，但由于当时科学技术水平的限制，缺乏必要的仿真手段，缺乏快速的信息交换工具，因此，不能及时发现失误，从而难以达到提高研制开发速度和提高产品质量的目标。而计算机技术和虚拟制造技术的发展为当前并行工程的发展提供了技术支持，也使并行工程具有了新的内涵。因此，虚拟制造是并行工程的重要技术手段。

4.精益生产与虚拟制造技术的关系

精益生产要求简化生产过程，减少信息量，消除过分臃肿的生产组织，使产品及其生产过程尽可能地简化和标准化。这样做的结果对虚拟制造的建模仿真是十分有利的，即生产过程越简化则虚拟制造实现起来就越容易。同时虚拟制造技术为研究制造过程简化方案提供了得力工具，通过方案的虚拟运行，发现方案的不足，评价方案的效果。

5.绿色制造与虚拟制造技术的关系

绿色制造是一个综合考虑环境影响和资源效率的现代制造模式，其目标是使得产品从设计、制造、包装、运输、使用到报废的整个产品生命周期中，对环境的影响(负作用)最小，资源的使用效率最高。绿色制造的提出是人们日益重视环境保护的必然选择。因此，绿色制造是制造业必须普遍重视的课题。但是，由于绿色制造的研究还刚刚开始，制造过程的环境影响模型还未能建立，在虚拟制造研究中目前还未见到对制造过程环境影响的评价方法，但绿色制造仿真必定是未来虚拟制造系统的重要内容之一。

6.智能制造与虚拟制造的关系

智能制造系统是以高度的集成化和智能化为特征的自动化制造系统，也是当代传统制造技术、新兴计算机技术、人工智能技术与柔性制造系统、计算机集成制造系统等发展的必然结果，它力图在整个制造过程中通过计算机将人的智能活动与智能机器有机融合，从而实现制造过程的最优化、智能化和自动化。虚拟制造为智能制造过程进行仿真与评估，使智能制造过程优化。

综上所述，虚拟制造是在虚拟世界中进行设计与制造，并通过网络、数据库等与现实世界相联系，以指导现实生产。并行工程、集成制造、精益生产、敏捷制造、绿色制造和智能制造都是现实生产的先进制造技术，这些制造系统既为虚拟制造提供了技术支持，又接受虚拟制造的指导，它们与虚拟制造的关系如图6－11所示。

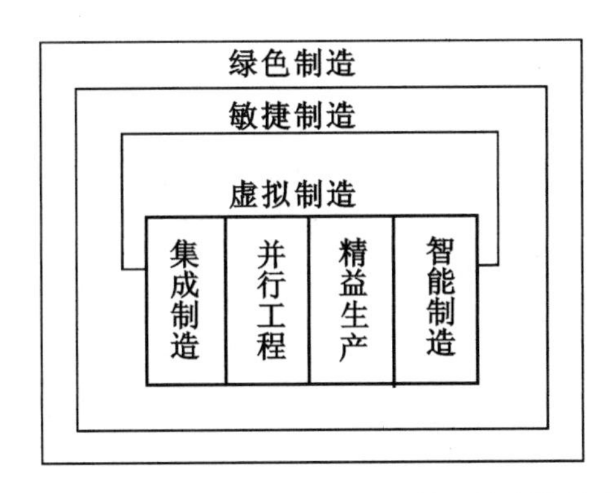

图6－11　虚拟制造与其他先进制造技术的关系

6.4　纳米技术与微机械

微机械是美国斯坦福大学于1970年首先提出的。微机械体积小、耗能低，能进入一般机械无法进入的微小空间工作，能方便地进行精细操作，加之又能与微电子集成和接口，有利于简化电子系统和优化系统性能，因此，在现代科技领域中有广泛的应用，能解决许多以前所不能解决的问题。有人预言，微系统技术(Micro System Technology，MST)将比电子计算机对人类社会进步产生更加深刻的影响。

6.4.1　纳米技术与微机械的概念

1. 微机械

微机械是一种以毫米为度量单位、必须借助专用装置和仪器来观察其工作状况的、体积很小、重量很轻的机电一体化产品。微小机械按其尺度可分成三类：1～100 mm为小型机械，10 μm～1 mm为微型机械，10 nm～10 μm为超微型机械。

相对传统机械而言，微型机械具有体积小、重量轻、能耗低、集成度高和智能化程度高等特点。微型机械并不是传统机械的简单微型化，它远远超出了传统机械的概念和范畴，而是基于现代科学技术，并作为整个纳米技术的重要组成部分，在一种崭新的思维方法指导下的产物。微型机械在尺度、结构、材料、制造方法和工作原理等方面，都与传统机械截然不同；微型机械学的学科基础、研究内容和研究手段等，也与传统机械学不同，因而具有其独特的学科系统，构成了一门新的学科。

目前，国内外研究的重点是微型机械的设计、传统理论以及微型机械的运动学、动力学、摩擦学及微型机械的控制理论等。

2. 纳米加工技术的概念

纳米技术(Nano Technology)是20世纪90年代初兴起的，被认为是21世纪科技发展的前沿，它是指加工精度或尺寸为0.1～100 nm量级的制造技术的总称。纳米技术是现代物理(微观物理、量子力学、混沌物理)和先进技术(电子计算机、微电子技术、超微技术)相结合的产物，它是材料技术、加工技术、测量技术和控制等技术的统一体。纳米技术的产生和发展，为微型机械的研究与发展提供了坚实的基础。

6.4.2 微机械材料

目前微机械最主要的基础材料是单晶硅，以单晶硅作为基底，在其中进行各种平面加工或立体加工。这是由于单晶硅具有以下优点：①它具有最适宜微细加工的结构和特性；②它有适宜于微机械要求的机械强度；③它的来源广泛，提纯和控制技术成熟，制造成本低。由于单晶硅在高速运动时易于断裂，所以，新发展的可动微机械一般采用多晶硅制造，它仍以单晶硅为基底，再在单晶硅上淀积多晶硅，然后在多晶硅中进行各种构形加工。为防止在加工或使用时因超过应力限度或因内部缺陷导致硅断裂，通常在硅加工中尽量避免高温和使用过大的应力。在硅表面最好淀积一层 Si_3N_4 保护膜。

6.4.3 微型机械的加工技术

进行微型机械加工的关键技术主要有以下三种。

1. *超微技术*(Super Micro Technology)

超微技术须在洁净的环境下进行，其中关键在刻蚀技术。一般选用光刻，即将微型机械零件硅基板经光射照相成形，生成零件几何外形，有待后续深加工。常用超微技术见表 6－2。

(1)集成电路技术：这是一种发展十分迅速且较成熟的、制作大规模电路的加工技术，在微型机械加工中使用较为普遍，是一种平面加工技术。这种技术的刻蚀深度只有数百纳米，且只限于制作硅材料的零部件。

(2)腐蚀成型技术：腐蚀成型技术是微型机械深层次加工的主要途径，先将光刻后的硅体用腐蚀剂腐蚀，脱去牺牲层，留下加工层，清洗，最后制成工件。腐蚀法有湿法与干法两种，湿法又分溶液法和阳极法，干法又分离子法和激光法。其中溶液法由于使用简单，成本低，工艺效果好，加工范围宽而备受青睐。溶液法腐蚀常用的腐蚀剂有 EDP，KOH，H_2N_2 三种。按比例、温度控制腐蚀速度，生成掩膜 SiO_2 或 Si_3N_4，以满足硅体浸蚀的选择性、掩蔽性、各向异性和超精密高水准的特殊要求。而激光腐蚀法通过辐射剂量调节，几乎任何形状的微型机械构件都能由此腐蚀加工出来。

(3)光刻电铸技术：这一技术是由德国卡尔斯鲁厄核研究中心开发的，从半导体光刻工艺中派生出来的一种加工技术。其机理是由深层 X 射线光刻、电铸成型及注塑成型 3 个工艺组成，其主要工艺过程由 X 射线光刻掩膜板的制作、X 射线深光刻、光刻胶显影、电铸成模、光刻胶剥离、塑模制作及塑模脱模成型组成。这种技术使用波长为 0.2～1 nm 的 X 射线，可刻蚀至数百微米深度，刻线宽度十分之几微米，是一种高、深、宽比的三维加工技术，适于用多种金属、非金属材料制造微型机械构件。缺点是使用的光源不易获得。

(4)键合法：用于微型机械构件由硅片与玻璃片键合，或硅片与硅片键合的加工工艺，典型的硅-玻璃键合工艺是将键合后沉积厚为 0.5～1 nm 的玻璃膜先加热到 400℃，再升温到 450℃加电压 500 V 维持 1 min，继而加电压 800 V 维持 10 min，然后由 450℃降到 400℃，电压 500 V 维持 1 min，最后缓缓冷却到室温。上述键合法在键合界面形成的电场强度为 106 V/cm，静电引力为 1.96 MPa。

(5)超微机械加工和放电加工技术：用小型精密金属切削机床及电火花、线切割等加工方法，制作毫米尺寸左右的微型机械零件，是一种三维立体加工技术，加工材料广泛，但多是单件加工，单件装配，因而费用较高。

表6-2　微机械主要加工技术

分　类	方　法	说　明
图形形成	紫外线光刻	半导体工艺
	同步加速器辐射光刻	LIGA工艺
腐　蚀	各向同性腐蚀	$HF-HNO_3$系
	各向异性腐蚀	KOH，EDP等
	牺牲层腐蚀	多晶硅，SiO_2等
	干法腐蚀	离子体，反应离子，激光等
沉　积	低压CVD	多晶硅，Si_3N_4
	等离子CVD	SiO_2，Si_3N_4
	溅射	金属膜、绝缘膜
	真空蒸发	金属膜
	外延生长	单晶硅
	选择CVD	W
	选择硅化处理	TiS_2，WSi_2
	电镀	LIGA
键　合	阳极键合	硅-玻璃键合，硅-硅键合
	硅-硅键合	
个别加工	特种加工	特精、特微、原子移动和原子水平加工
	扫描隧道显微镜技术	

2.装配技术

装配技术是把微型机械所需的微型机构、微型传感器、微型执行机构及信号处理和控制电路，以及接口、通信和电源等有机地结合起来，使之成为能完成一定功能的机电一体化产品。

3.控制、通讯及能源制作技术

这一技术把微型传感器、驱动器和控制器等有机的集中协调起来，用于微型机械的控制、通信并向其提供能源等。

6.4.4　纳米机械学

1.纳米机械学的概念

纳米机械学是适应微型机电系统设计研究的需要而产生的一门学科，它是以微机械及其系统的设计为目标，研究设计过程中的思维活动，各组成单元的工作原理和设计理论与方法，对其进行功能综合并定量描述其性能。微机械不是传统机械的直接微型化，它在尺度、结构、材料、制造方法和工作原理等方面，都与传统机械截然不同。例如，由于特征尺寸L对各类作用力的影响服从如下不等式：

静电引力 L_0 > 表面张力 L_1 > 弹性力和黏性力 L_2 > 重力、惯性力和电磁力 L_3

这使得静电引力影响相对变大，而惯性力、重力影响相对变小，甚至可以不再考虑质量对运动的影响，从而极大地简化了微机械的力分析和运动的控制系统，且使微机械从惯性力和重力的支配下解脱出来。而作为传统机械润滑用的润滑油，其黏性的影响却变得很大，犹如黏胶一般。运动副中的摩擦力也不再与正压力成正比。因此，需要对微机械的运动学和动力学做专门的探讨和研究。

目前的纳米机械学包括：研究机械中运动变换、动力传递和动态特性的微机构学和微机械动力学，研究适用于制造微型构件的材料及其变形和失效规律的微结构材料力学，研究在原子、分子尺度下相互运动接触面上的作用与损伤的纳米摩擦学或微摩擦学，将微机械学用于研究特定机械系统的微机器人机械学等。随着微机械的发展，纳米机械学将出现更多的学科分支。

纳米机械学的建立和发展，必须紧密地与微电子学相结合，其研究内容还涉及现代光学、气动力学、流体力学、热力学、声学、磁学、自动控制、仿生学、材料科学及表面物理与化学等领域，所以，它是一门多学科的综合科学技术。

2. 微机构学的特点

微机构是微型机电系统的组成单元，它在微小空间进行能量转换、运动传动和控制，以规定的精度实现预定的动作。微机构作为微机构学的研究对象，其特点如下：

(1)微机械难以从外部连续地获取能量，因而要求实现长时间的有源驱动。通常用微电机或微驱动器作为动力源，以提供旋转或直线运动。

(2)微机械系统应尽可能缩短运动链和构件的数量，设计具有多种功能的组合结构。通常是将能量传送、运动传递和执行机构集成一体，有的还包容传感器、测控回路等装置，有时将膜片、弹性梁、铰链、弹簧等组合，利用它们的变形来实现机构的运动。

(3)不存在纯机械机构组成的微机械，通常是机电一体化系统。利用集成电路制作技术，将各种微机构与传感、测控等器件集成在一块多晶硅片上，组成完整的微机电系统。因此，微机械电子学成为纳米机构学的一个重要方向。

3. 微结构材料力学的特点

微机械的材料既须保证设计的功能要求，又须满足纳米加工方法的要求，其材料的力学性能特点如下：

(1)微机械构件的制造方法通常采用气相、液相或固相法，其材料是纳米量级的颗粒制成的整体材料，与常规整体材料和原子状态的性能均不相同。

(2)传统机械设计的力学计算方法，包括其应力变形计算和动力学分析，已不适用于微机械设计。微结构材料特性的测定也有待研究。

4. 纳米摩擦学的特点

微机械系统设计对摩擦学问题提出了如下特殊要求：

(1)一方面，要求尽可能降低摩擦能耗，甚至实现零摩擦；另一方面，须利用摩擦作为牵引或驱动力，例如在管道内爬行的微机器人，是利用管壁摩擦力驱动，因而要求具有稳定且可适时控制的摩擦力。

(2)最大限度地降低磨损，以保证系统功能和使用寿命。对有的运动副，要求每滑动10～100 km的磨损量小于一个原子层。

(3)微机械摩擦副的间隙，常处于纳米级甚至零间隙，必须以界面原子、分子为分析对象来研究其摩擦机理。此外，带电接触副和摩擦副的微观磨损与防护，以及超净微密封技术，也有待研究。

(4)用分子动力学为基础的计算机模拟技术，研究表面接触形态和微观变形、润滑剂分子层的剪切性能，以及超薄润滑流变特性和相变。

6.4.5　微机械的动力装置和传感器

1. 微机械的动力装置

微机械的动力装置通常采用微电动机或微驱动器。此外，还有用微泵作为执行器的，微泵研究开始较晚，但发展较快并有所应用。微电动机现已有五种类型，即静电机、超声电机、电磁电机、谐振电机和生物电机，其中应用较多的是采用静电力原理的静电机。微驱动器大多采用压电元件，例如用压电陶瓷实现步进式运动，其移动步长可在4 nm～10 μm之间调节；有一种叠层式静电驱动器，移动步长为0.1 mm。表6-3为一些微动力装置的性能参数。

表6-3　微动力装置的性能参数

类　型	尺　寸	输　出			材　料
		响应速度	位移/μm	力(力矩)	
静电电机	φ60～120 μm	500 r/min			多晶硅
静电振动子	0.1 mm (厚2 μm)	10～100 kHz	10	19.6×10^{-5} N	多晶硅
静电线位移驱动器	0.4 mm×0.4 mm (厚14 μm)		10	0.8 μN	多晶硅
双压电晶片	8 μm×0.2 mm×1 mm		7	22 μN	ZnO
形状记忆合金	30 μm (厚2 μm)	20Hz	数个		TiNi
热膨胀	3 mm×3 mm		45	58.8×10^{-2} N	单晶硅+液体
双金属	长5 mm	10 Hz	60		单晶硅+金属

2. 微机械的传感器

在微机械传感器中，以微压力、微温度、微加速度、微流量、微气敏传感器的研究、应用居多。为了节省能耗，正在试验研究无源微传感器。为了节约芯片的实用面积，正在研究用一个传感器传感几个物理量，甚至将驱动器功能双重化，既可用作传感器，又能作为驱动器。

6.4.6　微机械研究的现状与发展趋势

近年来，国外微机械得到迅速发展。例如，美国斯坦福大学研制出直径为20 μm、长度为

150 μm的铰链连杆机构，210 μm×100 μm 的滑块机构，转子直径为 200 μm 的静电电机和流量为 20 mL/min 的液体泵。加州大学伯克利分校试制出直径为 60 μm 的静电电机，直径为 50 μm的旋转关节，以及齿轮驱动的滑块和灵敏弹簧。美国贝尔实验室开发出直径为 400 μm 的齿轮。麻省理工学院研制出三自由度闭环平面机构操作器，将应用于低力矩的精密定位，该校人工智能实验室正在研制用于情报收集和窃听的“蚊子机器人”。

日本筑波大学、名古屋大学、东京大学、早稻田大学和富士通研究所等，10 年前就开始采用压电元件，研究无间隙的微驱动机构及其控制技术，并开发出多种压电陶瓷驱动的微机构。这些机构可以实现直线运动和旋转运动，驱动精度达到微米级以上，可望用于解剖细胞、集成电路生产、精密装配以及进入人体内的微机器人。东京大学工业研究院研制成 1 cm^3 大小的爬坡机械装置。早稻田大学机械工程系研究成功用形状记忆合金制作的微机器人。名古屋大学研制出不需要电缆的管道移动微机器人，可用于小直径管检测、生物医学领域或人体器官等小空间内的操作。他们制作的较大型可逆运动机器人外形直径为 21 mm，还有一种小型的单向运动机器人直径仅为 6 mm。

国外微机械研究的新趋势是利用大规模集成电路的微细加工技术，将机构、驱动器、传感器、控制器等集成在一个多晶硅片上，它既可以将传统的无源机构变为有源机构，又可以制成一个完整的机电一体化的微机械系统，整个系统的尺寸可缩小到几毫米至几百微米。目前，国外已着手研究采用光刻工艺，在硅材料上刻蚀阀门、齿轮、弹簧、杠杆、悬臂、滚珠轴承等微零件。与集成电路二维图形刻蚀不同，加工微零件为三维刻蚀。

各国政府对微机械研究也十分重视。1990 年，德国用于开发微系统的费用达 4 亿马克，约占全德国工业技术开发投资总额的 12%，有 2 500 多个企业涉足这一领域，他们还把微机械学科列为大学必修课程。日本通商产业省工业技术院于 1991 年开始执行一项为期 10 年的微系统开发计划，总经费达 250 亿日元。美国国家科学基金会和国防部仅为资助加州大学伯克利分校建设供微机械研究的 111.5 m^2 的无尘室，就耗资 1 500 万美元。我国微机械的研究已列入国家 863 高技术计划。广东工业大学与日本筑波大学合作，开展生物和医用微机器人研究，已研制出位移范围为 50 μm×50 μm×50 μm、精度为 0.1 μm 的三自由度压电陶瓷驱动微机器人。哈尔滨工业大学也研制出电致伸缩陶瓷驱动的二自由度微机器人，其位移范围为 10 mm×10 mm，位移分辨率为 0.01 μm，还将研制六自由度微机器人。上海冶金研究所研制出直径为 400 μm 的多晶硅齿轮、气动涡轮和微静电电机。

6.4.7 微机械的应用前景

微机械的应用潜力非常巨大。美国国家科学基金委员会列举了微机械的 25 个重大应用前景。表 6-4 为微机械的部分应用前景。在宇宙航行中，可用全集成气相色谱微系统散布在广阔的太空中，进行星际物质和生命起源的探测；将特制微机器人送到外星球上飞行，其摄像系统可协助轨道器画出星球的地形地貌图。在工业中，可用大量一次性微机器人清除锈蚀、检查和维修高压容器的焊缝。在超大规模集成电器制造中，可用微型气体精控器、微真空操作器、微定位器来提高超大规模集成电路的加工精度和水平。在航空和汽车、坦克的前部装上微机械远红外导航仪，能早期发现目标或障碍。

表6-4　微机械的部分应用前景

应用领域	实　际　应　用		
生物、医学	细胞操作、细胞融合	血管、肠道内自动送药、诊断	手术机器人微外科手术
流体控制	微阀、智能阀、微泵	微流量测量和控制	
微光学	微光纤开关、微光学探头	微光学阵列器件	光扫描、调频微干涉仪
VLSI制造	真空微操作	微定位	气体精密控制
信息仪器	磁头	打印机头	扫描仪
机器人技术	核电站、航天和航空器等中的维修机器人	电缆维修机器人	自行走传感器

6.5　先进金属零件3D打印技术

1.激光立体成形技术

激光立体成形技术的基本原理为：首先在计算机中生成零件的三维CAD实体模型，然后将模型按一定的厚度切片分层，随后在数控系统的控制下，用同步送粉激光熔覆的方法将金属粉末材料按照一定的填充路径逐点成形二维图形，重复这一过程逐层堆积形成三维实体零件。

该技术是20世纪90年代初期发展的一项先进制造技术，能够实现致密的高性能复杂结构金属件近净成形，主要应用于复杂承力结构件的快速制造，也可以用于复杂形状零件局部损伤的快速修复。使用该技术成形或修复的金属零件，其力学性能同锻件性能相当，使该技术受到了研究者的广泛关注。

20世纪90年代初期，世界上许多独立的研究机构同时对该技术开展了研究，故尽管原理基本相同，但各自命名不同，如美国Sandia国家实验室称之为激光近净成形制造(Laser Enginneered Net Shaping，LENS)，美国Los-Alamos国家实验室称之为直接光制造(Direct Light Fabrication，DLF)，英国利物浦大学和美国密西根大学称之为金属直接沉积(Direct Metal Deposition，DMD)，瑞士洛桑理工学院称之为激光金属成形(Laser Metal Forming，LMF)。目前国外商业化较为成功的AeroMet公司已经实现了激光成形的钛合金零件在飞机上的应用，此类零件按包括F22用接头件、F/A18-E/F机翼翼根吊环等。

我国在激光立体成形技术上也取得了长足进步，目前已经走到了世界前列(见图6-12和图6-13)：北京航空航天大学王华明院士团队面向大飞机等重大装备研制的战略需求，对钛合金、超高强度钢等难加工大型复杂关键构件激光成形技术从材料及工艺基础理论、关键技术、应用基础和工程应用不同层次上开展了持续、系统研究，解决了多项技术难题，使构件综合力学性能达到或超过锻件。研究成果“飞机钛合金大型复杂整体构件激光成形技术”，荣获2012年度国家科学技术发明一等奖，使我国成为迄今世界上唯一突破飞机钛合金大型主承力构件激光成形技术，并实现装机工程应用的国家。西北工业大学凝固技术国家重点实验室建立了几种不同类型的激光快速成形实验室研究装备，进行了系统的激光立体成形科学和技术基础研究，实现了复杂结构钛合金、高温合金全尺寸零件快速成形，力学性能指标相当于锻件水平，在飞机机构件和航空发动机中获得应用，同时开展了激光熔覆技术在零件修复领域的应用研究。

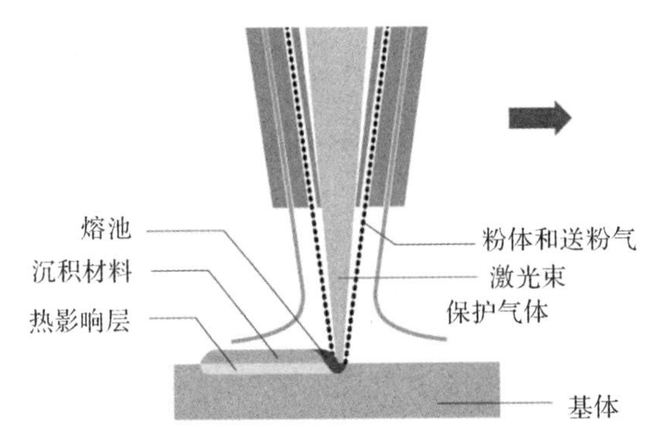

图 6－12　激光立体成形原理及成形过程

(a)

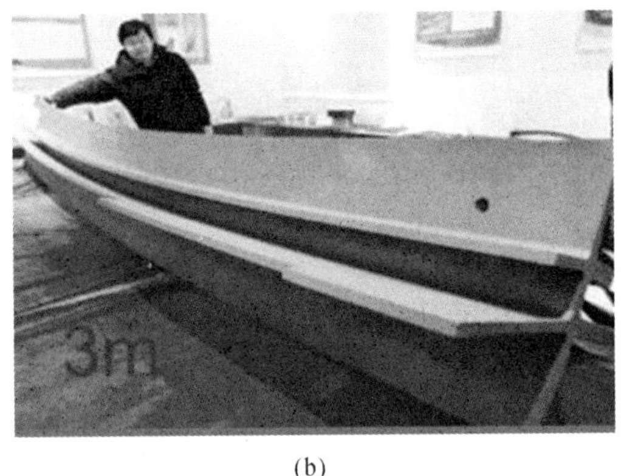

(b)

图 6－13　激光立体成形原理及成型过程

(a)北京航空航天大学使用激光成形的飞机零件　(b)西北工业大学使用激光成形的机翼缘条

2.基于均匀金属微滴喷射的增材制造技术

基于均匀金属微滴喷射的增材制造技术(见图 6－14)是以“原材料逐滴堆积”为成形思想的一种新型金属零件增材制造方法。该技术原理为：在保护环境中，均匀金属微滴喷射装置喷射出尺寸均匀的金属微滴，然后精准地控制这些均匀微滴在运动平台上进行逐点、逐层的堆积，堆积的金属微滴迅速凝固并与基体或已凝固金属层间实现良好冶金结合，再通过控制运动平台运动，成形出形状复杂的三维实体金属零件。

金属微滴打印成形特点为：熔滴直径较小，成形分辨率高；其冷却与凝固速度快，内部微观组织细小均匀；成形过程不需要特制原材料、不使用昂贵的能量源，具有制造成本和设备成本低等。该技术特别适用于太空、深远海等极端环境中轻质金属零件的原位制造。

美国、日本、加拿大、韩国、荷兰等国家的大学或研究机构正在对金属微滴 3D 打印技术及其基础理论进行持续研究。西北工业大学机电学院在 863 重点课题及相关基础研究基金的支持下，研制出具有自主知识产权的均匀金属微滴喷射增材制造装备及金属微滴/粉体联合沉积试验平台，可用于复杂微小金属件、微电子器件、多材质件、智能器件等制造，已成形出微小铝合金轻质点阵、金属薄壁件、金属蜂窝件、微型扑翼飞行器支架件等。

目前，基于均匀金属微滴喷射的3D打印技术技术正在向着高温、高精度方向发展，打印的材料从铝、镁等熔点较低的有色金属合金发展到铜、铁等熔点较高的常用工程材料，微滴尺寸从直径为毫米级逐渐减小到亚毫米甚至微米级。

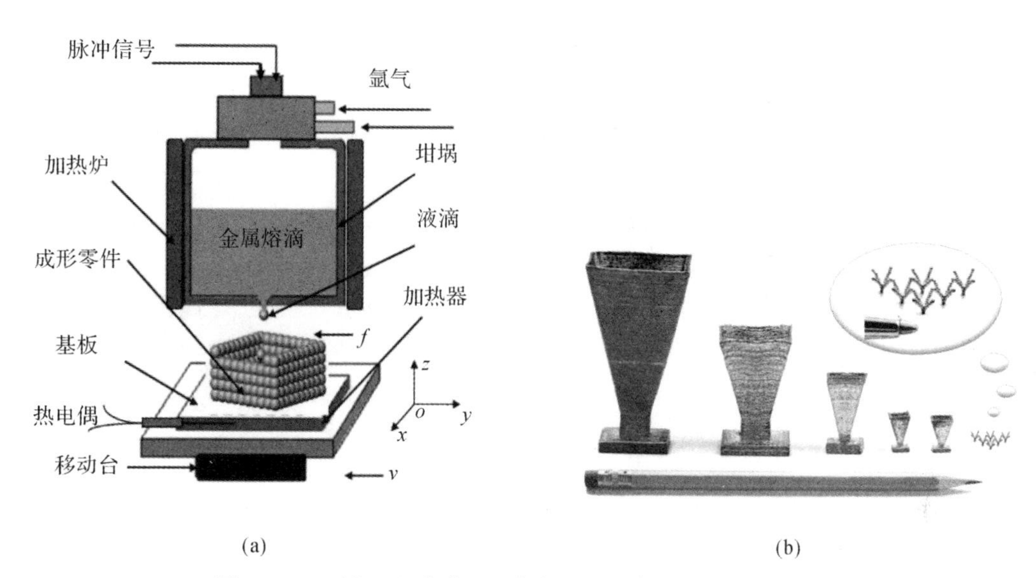

图6-14 西北工业大学基于均匀金属微滴喷射增材制造技术

(a)基于均匀金属微滴喷射增材制造原理 (b)均匀金属微滴喷射打印的微小金属件

6.6 工业4.0

进入21世纪，互联网、新能源、新材料和生物技术正在以极快的速度形成巨大产业能力和市场，将使整个工业生产体系提升到一个新的水平，推动一场新的工业革命，德国技术科学院(ACDTECH)等机构联合提出第四次工业——Industry 4.0(即工业4.0)战略规划，旨在确保德国制造业的未来竞争力和引领世界工业发展潮流。按照ACDTECH划分的四次工业革命的特征，工业4.0与前三次工业革命的本质区别在于信息与物理系统的深度融合：工业4.0是将虚拟网络一实体物理系统技术一体化应用于制造业和物流业及在工业生产过程中使用物联网和服务的技术。

工业4.0对价值创造、商业模式、下游服务和工作组织都将产生影响。工业4.0包括制定高质量的标准、计划、生产和物流等过程。这将使动态的、实时优化的和自我组织的价值链成为现实，并带来诸如成本、可利用性和资源消耗等不同标准的优化选择。工业4.0除了优化现有的基于网络的过程，还可在全球范围内，对详细生产过程和整体效果进行差异化跟踪。同时，工业4.0也将促使业务合作伙伴(如供应商和客户)间、雇员间更加紧密合作，以提供新的共赢机会。

工业4.0的主要特征包括如下几个方面：

(1) 工业4.0将在制造领域的所有因素和资源间形成全新的社会一技术互动。工业4.0可使生产资源(生产设备、机器人、传送装置、仓储系统和生产设施)形成一个循环网络，使这些生产资源具有自主性、可自我调节性，以实现自我配置、分散配置。

（2）工业4.0中的智能产品具有独特的可识别性。在某些领域，智能产品有可确保它们在工作范围内发挥最佳作用，同时可在整个生命周期内确认自身损耗程度。这些信息可汇集起来供智能工厂参考，以判断工厂是否在物流、装配和保养方面达到最优，也可以用于商业管理。

（3）工业4.0可使客户直接参与产品设计、预订、计划、生产、使用和回收等各阶段，这使得特殊产品或者小批量的商品也能获利。

（4）工业4.0可使企业员工能根据形势和环境来控制、调节和配置智能制造的资源和生产步骤。这将使员工从执行例行任务中解脱出来，使他们专注于创新性和高附加值的生产活动，也使他们在诸如质量保障等重要环节方面起关键的作用。同时，灵活的工作条件将在他们的工作和个人需求之间实现更好地协调。

（5）工业4.0将通过服务协议来进一步提升相关网络基础设施和网络服务质量，以满足具有高带宽需求的数据密集型应用，同时满足具有高实时性要求的服务供应商需求。

6.7 机械制造加工工艺发展趋势

械制造加工工艺发展的总趋势是需求驱动下的学科融合与前沿牵引。机械加工工艺的基本任务是为先进工业产品及装备生产提供新的方法和技术。我国正处在从制造大国向制造强国转变的过程中，各行各业迫切需求高效率、高可靠性制造工艺与装备，如大飞机、大火箭、大飞船、航空母舰等超大型海空天装备的制造需要大型零件加工工艺，各类机器人、高速列车、新能源装备及节能汽车的制造需高度自动化加工工艺，高性能芯片、微纳、仿生和生物医疗产品的制造需要超精密加工工艺。国家大科学工程、各行业的颠覆性技术发展等都迫切需要机械制造科学提供创新而实用的新方法和工艺。

机械加工工艺是传统工艺，新时代机械加工工艺的持续发展，须与信息、生命、纳米、材料和管理等学科交叉融合：一方面与信息科学、生命科学、材料科学、管理科学、纳米科学继续深入地交叉融合，发展和完善仿生及生物制造学、微纳制造学、制造管理学和制造信息学；另一方面与机械学（如机构学、传动学、摩擦学、结构强度学、设计学等机械学等）深入融合，发展和完善高速超精加工技术、基础零部件加工技术以及先进的加工用传感/检测方法与仪器等。

机械加工工艺是国家重大需求、学科融合和前沿牵引的重要保证，发展机械制造加工工艺，将会引领其他科学技术的突破性进展。未来5～10年，人类探索宇宙、改造自然、构建和谐社会等活动将进入平稳加速期，所有这些科学前沿和未来需求，都对机械加工工艺提出了新的机遇和挑战。可以展望，我国将迈入世界制造强国的行列，中国制造的名牌产品、名牌企业将更多更强，以造福中国和世界人民，我国在制造理论、方法及技术领域将出现更多更好的发现、发明及原创性进展及成果，将出现更多国际一流的学者和科学家。

参考文献

[1] 邓文英,宋力宏.金属工艺学[M].6版.北京:高等教育出版社,2016.
[2] 裴崇斌.机械加工工艺[M].西安:西北工业大学出版社,1996.
[3] 金问楷,张学政.金属工艺学[M].北京:中央广播电视大学出版社,1986.
[4] 袁名炎.金属工艺学[M].北京:航空工业出版社,1993.
[5] 王玖诃,臧秀清,牛富兰.先进制造技术中的精益生产方式[J].燕山大学学报,1998,22(2):176-178.
[6] 张峥嵘,袁清珂,刘宁.先进制造系统及其关键技术的研究[J].机械工业自动化,1999,21(1):7-9.
[7] 李旭荣.智能制造系统适应21世纪敏捷制造生产模式[J].机械研究与应用,1999,12(3):5-6.
[8] IWATA K, ONOSATO M, TERAMOTO K, et al. Virtual manufacturing systems as advanced information structure for integrating manufacturing resources and activities [J]. Annals of CIRP,1997,46(1):335-338.
[9] KIMURA F. Product and process modeling as a kernel for virtual manufacturing environment[J]. Annals of the CIRP,1993,42(1):147-150.
[10] SHUKLA C, VEZQUEZ M, CHEN F F. Virtual manufacturing: an overview computers & industrial[J]. Engineering,1996,31(12):79-82.
[11] ONOSATO M, IWATA K. Development of a virtual manufacturing system by integrating product models and factory models[J]. Annals of CIRP, 1993, 42(1): 475-478.
[12] IWATA K, ONOSATO M, TERAMOTO K. A modeling and simulatioin architecture for virtual manufacturing system[J]. Annals of CIRP,1995,44(1):399-402.
[13] IWATA K, ONOSATO M. Virtual manufacturing systems for manufacturing education [C]. Proceeding of International Conference on Education in Manufacturing, San Diego, CA, March 1996,SMEER96-224:387-390.
[14] 朱名铨.虚拟制造系统与实现[M].西安:西北工业大学出版社,2001.
[15] 苑伟政,李晓莹.微机械及微细加工技术[J].机械科学与技术,1997,16(3):503-508.
[16] 魏铁华,杨晓红.微机械及其相关理论和技术[J].水利水电机械,1997(6):31-35.
[17] 袁清珂,王海燕,李春波,等.并行工程及其关键技术的研究[J].机械科学与技术,1997,16(2):328-332.
[18] 李伯虎,吴澄,刘飞,等.现代集成制造的发展与863/CIMS主题的实施策略[J].计算机集成制造系统,1998,4(5):7-15.
[19] 严隽琪,范秀敏,姚健.虚拟制造系统的体系结构及其关键技术[J].中国机械工程,

1998,9(11):60－64.

[20] 赵东标,朱剑英. 智能制造技术与系统的发展与研究[J]. 中国机械工程,1999,10(8):927－931.

[21] 王细洋,杨卫平,王有远. 敏捷制造:内涵与关键[J]. 南昌航空工业学院学报,1999,13(1):1－7.

[22] 郭培全. 先进制造体系[J]. 济南大学学报,1999,9(5):6－10.

[23] 朱晓春. 数控技术[M]. 3版. 北京:机械工业出版社,2019.

[24] 齐乐华,罗俊. 基于均匀金属微滴喷射的3D打印技术[M]. 北京:国防工业出版社,2019.

[25] 张曙. 工业4.0和智能制造[J]. 机械设计与制造工程,2014,43(8):1－5.

[26] 机械工业信息研究院战略与规化研究所. 德国工业4.0战略计划实施建议:摘编[J]. 世界制造技术与装备市场,2014(3):42－48.